U0159162

国家出版基金项目
NATIONAL PUBLICATION FOUNDATION

岩土工程抗震大型复杂试验设计理论及关键技术应用
国家自然科学基金资助项目（5180080378）

复合地基地震响应及抗震设计方法

欧阳芳　张建经　吴祚菊 编著

西南交通大学出版社
·成　都·

图书在版编目（CIP）数据

复合地基地震响应及抗震设计方法 / 欧阳芳，张建经，吴祚菊编著. —成都：西南交通大学出版社，2020.6

（岩土工程抗震大型复杂试验设计理论及关键技术应用）

国家出版基金项目

ISBN 978-7-5643-7467-9

Ⅰ. ①复… Ⅱ. ①欧… ②张… ③吴… Ⅲ. ①人工地基 – 防震设计 Ⅳ. ①TU472

中国版本图书馆 CIP 数据核字（2020）第 102349 号

国家出版基金项目
岩土工程抗震大型复杂试验设计理论及关键技术应用
Fuhe Diji Dizhen Xiangying ji Kangzhen Sheji Fangfa
复合地基地震响应及抗震设计方法
欧阳芳　张建经　吴祚菊　编著

出　版　人	王建琼
策 划 编 辑	张　雪
责 任 编 辑	姜锡伟
封 面 设 计	何东琳设计工作室
出 版 发 行	西南交通大学出版社
	（四川省成都市金牛区二环路北一段 111 号
	西南交通大学创新大厦 21 楼）
发行部电话	028-87600564　028-87600533
邮 政 编 码	610031
网　　　址	http://www.xnjdcbs.com
印　　　刷	四川玖艺呈现印刷有限公司
成 品 尺 寸	170 mm × 230 mm
印　　　张	25
字　　　数	448 千
版　　　次	2020 年 6 月第 1 版
印　　　次	2020 年 6 月第 1 次
书　　　号	ISBN 978-7-5643-7467-9
定　　　价	150.00 元

近年来全球地震频发,如2008年Ms8.0级汶川地震、2010—2011年新西兰Mw5.8~7.1级Darfield地震及Christchurch系列余震、2010年智利Mw8.8级Maule地震、2011年日本东北地区太平洋近海Mw9.0级地震。地震过程中伴随的大面积地基震陷或液化现象,导致工程建(构)筑物沉陷、倾斜和变形,甚至发生毁灭性破坏,造成了巨大的人员伤亡和财产损失。

然而,目前尚未形成系统的地基抗震设计方法,规范中只提及通过选择场地来规避地基震害问题,通过拟静力法预估地震下地基承载力,以及对地基进行加固处理,以提高地基的稳定性。历次震害调查表明,复合地基可有效消除或减轻地基震害。刘慧珊和张在明编著的《地震区的场地与地基基础》、周锡元等编著的《场地、地基、设计地震》对地基抗震问题论述比较详细,但出版时间大概在1990年,需要补充新资料。目前,地基和复合地基动力响应研究缺乏,多散见于论文,少有系统论述。

本书收集了很多有关地基和复合地基的试验及震害数据,根据现今工程和理论发展补充了有关地基的抗震设计规定和理论研究。本书内容主要包括以下几个方面:

(1)以中、日、美三国的抗震规范为例,说明了与地基相关的抗震规范发展过程;结合规范和已有研究,探讨了场地的选择、反应谱的规定以及地基承载力等内容。

(2)介绍了两种主要的地基震害形式——砂土液化和软弱土震陷,并介绍了其震害机理、判别方法、沉降估计方法以及震害实例。

（3）介绍了几种典型地基处理方法的设计思路。

（4）利用大型振动台模型试验研究了软土、包裹碎石桩和碎石桩复合地基的地震动响应，详细介绍了其研究成果。

（5）统计了 1964—2011 年 17 次不同强地震下复合地基抗震案例。

本书在编写过程中，得到了张建经教授的悉心指导，在此特别感谢。本书的撰写工作除了原作者外，还邀请了朱传彬、韩建伟、朱崇浩、马东华等人员参加，在此一并表示感谢。同时也衷心感谢对本书的出版做出过贡献的专家、学者。

限于时间和作者的写作水平，书中不足之处在所难免，敬请读者批评指正。

作者
2020 年 1 月 20 日

目录 CONTENTS

1 绪 论

1.1 地基震害概述

1964 年 6 月 16 日 13 时 1 分 41 秒，日本新潟县粟岛南方近海 40 km 发生里氏震级 Ms 7.5 级新潟大地震。新潟市位于信浓川下游出海口（日本海）的近代冲积平原，地表浅层为极疏松砂土，一些地区砂土层厚度达到 10 m。大部分地区地下水位在地表下约 1 m 深度处。

在地震作用下，新潟市发生严重的砂土液化，出现了涌砂、喷水、砂土震陷等现象，产生了严重震害，如建筑物沉陷与倾斜、地下室上浮、桥墩下沉与落桥、管线破损以及港湾与机场损坏等。新潟地震时新潟市受损的钢筋混凝土结构物约为 340 栋（占全市的 22%），其中 2/3 受损建筑物的承重结构并未破坏，只是建筑物整体下沉或倾斜。图 1.1 所示为地震中翻倒的公寓，经扶正后，又可继续使用。

图 1.1 日本新潟市震后翻倒的公寓

1964 年，美国阿拉斯加南部的威廉王子海峡发生阿拉斯加大地震，里氏震级 Ms 约 8.5 级，矩震级 Mw 为 9.2 级，地震持续约 4 min。大地震造成 178 人死亡、5 亿美元经济损失。

这场地震使得阿拉斯加发生严重的地基液化，并引发了数起山体滑坡。图 1.2 所示为美国安克雷奇从 D 街附近向东观察的第四条大道，属于液化引起的山体滑坡。

图 1.2　美国安克雷奇地震液化造成道路破坏

这两次大地震中严重的地基震害问题引起了全球关注。此后，该问题一直存在于历次地震中，却未能得到很好的解决。例如：1976 年我国唐山大地震造成的喷砂冒水面积达 24 000 km²，其中严重地区达 3 000 km²。喷砂冒水掩盖大量农田，堵塞大量排灌渠道和井管，破坏数万口农用机井，造成许多房屋、桥梁、大坝的地基失效。唐山大地震中天津市的塘沽、新港、大港等沿海软土地区的大量建筑产生了 10 ~ 30 cm 的震陷，造成建筑结构的损毁和破坏。1985 年，距墨西哥城 400 ~ 500 km 的海域接连发生矩震级 Mw 8.1 级强震和 7.5 级余震，位于软土地基上的墨西哥城在地震中由于不均匀震陷，其结构大量被破坏，城中心区 9 ~ 12 层的建筑物中约有 13.5%遭到严重破坏，一栋公寓楼基础甚至突然下沉 1.02 m，建筑物倾斜 6.3%。

近年来，全球地震频发，地震中存在的地基震害问题也引发了大量工程问题。如：2008 年汶川大地震中广岳铁路桥台路基普遍下沉，沉陷量为 20 ~ 30 cm，最大沉陷量约 50 cm；宝成铁路路堤 39 处（段）下沉，下沉长度达 49.5 km。我国汶川大地震以及 2010—2011 年新西兰矩震级 Mw5.8 ~ 7.1 级 Darfield 地震及 Christchurch 系列余震、2010 年智利 Mw8.8 级 Maule 地震、2011 年日本东北地区太平洋近海地震、2017 年我国四川阿坝州九寨沟县里氏震级 Ms 7.0 级地震、2018 年墨西哥 Ms 7.1 级地震等，地震过程中均伴随有大面积的地基震害，导致工程结构的损毁和破坏。表 1.1 所示为近 3 年来世界上 Ms7 级以上地震统计。

表 1.1 2016 年 1 月—2019 年 5 月世界 Ms7 级以上地震统计

序号	震级 Ms	发震时刻	深度/km	参考位置
1	7	2019-03-01 16:50	260	秘鲁
2	7.5	2019-02-22 18:17	140	厄瓜多尔
3	7.4	2018-12-21 1:01	20	科曼多尔群岛地区
4	7	2018-12-11 10:26	150	南桑威奇群岛地区
5	7.5	2018-12-05 12:18	10	洛亚蒂群岛东南
6	7.2	2018-12-01 1:29	40	美国阿拉斯加
7	7	2018-10-26 6:54	20	伊奥尼亚海
8	7.1	2018-10-11 4:48	20	巴布亚新几内亚
9	7.4	2018-09-28 18:02	10	印度尼西亚
10	7	2018-09-10 12:18	120	克马德克群岛
11	7.8	2018-09-06 23:49	640	斐济群岛地区
12	7.1	2018-08-29 11:51	20	洛亚蒂群岛地区
13	7.1	2018-08-24 17:04	600	秘鲁
14	7.3	2018-08-22 5:31	110	委内瑞拉沿岸近海
15	8.1	2018-08-19 8:19	570	斐济群岛地区
16	7.5	2018-02-26 1:44	20	巴布亚新几内亚
17	7.1	2018-02-17 7:39	10	墨西哥
18	7.8	2017-11-13 2:18	20	伊拉克
19	7.1	2017-09-20 2:14	50	墨西哥
20	8.2	2017-09-08 12:49	20	墨西哥沿岸近海
21	7.8	2017-07-18 7:34	10	科曼多尔群岛地区
22	7.1	2017-06-14 15:29	100	危地马拉
23	7	2017-04-29 4:23	50	菲律宾棉兰老岛
24	7.9	2017-01-22 12:30	160	所罗门群岛
25	7.6	2016-12-25 22:22	40	智利
26	7.8	2016-12-17 18:51	110	新爱尔兰地区

续表

序号	震级 Ms	发震时刻	深度/km	参考位置
27	7.8	2016-12-09 1:38	40	所罗门群岛
28	7.2	2016-11-22 4:59	10	日本本州东岸近海
29	8	2016-11-13 19:02	10	新西兰
30	7.5	2016-08-19 15:32	10	南乔治亚岛地区
31	7.2	2016-08-12 9:26	10	洛亚蒂群岛东南
32	7.8	2016-07-30 5:18	200	马利亚纳群岛
33	7.2	2016-05-28 17:47	70	南桑威奇群岛地区
34	7	2016-04-29 3:33	30	瓦努阿图群岛
35	7.5	2016-04-17 7:58	10	厄瓜多尔
36	7.3	2016-04-16 0:25	10	日本九州岛
37	7.2	2016-04-13 21:55	130	缅甸
38	7.1	2016-04-10 18:28	200	阿富汗
39	7.8	2016-03-02 20:49	20	印尼苏门答腊岛海域

我国处于太平洋地震带和欧亚地震带上，是世界上多震国家之一。不论从历史上看，还是从近代看，我国的地震灾害之多和之重均是全球之冠。表 1.2 所示为我国及中印度洋海岭近 3 年所发生的 Ms5 级以上地震统计。

表 1.2　2016 年 1 月—2019 年 5 月我国及中印度洋海岭 Ms5 级以上地震统计

序号	震级 Ms	发震时刻	深度/km	参考位置
1	6.3	2019-04-24 4:15	10	西藏林芝市墨脱县
2	6.7	2019-04-18 13:01	24	台湾花莲县海域
3	5	2019-04-09 23:13	10	台湾花莲县海域
4	5.1	2019-04-04 9:56	10	台湾台东县
5	5.7	2019-04-03 9:52	12	台湾台东县
6	5.9	2019-03-30 14:27	10	中印度洋海岭
7	5	2019-03-28 5:36	9	青海海西州茫崖市
8	5.3	2019-03-08 10:32	11	台湾台东县海域
9	5.2	2019-02-02 5:54	16	新疆塔城地区塔城市

续表

序号	震级 Ms	发震时刻	深度/km	参考位置
10	5.2	2019-01-30 13:21	20	台湾花莲县海域
11	5	2019-01-20 22:28	10	西藏日喀则市谢通门县
12	5.1	2019-01-12 12:32	10	新疆喀什地区疏附县
13	5.3	2019-01-03 8:48	15	四川宜宾市珙县
14	5.8	2018-12-24 3:32	8	西藏日喀则市谢通门县
15	5.2	2018-12-20 19:08	10	新疆克孜勒苏州阿克陶县
16	5.7	2018-12-16 12:46	12	四川宜宾市兴文县
17	5.2	2018-12-16 5:21	26	台湾花莲县海域
18	6.2	2018-11-26 7:57	20	台湾海峡
19	5.1	2018-11-04 5:36	22	新疆克孜勒苏州阿图什市
20	5.1	2018-10-31 16:29	19	四川凉山州西昌市
21	5.7	2018-10-24 0:04	30	台湾花莲县海域
22	6	2018-10-23 12:34	30	台湾花莲县海域
23	5.4	2018-10-16 10:10	10	新疆博尔塔拉蒙古自治州精河县
24	5.1	2018-09-28 5:13	6	西藏阿里地区日土县
25	5.3	2018-09-12 19:06	11	陕西汉中市宁强县
26	5.9	2018-09-08 10:31	11	云南普洱市墨江县
27	5.5	2018-09-04 5:52	8	新疆喀什地区伽师县
28	5	2018-08-14 3:50	6	云南玉溪市通海县
29	5.8	2016-12-20 18:04	9	新疆巴音郭楞州且末县
30	5.1	2016-12-15 22:14	5	台湾台东县海域
31	5	2016-12-14 16:14	5	新疆巴音郭楞州若羌县
32	6.2	2016-12-08 13:15	6	新疆昌吉州呼图壁县
33	5.1	2016-12-05 5:34	5	西藏那曲市聂荣县
34	5	2016-11-30 20:04	11	台湾台东县海域
35	5	2016-11-26 17:23	7	新疆克孜勒苏州阿克陶县
36	6.7	2016-11-25 22:24	10	新疆克孜勒苏州阿克陶县
37	5.2	2016-11-25 5:55	19	台湾花莲县海域

续表

序号	震级 Ms	发震时刻	深度/km	参考位置
38	6.2	2016-10-17 15:14	9	青海玉树州杂多县
39	5.9	2016-10-06 23:51	20	台湾台东县海域
40	5.1	2016-09-23 1:23	16	四川甘孜州理塘县
41	5.4	2016-07-31 17:18	10	广西梧州市苍梧县
42	6.2	2016-05-31 13:23	239	台湾新北市海域
43	5	2016-05-18 0:48	15	云南大理州云龙县

1.2 地基抗震研究的发展

对于场地、地基抗震设计，人们早期主要将地基视作地震传播的介质，考虑场地条件对地震波的影响。较早的处理方法是苏联麦德维杰夫提出的烈度调整法，根据不同类型的地基，调整烈度值来考虑场地影响。烈度调整法忽视了不同结构在相同地基上有不同反应的客观事实。日本规范和罗马尼亚规范在此基础上考虑了结构动力的影响。日本规范根据地基的软硬程度将地基分为 4 级，根据不同地基等级和结构类型采用不同的地震力系数。罗马尼亚规范与日本规范类似。

人类与地震灾害作斗争，并不断从震害中总结经验教训，推动了抗震设计理论的进一步发展。1964 年，美国阿拉斯加地震（Ms＝8.5，Mw＝9.2）及日本新潟地震（Ms＝7.5）中严重的砂土液化和震陷引起了全球科研人员的关注，也将地基稳定性问题提到了前所未有的高度。我国在制定 1964 年《地震区建筑设计规范（草案）》时，有关人员认识到像日本规范那样单纯分别根据结构类型和不同地基土质条件调整地震力系数的方法也不够全面，因为地基的影响不能完全通过地震作用来反映，例如软弱地基在地震时易于失效，依据日本规范，增强上部结构的抗震强度对防止地基失效并无多大作用。为此我国决定，从抗震的角度区分建筑场地对抗震有利和不利的条件，选择有利于抗震的建筑，同时按照各类场地以及结构物的特点，确定地震作用和抗震构造措施；对于地基失效问题，则应采用地基处理的办法来解决。现今我国抗震设计规范也依然基于此，主要验算地基的抗液化性能和抗震承载力，其实质是基于承载力和稳定性的设计方法。现如今一大批学者对地基抗液化、软弱土震陷等的研究，也极大地推动了地基抗震设计的发展。

1.3 地基抗震研究内容

岩土地震工程学主要涉及以下内容：
（1）预测地震作用下的场地运动。
（2）预测场地残余变形、岩土结构震后稳定性。
（3）研究循环荷载下土体应力-应变-强度特性。
（4）研究地震动的产生和传播。
（5）研究结构的抗震稳定性。
（6）研究机器或交通荷载引起的地面振动。

地基抗震问题属于岩土地震学范畴，主要涵盖上述（1）和（2）的内容，地基抗震问题产生机理如图 1.3 所示。地基抗震设计主要研究地基动力响应，以及使地基在地震作用下稳定和安全的设计方法。地基抗震设计的研究需要了解土力学基本理论，以及具备地质、地震和地震工程等相关知识。

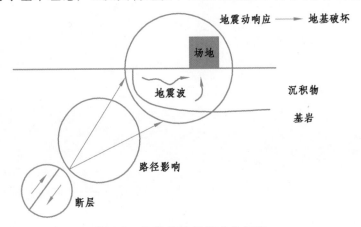

图 1.3 地基抗震问题产生机理

地基、场地在地震时起着传播地震波和支承上部结构的双重作用，因此对工程结构的抗震性能具有重要影响。在有关结构抗震设计规范中，振动作用是通过基础和上部结构的抗震验算及构造措施进行防御的；而由于地基变形所造成的破坏不同于振动作用，在抗震规范中则主要是依靠场地选择和地基处理措施加以防范。

本书将结合目前抗震规范和抗震规范发展、抗震理论和研究成果、震害调查和试验，对以建筑工程为主，兼顾道路、核电站等结构所在地基的抗震设计进行介绍。本书主要包括以下几个方面：

（1）地基现有抗震设计方法。结合规范和已有研究，探讨场地的选择、反应谱的规定以及地基承载力等内容（第2章）。

（2）研究场地液化性。液化会造成土体强度的完全丧失，使得地基承载力不足，产生过大沉降和滑移（第3章）。

（3）研究软弱土地基的变形和震陷（第4章和第6章）。

（4）复合地基抗震性能。利用复合地基形式提高液化土和软弱土的抗震性能（第5~8章）。

2 地基抗震设计方法

2.1 抗震规范发展过程

2.1.1 抗震规范发展概述

场地一般具有土体类型、土体分布以及表面地形地貌等方面的特征。场地对工程建（构）筑物（如建筑、桥梁、公路等）在地震中的潜在破坏性有重要影响。地基引起的破坏主要有以下两个方面：

（1）液化、场地破坏和大的地基位移。

（2）软弱土地基上的强地面运动。如 1989 年 Loma Prieta 地震下旧金山湾区（San Francisco Bay Area）高速公路结构由于强地震动引起的破坏，包含加州奥克兰（Oakland）Cypress 高架桥的倒塌。1994 年 Northridge 地震同样表明局部地基的放大严重影响了几座倒塌大桥的位移。

通常在具有不同工程地质条件的场地上，工程构筑物在地震中的破坏程度是明显不同的。既然如此，选择对抗震有利的场地，而避开不利的场地进行建设，就能大大减轻地震灾害。另外，由于工程用地受到地震以外的许多因素的限制，除了极不利和有严重危险性的场地以外，往往是不能排除其作为建设用场地的。这样就有必要按照场地、地基对建筑物所受地震破坏作用的强弱和特征进行分类，以便按照不同场地的特点采取抗震措施。这就是地震区场地选择与分类的目的。

较早详细研究场地土对震害影响的是美国人 Wood，他对 1906 年大地震在旧金山市区内的震害进行了详细的现场调查，曾发现位于坚硬岩石、砂层、岩石上薄土层、砂和冲积层、人工填土以及沼泽上的建筑震害差异很大。其后，在 1923 年日本关东大地震时，人们调查了如下三种地基上房屋的震害：

（1）河流三角洲、淹没盆地、填筑的盐水湖、泥质冲积层以及回填土。

（2）沿岸沙丘、海滩、沙洲、河漫滩，以及洪积火山岩层。

（3）坚硬的第三纪岩地层、致密的砾岩，以及岩石。

结果发现震害程度有很大的差别，其中第（1）类场地上的木结构房屋震害要比第（3）类严重好几倍。从此以后，不同场地上建筑物震害程度的差异引起了更大的关注。

然而，我国在制订 1964 年《地震区建筑设计规范（草案）》时，有关人员在分析苏联和日本规范的有关规定时曾指出：麦德维杰夫以宏观调查资料为基础的小区域烈度划分方法抹杀了结构动力特性的影响，忽视了不同结构在相同地基上有不同反应的客观事实；应用这种方法，不管结构性能如何，笼统地提高或降低设计烈度，成倍地增大或减小地震作用，必将导致不够经济或不够安全的设计。

另外，单纯根据结构类型和地基土质条件调整地震力系数的方法也不够全面，因为地基的影响不能完全通过侧向地震作用来反映，例如软弱地基在地震时易于失效，提高抗震作用只能增强上部结构的抗震强度，对防止地基失效并无很大作用。为此人们认为，所谓场地地震影响，是建筑场地的地质构造、地形、地基等工程地质条件对建筑物的综合影响，这些条件的影响各不相同，在规范中应该区别对待。为此我国决定：从抗震的角度区分场地对抗震有利和不利的条件，选择有利于抗震的工程结构物，同时按照各类场地以及结构物的特点，决定地震作用和抗震构造措施；对于地基失效问题，则应采用地基处理的办法来解决。

地基基础的抗震问题目前仍然是一个尚未进行充分研究的领域，特别是在实用设计方法方面，需要研究的问题还很多。以往对这个问题的研究不够充分的原因是多方面的。首先是由于精确的分析计算很困难且不易简化；其次也因为过去的震害经验表明，在一般情况下地基基础出问题的不多。但这并不能说明我们对此可以掉以轻心。事实上，在液化地基和软弱地基上基础震害的实例时有发生，而且从总体上讲，地基基础的抗震设计方法还很不完善。

目前，我国与地基抗震有关的规范有《铁路工程抗震设计规范》GB 50111—2006（2009 年版）、《建筑抗震设计规范》GB 50011—2010（2016 年局部修订版）、《核电厂抗震设计规范》GB 50267—97、《公路工程抗震规范》JTG B02—2013、《水电工程水工建筑物抗震设计规范》NB 35047—2015 和《公路桥梁抗震设计细则》JTG/T B02-01—2008 等，有关静力下地基设计方面的规范有《岩土工程勘察规范》GB 50021—2001（2009 版）、《复合地基技术规范》GB/T 50783—2012 和《建筑地基基础设计规范》GB 50007—2011 等。各国抗震设计规范可查阅网站 http://www.iaee.or.jp/worldlist.html。

下面将依据这些规范来论述现有地基抗震设计方法。从国内外规范所要求的对象来看，绝大多数针对建筑物的场地与地基，也有不少针对其他类型结构物、构筑物、特种设备或工程的地基。从对地基抗震方面规定的内容来说，主要分为四部分：第一部分是场地分类与选择；第二部分是特殊地基的抗震，如可液化砂土和软土；第三部分是地震设计反应谱；第四部分是地基抗震承载力。大部分规范均涉第一、二、三部分，仅少数规范全部包含这四部分，如我国规范。

日本地震遍布全国，地震频发，震级高，因而日本的抗震工作开展得较早，且工作较为完善。美国强震主要集中于西部沿海地区的圣安德烈斯断层带上，依托其发达的科技和大量的工程建设，美国率先广泛开展了核电站/海洋平台等特殊重大工程建设，他们对近代地震工程学的发展贡献了不少力量。为此，以下将主要回顾这两个国家和我国抗震规范的发展过程。

2.1.2　日本抗震规范的发展过程

日本抗震规范的发展过程如下：

1915 年　佐野利器提出水平静力震度法，建议结构设计水平力取为结构重量的 k 倍，k 称为震度，小于 1。此法为日本之后的抗震规范奠定了基础。

1922 年　内藤多仲根据震度法，取 $k = 1/15$，设计加固了一些房屋。这些房屋成功经受住了 1923 年关东大地震的考验，而关东地区其他的许多房屋受到严重破坏。

1924 年　《市街地建筑物法》考虑了抗震设计，设结构设计水平力为结构重量的 k 倍，在该规范中 k 取 0.1，这是日本最早的抗震规范。

1931 年　规范规定地震区的房屋应在 31 m 以下。

1933 年　日本建筑学会出版钢筋混凝土设计规范，采用武藤清关于刚架在水平地震作用下的分析方法。

1941—1943 年　《建筑物抗震构造要项》提出极限设计法，并提高了结构上部的震度。

1944 年　采用极限设计法，取 $k = 0.15$。

1947—1948 年　日本建筑学会规格 JES 建筑 3001 号，将震度提高到 $k = 0.2$，同时将容许应力作了相应的提高。

1950 年　公布了《建筑基准法》，替换 1924 年以来的规范，该规范推广到全国。抗震规范用 JES3001，规定：在软弱地基上取 $k = 0.3$；房屋高度在 16 m 以内的部分，$k = 0.2$；房屋高度超出 16 m 的部分，每高出 4 m，k 增加

0.01；对于屋顶突出物，$k = 0.3$。

1951 年　《建筑基准法》研究委员会第一小委员会发表《关于震度折减》的建议，在 1950 年建筑基准法的基础上，提出将全国按地震危险性分为三区，分别采用地区折减系数 $C_1 = 0.8$、0.9 和 1.0；将地基分为四类，将结构物分为四种，根据地基和结构物类别，通过表 2.1 选取地基折减系数 C_2。

表 2.1　地基折减系数 C_2

地　基	木结构	钢结构	钢筋混凝土结构	砖石结构
1. 基岩，第三系	0.6	0.6	0.8	1.0
2. 洪积层	0.8	0.8	0.9	1.0
3. 冲积层	1.0	1.0	1.0	1.0
4. 填土，厚冲积层	1.5	1.0	1.0	1.0

1952 年　建设省通告 1074 号采用上述《关于震度折减》的规定，取 $k = 0.2$，规定 $C_1 C_2 \geqslant 0.5$。该规定一直使用，直到 1981 年新抗震设计法正式生效。

1953 年　水道协会提出水道设施抗震规定，采用河角广提出的 75 年重现期的加速度区划图，并补充了两条内容。其一，考虑地基和构造物类型而采用一个修正系数，在 1 类地基上，对于塔状构造物和水管桥，修正系数取 0.5；对于净水设施，修正系数取 0.4；对于埋设管道，修正系数取 0.3。其他地基上不区别构造物类型，修正系数的取值分别为 0.7（2 类）、1.0（3 类）、和 2.0（4 类）。其二，采用修正系数后的地震力系数 k 最小为 0.1，最大为 0.4（塔状构筑物、水管桥）或 0.3（其他结构）。

1955 年　《国铁土木构造物设计标准（草案）》在抗震上规定将全国分为 A、B、C 三个区，水平震度 k_h 按地基类别给定，竖向震度为水平震度的 1/2。

1957 年　国际大坝会日本国内委员会《坝设计标准（草案）》规定了坝的设计震度。

1959 年　日本港湾协会《港湾工事设计要览》规定按地基类别和发生大地震的可能性给定设计震度。

1963 年　修改《建筑基准法》，不再限制房屋高度。

1964 年　建设省设置高层建筑物构造审查会。日本建筑学会发表《高层建筑技术指针》。

1965 年　土木学会抗震构造设计委员会《设计震度（草案）》对 1955 年《国铁土木构造物基准（草案）》作了一些修改。

1967 年　建筑学会构造标准委员会振动分科会发表《高层建筑技术指针（增补修改案）》，适用于高度在 45 m 以上的房屋，舍弃了过去几十年采用的设计震度法，第一次在日本明确采用反应谱设计法，该设计的主要规定如下：

底部剪力 $V_0 = ZR_tA_iC_0W$，基底剪力 V_0 的一部分集中于顶部，其余沿高度分布。

Z——地震危险性分区系数；R_t——设计反应谱系数；A_i——侧向剪力分布系数；C_0——标准剪力系数；W——有效重力荷载。

1971 年　建筑学会《钢筋混凝土设计基准》修订，特别修订了抗剪强度部分。

1972 年　建设省综合技术开发中心制定"新抗震设计法开发"的五年计划，以建筑研究所和土木研究所为中心。

1977 年　《新抗震设计法（草案）》发表。日本房屋防灾协会发表《现存钢筋混凝土房屋抗震安全性鉴定准则》。

1979 年　建设省设置"抗震设计基准研究会"，研究《建筑基准法施行令》应采用的《新抗震设计法（草案）》的内容、草案的社会影响及实现的可能性。

1980 年　公布抗震建筑基准研究会建议的《修订建筑基准法施行令》。

1981 年 6 月　新《抗震设计法》开始正式生效，此后十余年未修订。

2007 年　港湾空港技术研究所发布《港口设施抗震设计》。

2010 年　日本国土交通省、基础设施业、运输和旅游业发布日本建筑法规。

2011 年　《核电安全法》开始正式生效。

2012 年　铁路技术研究所发布《铁路结构抗震设计规范》。

日本道路协会发布《道路桥梁抗震设计规范》，这是对 2002 版本的修订本。

日本抗震规范中考虑地基抗震，主要体现在考虑地基对地震作用的影响上。1950 年，通过系数考虑软弱地基对结构所受地震作用的影响；1953 年，通过修正系数调整地震系数取值；1955 年和 1959 年均规定设计震度按地基类别给定；1967 年，采用反应谱设计法，提出动力放大系数受场地地基和结构特性的影响。

2.1.3　美国抗震规范的发展过程

美国是联邦制国家，各州市可有自己的抗震规范。美国强地震主要发生在西岸，相应地，抗震规范也主要产生并应用于西岸，特别是加州各市。

1906 年　旧金山地震后，房屋按 1 460 Pa 的侧力设计。

1927 年　发布《统一房屋规范（UBC）》第 1 版，附录适用于抗震，$k = 0.075 \sim 0.10$。

1933 年　4 月 1 日，菲尔德法令作为紧急措施生效，法令规定：对公共学校建筑，取 $k = 0.02 \sim 0.05$；对砖石结构，取 $k = 0.10$。5 月 26 日，赖利法令生效，对一般结构，取 $k = 0.02$。洛杉矶房屋条令对一般房屋取 $k = 0.08$，对学校房屋取 $k = 0.10$。长滩及南加州其他一些城市也用此法令。

1935 年　房屋规范统一，对硬地基 $k = 0.08$，对软地基 $k = 0.16$。

1937 年　菲尔德法令采用 $k = 0.06 \sim 0.10$（3 层以下房屋或无抗弯刚架者）、$k = 0.02 \sim 0.06$（4 层以上房屋或有抗弯刚架者）。

1941 年　菲尔德法令采用 $k = 0.06 \sim 0.10$，k 具体取值随地基而定。

1943 年　洛杉矶房屋规范规定层间剪力系数 $\alpha_n = 0.06/(N - n + 4.5)$，$N - n \leqslant 13$，$n$ 为从下往上算起的楼层数，N 为总层数。比奥特开始求得一些地震动的反应谱。

1946 年　统一房屋规范规定，按地区调整 k 值。

1952 年　侧力联合委员会提出以下抗震规定：

底部剪力　$V_0 = \alpha W$

$\alpha = k/T, k = 0.015, 0.02 \leqslant \alpha \leqslant 0.06$（房屋）

$\qquad k = 0.025, 0.03 \leqslant \alpha \leqslant 0.10$（其他结构物）

第 n 层地震惯性力 $F_n = \dfrac{V_0 W_n H_n}{\sum\limits_1^N W_j H_j}$

H_j 为第 j 层顶的高度；W_j 为该处重量。

1953 年　菲尔德法令采用 $V_n = \alpha_n W_n$，$\alpha_n = 0.06/(N - n + 4.5)$。赖利法令采用 $k = 0.03$（矮于 13.3 m 的房屋）、$k = 0.02$（高于 13.3 m 的房屋）。

1956 年　旧金山房屋规范基本采用 1952 年侧力委员会规定，仅在数值上略有变化。

1957 年　加州结构工程师协会（SEAOC）设立地震委员会，制定全州适用的抗震规范。

1959 年　洛杉矶市抗震规范撤销了 $N - n \leqslant 13$ 的限制，并修改层间剪力系数为：

$$\alpha_n = 0.004\,6N/[N - n + 0.9(N - 8)]$$

当 $N \leqslant 13$ 时，取 $N = 13$。

SEAOC 提出第 1 版抗震设计规范建议，称为建议的侧力要求。建议的侧力要求提出之后出现了多个修订版本，加州及一些国外规范常以此为蓝本。

底部剪力 $\quad V_0 = C\alpha W$

$$\alpha = 0.05/\sqrt[3]{T} \qquad T \geqslant 0.1\ \text{s}$$
$$C = 0.67 \sim 1.33$$

第 n 层地震惯性力 $F_n = \dfrac{V_0 W_n H_n}{\displaystyle\sum_1^N W_j H_j}$ （一般房屋）

$$\left.\begin{array}{l} F_n = \dfrac{0.9 V_0 W_n H_n}{\displaystyle\sum_1^N W_j H_j} \\[4mm] F_D = 0.1 V_0 \end{array}\right\}$$ （高柔房屋）

基底倾覆力矩 $\quad M = J\displaystyle\sum_1^N F_j H_j$

修正系数 $\quad J = \dfrac{0.5}{\sqrt[3]{T}} \geqslant 0.33$

第 n 层倾覆力矩 $\quad M_n = \left(\dfrac{H_N - H_n}{H_N}\right) M$

当房屋高于 53 m 或 3 层时，延性抗弯空间刚架至少应承担地震作用的 25%。要考虑重心与刚性中心的偏心和房屋边长 5% 以上偶然偏心的不利组合引起的扭矩。

1961 年　统一房屋规范采用 SEAOC—1959 规定，并增加地震分区系数 Z，在 1~3 区内，Z 分别取 0.25、0.5 和 1.0。SEAOC 认为 1959 年的规定可以保证小震无损、中震无结构损坏、大震不倒。

1963 年　SEAOC 规范建议规定延性抗弯空间刚架至少承担总地震力 25% 的房屋，不再限制房屋高度。

1966 年　SEAOC 建议作下述修改：

当 $T_{\min} = 0.1$ 时，$\alpha_{\max} = 0.1$

$$F_D = 0.004 V_0 \left(H_N / D\right)^2$$

其中，D 为房屋振动方向长度。

删除 $J_{\min} = 0.33$ 这一限制。

倾覆力矩　　$M_n = J_n \left[F_D \left(H_N - H_n \right) + \sum_{n+1}^{N} F_j \left(H_j - H_n \right) \right]$

$$J_n = J + \left(1 + J \right) \left(H_n / H_N \right)^3$$

延性抗弯空间刚架，除钢结构外，还包括满足一定条件的钢筋混凝土刚架，均可用于 53 m 以上的房屋。

所有按 $C = 0.67 \sim 0.80$ 设计的房屋必须有承担总地震作用的 25% ~ 100% 的延性抗弯空间刚架。

1967 年　　SEAOC 统一房屋规定，建议作以下修订：

$J = 0.6/\sqrt[3]{T}$，对房屋以外的结构取 $J_{min} = 0.45$。

1968 年　　SEAOC 建议对几个方面进行修订：

关于压弯柱剪切配筋的规定，钢结构的延性抗弯空间刚架的定义，加密系筋柱中系筋的规定。

1969 年　　SEAOC 建议废除倾覆力矩折减系数。

1970 年　　SEAOC 建议修订混凝土剪力墙极限强度设计中剪力与斜拉力的计算方法和配筋的规定。5 月，SEAOC 设计特别委员会审议规范的基本抗震设计原则。

1971 年　　SEAOC 建议作下述修订，并统一房屋规范采用下述修订：

（1）所有抗震钢筋混凝土空间刚架必须为延性抗弯空间刚架。

（2）荷载组合中加大地震作用。

（3）限制轻混凝土强度。

（4）梁与柱抗震强度计算中考虑主筋实际屈服强度，减少箍筋间距，柱混凝土围压补强钢筋计算公式。

（5）允许使用预制混凝土构件。

（6）非抗侧力构件在变形达到规定地震值 4 倍时仍能承受竖向荷载。

（7）加大混凝土剪力墙的设计地震作用。

（8）调整系筋柱中系筋的粗细、捆扎和间距。

SEAOC 设计特别委员会提出抗震设计基本原则报告，主要内容包括：基本同意现行以均匀结构动力分析为基础的等效静力法是实用形式；建议对重要结构和动力不均匀结构采用动力分析，以发现并加强薄弱环节；大部分赞成提高设计地震作用；若延性无保证，需加大地震作用；保留现行结构系数 C，但应重新确定其数值；强烈建议今后的抗震规范都要考虑地基土壤影响；关于重要结构物的功能，必须从公众安全的准则来评价现行规定。

另外，美国混凝土协会规范 ACI318-71 在附录中专门论述了抗震设计。

1972 年　洛杉矶市颁布暂行抗震规定，采用动力分析法，与 SEAOC-1971 建议基本相同，但对于高度在 53 m 以下、无刚度且不规则的房屋，采用静力分析；对于重要结构，如医院、消防、通信中心，地震作用增加 50%。

1970 年设立的美国加州结构工程师协会 SEAOC 设计特别委员会发表建议荷载要求的基本设计准则，提出抗震规范修订的基本考虑。

1973 年　SEAOC 下设的应用技术委员会 ATC 提出 ATC-3 计划《详细抗震设计规定》。

1974 年　基本上按 SEAOC 设计特别委员会 1971 年的建议作了修订，并在下述三方面作出重大修改：

（1）增加了一些因素：$V = ZIC\alpha SW$

Z 为地震动分区系数；I 为重要性系数，一般结构 $I = 1$，重要结构 $I = 1.5$；S 为场地土壤系数，值为 1.0 ~ 1.5，随场地卓越周期 T_s 而异。

（2）加大地震系数 α，取 $\alpha = 1/15\sqrt{T} \leqslant 0.12$。与 1959 年的规定相比，$T = 0.7$ s 时，α 加大了 60%；$T = 2.5$ s 时，α 加大了 13%。

（3）对重要结构用动力分析。对形状极不规整、相邻楼层抗力与刚度差别大的房屋，要考虑结构动力特性对侧力分布的影响。

1976 年　房屋规范统一采用 SEAOC-1974 年建议。

1977 年　ATC 发表样本规范 ATC3-06。

支持 ATC-3 计划的美国科学基金会领导变更，不再支持此计划经费，ATC-3 计划几乎终止。

1979 年　联邦紧急管理局（FEMA）成立，继承了领导全国地震危险减轻计划的权力，从而支持 ATC-3 计划，由房屋地震安全委员会（BSSC）执行。BSSC 为自愿的独立的建筑工业代表团体，其任务是考虑地震安全性，以修订规范。

1980 年　洛杉矶市抗震规范作下述修订：

对高于 53 m 的任何结构物，均应作动力分析；输入地震动过程应根据土壤、地质、地震报告，对给定的场地进行估计。

美国 ATC-3 样本规范规定：

本规范摒弃了过去美国采用的系数方式，而采用调整反应谱形状的方式来考虑场地土壤的影响。

1997 年　发布《设计指南：公路岩土地震工程》。

2000 年　国际规范协会 ICC 正式发布国际建筑规范。

2011 年　美国运输部（FHWA）下属的国家公路研究院（NHI）编制了

岩土工程和结构工程的地震分析及 LRFD 法设计指南。

美国抗震规范除了考虑地震系数，在 1974 年及其以后的规范中，还明确要考虑场地土壤系数。

2.1.4 中国抗震规范的发展过程

1955 年　翻译并出版了苏联《地震区建筑规范》ПСП-101-51。

1957 年　国家建委委托中科院土木建筑研究所负责主编我国抗震设计规范。

1959 年　参考 1957 年苏联 CH-8-57，提出了第一个抗震设计规范草案，内容包括房屋、道桥、水坝、给排水等多种土建工程学科，并在设计单位试用。

1964 年　提出第二个抗震设计规范草案《地震区建筑设计规范（草案稿）》，包括建筑物、给排水、农村房屋、道桥等。重要改进方面有：

（1）场地影响：废弃了 1959 年草案中的场地烈度概念，对场地影响不再采用调整烈度的方式，而是采用调整反应谱的方法，而美国和日本都是在 20 世纪 70 年代中叶才引入该方法。

（2）场地分类：改变了 1959 年草案中仅依据单纯宏观方法将场地分为三类的做法，而根据多物理指标将场地分为四类。

（3）地震系数：将 1959 年草案中的地震系数 k_c 改为两个系数 C 和 k 的乘积 Ck，改变地震系数 k 的定义，使其表示实际地震动，即 $k = a_{max}/g$，a_{max} 为地震最大水平或竖向加速度。结构系数 C 表示结构非弹性反应的影响，随结构类型而变化，C 的取值为 $1/3 \sim 1$。

（4）地震力计算方法：采用等效静力法与反应谱法计算地震力。

（5）竖向地震力。对下述结构还应考虑竖向地震力：稳定性依赖于自重维持的结构，如重力坝与挡土墙；位于高烈度区（震中区）且以自重为主要荷载的结构，如大跨桥梁与屋盖结构。

（6）结构自重周期简化计算公式：根据国内实测结果与理论研究，给出了多层砖石房屋、多层钢筋混凝土楼房、坝、桥墩、烟囱与高架塔的自振周期计算公式。

1974 年　出版第一个正式批准的抗震规范《工业与民用建筑抗震设计规范（试行）》TJ 11—74，此规范仅包括工业建筑与民用建筑部分，有以下主要特点。

（1）继承了 1964 年规范草案中关于按场地土壤调整反应谱的规定。

（2）场地分类：只采用宏观土性描述进行场地分类，改场地为三类。

（3）调整等效静力法。

（4）砂土液化判别：根据我国近十余年震害调查经验，规范提出了砂土液化判别公式。

同一年，我国台湾地区建筑技术规则中有关抗震设计的要求也公布施行。要求采用区划图，将台湾地区划分为强、中、弱三区。

1977 年　由中国建筑科学研究院主编的《工业与民用建筑抗震鉴定标准》TJ 22—77 正式批准试行。这是我国第一个正式批准试行的抗震鉴定标准，在国际上也是首创。其内容涵盖多层砖房、内框架房屋、单层钢筋混凝土厂房、多层钢筋混凝土框架房屋、单层空旷房屋与单层砖柱厂房、旧式木房、砖木房屋、农村房屋、烟囱与水塔等。

1978 年　出版《工业与民用建筑抗震设计规范》TJ 11—78，依据海城、唐山地震经验对 1974 年版进行了修订。

由水电科学研究院主编的《水工建筑物抗震设计规范》SDJ 0—78 批准试行。它主要具有以下特点：

（1）按烈度分区设计。

（2）对于高度小于 150 m 的坝，用拟静力法计算地震力；对于高于 150 m 的坝，采用反应谱法计算地震力。

（3）砂土液化判别：除了采用工民建规范的规定外，还增加采用相对密度 D_r（砂土）和塑性指数 I_p（少黏土）的规定。

批准试行煤炭工业抗震设计规定。

1980 年　台湾大学地震工程研究中心抗震设计相关人员提出对 1974 年建筑技术规则中有关抗震设计要求的修改建议。

1988 年　由中国建筑科学研究院负责主编，完成工民建规范 TJ 11—78 的修订稿。

1989 年　发布《建筑抗震设计规范》。

2001 年　发布《建筑抗震设计规范》GB 50011—2001。

2010 年　发布《建筑抗震设计规范》GB 50011—2010。

2013 年　发布《公路工程抗震规范》JTG B02—2013。

2015 年　发布《水电工程水工建筑物抗震设计规范》NB 35047—2015。

2016 年　发布《建筑抗震设计规范》GB 50011—2010（2016 年局部修订版）。

2.2 场地与地基

2.2.1 场地动力响应影响因素

在抗震设计中，场地的定义是具有相似反应谱特征的房屋群体所在地，其范围不仅指房屋基础下的地基土，还包括厂区、居民点和自然村。场地动力响应的影响因素主要有以下 4 项。

（1）断层的地震影响。

发震断裂带附近地表可能发生错动，从而导致建筑物的破坏。当断裂出露于地表时，它对建筑物的破坏程度取决于错位的大小，错位大小可分为震动错位和永久错位两种错位方式。震害资料显示错位可达数十厘米，甚至几米。活动断裂附近地基往往会密集裂缝和错动，地表残余变形将导致地基破坏和上部结构破坏，因此在选址时应尽量避开断层。

（2）局部地形的影响。

1970 年通海地震震害调查发现，局部孤立突出场地上的结构震害一般比同类地基上的重。孤立的小山包或山梁顶部都可视作局部孤立突出场地。

（3）覆盖层厚的地震影响。

一般而言，在深厚的覆盖土层上结构物的震害较重，而在基岩和硬土层上的震害则相对较轻。实质上，当结构物与地基土固有周期相近时，震害比较重，软弱地基变形和失效所造成的震害另外考虑。

（4）多层土状况不同的地震影响。

不同土层组合时，建（构）筑物呈现出不同的震害。这时可主要考虑剖面深度、土层厚度和刚度等因素的组合。

2.2.2 场地分类

2.2.2.1 各国场地分类比较

地震造成工程结构破坏，一方面是地震动直接引起结构破坏，另一方面是场地自身稳定性丧失引起结构破坏。场地自身稳定性主要受场地条件的影响，如砂土液化、软土震陷和地基土不均匀沉陷等。因此，选择有利于抗震的场地，是减轻场地引起的地震灾害的第一道工序。20 世纪 50 年代，人们在场地地基条件对地震动影响的认识方面存在较大差异，直到 20 世纪 80 年代，在这一问题上的认识才逐步统一起来。现今，为了简便，一般规范将场地地基按软硬程度划分为三类或四类。表 2.2 统计了中、日、美等国家或地区有关场地划分的规范，这些规范均以宏观描述作为场地分类主要指标，大多给出了地基土壤的坚硬密实程度、土壤类别和成因。少数几个国家或地区采用场地土层物理量作为划分指标，即承载力和卓越周期。

表 2.2　各国或地区场地类别数目和分类指标比较

国家或地区	中国	日本	美国	欧盟	韩国	土耳其	伊朗	印度	尼泊尔	印度尼西亚
场地类别数目	4	3	6	7	4	4	4	3	3	3
分类指标	宏观描述（简称MD)、覆盖层厚度（H_s）、剪切波速（v_s）、承载力	MD、H_s	MD、v_s、标准贯入击数(SPT)、塑性指数、含水率、土体不排水剪切强度（c_u）	MD、v_s、H_s、SPT、c_u	MD、H_s、v_s	MD、H_s、v_s、SPT、相对密度、非均匀压缩强度	MD、H_s	MD	MD、H_s、v_s、SPT、场地自振周期	MD、强度、v_s、SPT

场地分类指标中覆盖层厚度一般按以下方法确定：

（1）一般情况下，按照地面至剪切波速大于或等于 500 m/s 下卧岩土表面的距离确定。

（2）土层分布如图 2.1 所示，v_{s1max} 为地面 5 m 以内深度最大剪切波速，该土层之下分为（$n-1$）层，剪切波速分别为 v_{s2}，v_{s3}，$\cdots$，v_{si}，$\cdots$，v_{sn}。

若 $v_{si} \geq 2.5 v_{s1max}$，$i \in 2$，3，$\cdots$，$n$，且 $v_{sj} \geq 400$ m/s，$j = i$，$i+1$，$\cdots$，n，则覆盖层厚度为地面至第 i 层土顶面的距离。

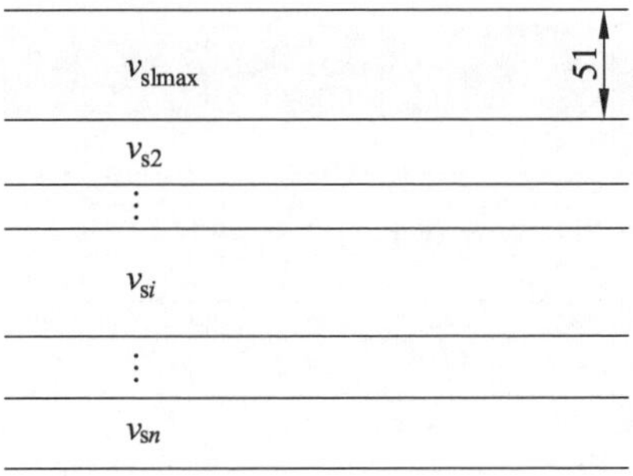

图 2.1　土体分层（单位：m）

（3）剪切波速大于 500 m/s 的孤石、透镜体与周围土体视作同一土层。

（4）对于土层中的火山岩硬夹岩，视作刚体，从覆盖土层中扣除该厚度。

2.2.2.2 各国场地划分类别

选择场地时，一般根据工程需要、地震活动情况、工程地质和地震地质有关资料，确定对工程构筑物抗震有利、一般、不利和危险的地段。工程地质考虑地质、地形和地貌划分。工程建设宜选择有利地段；对危险地段，严禁建造相关建筑结构；对不利地段，如软弱黏性土、液化土、新近填土或严重不均匀土，应尽量避让，当无法避开时，应采取有效措施抗震。《建筑抗震设计规范》GB 50011—2010（2016 年局部修订版）对建筑场地划分标准如表 2.3 所列。

表 2.3 建筑场地划分标准

地段类别	地质、地形、地貌
有利地段	稳定基岩，坚硬土，开阔、平坦、密实、均匀的中硬土等
一般地段	不属于有利、不利和危险的地段
不利地段	软弱土，液化土，条状突出的山嘴，高耸孤立的山丘，陡坡，陡坎，河岸和边坡的边缘，平面分布上成因、岩性、状态明显不均匀的土层（含故河道、疏松的断层破碎带、暗埋的塘浜沟谷和半填半挖地基），高含水量的可塑黄土，地表存在结构性裂缝等
危险地段	地震时可能发生滑坡、崩塌、地陷、地裂、泥石流等及发震断裂带上可能发生地表位错的部位

建筑场地类别划分以宏观描述、土层等效剪切波速和场地覆盖层厚度为主要指标，如表 2.4 和表 2.5 所列。对丁类建筑及丙类建筑中层数不超过 10 层、高度不超过 24 m 的多层建筑，当无实测剪切波速时，可根据岩土名称和性状，按表 2.4 划分土的类型，再利用当地经验，结合表 2.4 中的剪切波速数据，估算各土层的剪切波速。

表 2.4 土类型划分和剪切波速范围

土的类型	岩土名称和性状	土层剪切波速 v_s 范围/（m/s）
岩石	坚硬、较硬且完整的岩石	$v_s>800$
坚硬土或软质岩石	破碎和较破碎的岩石或软和较软的岩石，密实的碎石土	$800 \geqslant v_s>500$
中硬土	中密、稍密的碎石土，密实、中密的砾、粗、中砂，基本承载力 $f_{ak}>150$ kPa 的黏性土和粉土，坚硬黄土	$500 \geqslant v_s>250$
中软土	稍密的砾，粗、中砂，除松散外的细、粉砂，基本承载力 $f_{ak} \leqslant 150$ kPa 的黏性土和粉土，基本承载力 $f_{ak}>130$ kPa 的填土，可塑新黄土	$250 \geqslant v_s>150$
软弱土	淤泥和淤泥质土，松散的砂，新近沉积的黏性土和粉土，基本承载力 $f_{ak} \leqslant 130$ kPa 的填土，流塑黄土	$v_s \leqslant 150$

注：f_{ak} 为地基承载力特征值；v_s 为岩石剪切波速。

表 2.5　各类建筑场地的覆盖层厚度　　　　　单位：m

岩石的剪切波速或土层等效剪切波速/（m/s）	场地类别				
	I_0	I_1	II	III	IV
v_s>800	0				
800≥v_s>500		0			
500≥v_{se}>250		<5	≥5		
250≥v_{se}>150		<3	3～50	>50	
v_{se}≤150		<3	3～15	15～80	>80

注：v_{se}为土层等效剪切波速。

上述为《建筑抗震设计规范》GB 50011—2010（2016 年局部修订版）的规定。与之不同的是：《铁路工程抗震设计规范》GB 50111—2006（2009 年版）将岩石和坚硬土合并为一类场地；《公路工程抗震规范》JTG B02—2013 同时根据场地土的剪切波速和场地覆盖土层厚度，对场地土进行划分，场地共分为 4 类，与建筑抗震规范相比，删减掉了 I_0 类别场地。

美国有关场地分类的规定与中国的规范略有不同，美国场地分类标准如表 2.6 所列。

表 2.6　美国规范对场地的分类

场地类别	$\overline{v}_s$/（m/s）	$\overline{N}$ 或 $\overline{N}_{ch}$	$\overline{c}_u$/kPa
A 坚硬岩石	>1 500	—	—
B 岩石	760～1 500	—	—
C 密实土和软岩	370～760	>50	>100
D 坚硬土	180～370	15～50	50～100
E 土体	<180	<15	<50
	土体具备以下性质（厚度>3 m）： （1）塑性指数 PI>20； （2）含水率 w≥40%； （3）不排水剪切强度 c_u<24 kPa		
F 需进行场地评估的土体	（1）土体可能破坏或倒塌； （2）泥炭和/或高有机质黏土； （3）高塑性黏土； （4）极厚松软、中密黏土		

（1）确定场地类别可使用下述三种方法（$\bar{v}_s$, $\bar{N}$ 和 $\bar{c}_u$）中的任一种。

① $\bar{v}_s$ 法：确定顶面 30 m 厚度土体的平均剪切波速 $\bar{v}_s$，并查找表 2.6 确定场地类别。

若是测定场地 B 岩石的平均波速 $\bar{v}_s$，则由岩土工程师、工程地质学家或地震专家对类似的中等风化岩石进行现场实测。若岩石表面和扩展基础或褥垫层基础底面之间存在大于 3 m 厚度的土体，则该场地不应被定义为类别 A 或 B。

② $\bar{N}$ 法：确定表层 30 m 厚度土体的标准贯入阻力 $\bar{N}$，并查表 2.6 确定场地类别。

③ $\bar{c}_u$ 法：对于黏土层，确定表层 30 m 厚度土体的不排水剪切强度 $\bar{c}_u$；对于无黏性土层，确定表层 30 m 厚度土体的标准贯入阻力 $\bar{N}_{ch}$。注意：塑性指数 PI<20，土体定义为无黏性土；PI>20，土体定义为黏性土。根据 $\bar{c}_u$ 和 $\bar{N}_{ch}$ 查表 2.6 确定场地类别。当 $\bar{N}_{ch}$ 和 $\bar{c}_u$ 准则相悖时，将场地定义为强度较低的土体（如场地 E 强度低于场地 D）。

（2）场地分类指标的确定。

将表层 30 m 厚度土体分为 1 ~ n 层。设：黏性土层共 k 层，无黏性土层共 m 层，1<i<n；v_{si} 为剪切波速（m/s）；d_i 为土层厚度，为 0 ~ 30 m。

则有
$$\bar{v}_s = \frac{\sum_{i=1}^{n} d_i}{\sum_{i=1}^{n} \dfrac{d_i}{v_{si}}}$$

其中 $\sum_{i=1}^{n} d_i = 30 \text{ m}$。

N_i 为标准贯入阻力，由美国材料与试验协会标准 ASTM D1586—84 得到的标准贯入阻力不超过 328 击/m。

$$\bar{N} = \frac{\sum_{i=1}^{n} d_i}{\sum_{i=1}^{n} \dfrac{d_i}{N_i}}$$

$$\bar{N}_{ch} = \frac{d_s}{\sum_{i=1}^{m} \dfrac{d_i}{N_i}}$$

其中 $\sum_{i=1}^{m} d_i = d_s$，d_s 为表层 30 m 厚度土体中无黏性土层厚度。

$c_{\mathrm{u}i}$ 为不排水剪切强度（kPa），小于 240 kPa，不排水剪切强度由 ASTM D2166—91 或 D2850—87 获得。

$$\overline{c}_{\mathrm{u}} = \frac{d_{\mathrm{c}}}{\sum_{i=1}^{k} \dfrac{d_i}{c_{\mathrm{u}i}}}$$

式中　$\sum_{i=1}^{k} d_i = d_{\mathrm{c}}$;

d_{c} ——表层 30 m 厚度土体中黏性土厚度。

欧洲规范 EN 1998-1:2004 （E）中有关场地分类标准如表 2.7 所列。表中用地层剖面和参数描述场地类别 A、B、C、D 和 E，之后据此用于考虑局部场地对地震作用的影响。若场地属于特殊场地 S1 或 S2，需定义地震作用，单独进行分析。对于这两种类型，尤其是 S2 的情况，需考虑地震作用下土体破坏的可能性。特别注意，若场地类别为 S1，这种土的剪切波速 v_{s} 非常小，阻尼小，会产生不规则的地震场地放大和土-结构相互作用。在这种情况下，需进一步开展研究以定义地震作用，以此建立软黏土或淤泥的反应谱与土层厚度和剪切波速的关系，建立该土层与下卧层的反应谱与土体刚度的关系，并进行对比分析。

表 2.7　场地类别

场地类别	地层剖面	参　数		
		$v_{\mathrm{s},30}$ /(m/s)	N_{SPT} /(击/30 cm)	c_{u} /(kPa)
A	岩石或其他类似于岩石的地质构造，包含表层 5 m 以上的软弱土	>800	—	—
B	至少几十米厚的密砂、砾石或坚硬黏土，且随深度增加，土体性能提高	360~800	>50	>250
C	几十米到几百米的中密或密实砂、砾石或坚硬黏土	180~360	15~50	70~250
D	疏松到中密无黏性土（有或无软黏性土层），或主要为软到坚硬黏性土	<180	<15	<70
E	土层表面为冲积层，剪切波速与场地 C 或 D 的相同，厚度为 5~20 m，下覆坚硬土层的剪切波速大于 800 m/s			
S1	至少 10 m 厚的软黏土/淤泥，土体塑性指数高（PI>40）和含水量高	<100 （典型情况）	—	10~20
S2	液化土、敏感性黏土或除 A-E 和 S1 以外的土层			

2.2.3 砂土液化

在地震过程中，一般天然地基都具有较好的抗震稳定性，可能发生地基失效的土体主要有饱和松砂、软弱黏性土和成因岩性状态严重不均匀的土体。地面下存在饱和砂土和饱和粉土时，除地震烈度为 6 度外，都需进行液化判别。进行液化判断时，大多以标准贯入锤击数为指标，如我国规范。

首先对饱和砂土进行初步判别。初步判别为不液化的情况：

（1）抗震设防烈度为 7 度、8 度地区，土体地质年代为第四纪晚更新世及其以前。

（2）对于浅埋的天然地基，如果满足下列条件之一就可以判别为不液化：

$$
\begin{aligned}
&d_u > d_o + d_b - 2 \\
&d_w > d_o + d_b - 3 \\
&d_u + d_w > 1.5d_o + 2d_b - 4.5
\end{aligned}
\tag{2.1}
$$

式中　d_u——上覆盖层非液化土层厚度（m）；

d_o——液化土特征深度（m），按表 2.8 中数据采用；

d_b——基础埋置深度（m）；

d_w——地下水位深度（m）。

表 2.8　液化土特征深度　　　　　单位：m

饱和土类别	地震烈度		
	7 度	8 度	9 度
粉土	6	7	8
砂土	7	8	9

如果地基饱和砂土条件不符合上述情况（1）和（2），就需要进行下一步的液化判别。对于地面以下 20 m 范围内的可能发生液化的土体，按照规定采用标准贯入试验进行液化判别；对于《建筑抗震设计规范》GB 50011—2010 规定的可以不进行天然地基和基础抗震承载能力验算的建筑物，只需要判别地面以下深度 15 m 范围内的土体液化情况。利用标准贯入试验判别饱和砂土是否液化时，当饱和砂土实测标准贯入锤击数 $N_{63.5}$ 不大于标准贯入锤击数临界值 N_{cr} 时，可判定饱和砂土为液化土；否则为不液化土。N_{cr} 的经验公式为：

$$
N_{cr} = N_o \beta [\ln(0.6d_s + 1.5) - 0.1d_w] \sqrt{3/\rho_c}
\tag{2.2}
$$

式中　N_0——标准贯入锤击数基准值，按表 2.9 取值；

　　　β——调整系数，按表 2.10 取值；

　　　d_s——饱和砂土标准贯入点深度（m）；

　　　d_w——地下水位埋深（m）；

　　　ρ_c——黏粒含量，小于 3% 或为砂土时，采用 3%。

表 2.9　液化判别标准贯入锤击数基准值 N_0

设计基本地震加速度值（×g）	0.10	0.15	0.20	0.30	0.40
液化判别标准贯入锤击数基准值 N_0	7	10	12	16	19

表 2.10　调整系数 β

设计地震分组	第一组	第二组	第三组
β	0.80	0.95	1.05

　　液化等级分为轻微、中等、严重三级。根据我国液化震害资料，确定不同级别的液化指数、地面喷水冒砂情况以及对建筑危害程度的描述，如表 2.11 所列。

表 2.11　液化等级及其特征

液化等级	液化指数（20 m）	地面喷水冒砂情况	对建筑的危害情况
轻微	<6	地面无喷水冒砂，或仅在洼地、河边有零星的喷水冒砂点	危害性小，一般不至于引起明显的震害
中等	6～18	喷水冒砂可能性大，从轻微到严重均有，多数属中等	危害性较大，可造成不均匀沉陷和开裂，有时不均匀沉陷可达到 200 mm
严重	>18	一般喷水冒砂都很严重，地面变形很明显	危害性大，不均匀沉陷可能大于 200 mm，高重心结构可能产生不容许的倾斜

　　当地基存在液化土层时，应根据建筑的抗震设防类别、地基液化等级，结合工程实际采取相应的措施。

　　若需全部消除地基液化沉陷，应达到下列要求：

　　（1）采用桩基础时，桩端深入液化深度以下稳定土层，达到稳定土层的长度（不含桩间部分）应按计算确定。且对于碎石土，砾、粗、中砂，坚硬黏性土和密实粉土不应小于 0.8 m；对于其他非岩石土，不宜小于 1.5 m。

（2）采用深基础时，基础底面应埋入液化深度以下的稳定土层中，其深度不应小于 0.5 m。

（3）采用振冲、振动密实、挤密碎石桩、强夯等加密法加固时，处理深度应超出液化深度；振冲或挤密碎石桩加固后，桩间土的标准贯入锤击数宜大于或等于相关规定的临界值。

（4）用非液化土替换全部液化土层，或者在液化土层之上增加非液化土层。

（5）采用加密法或换土法处理时，处理宽度应超出基础边缘，超出基础边缘的宽度应大于基础底面下处理深度的 1/2，且不小于基础宽度的 1/5。

2.2.4　软土震陷

《建筑抗震设计规范》GB 50011—2010（2016 版）分析了我国 1976 年唐山大地震、1999 年台湾地震以及土耳其地震的破坏实例，发现软土震陷确是造成震害的重要原因，实有明确判别标准和采取抗御措施之必要。规范规定地震烈度为 8 度（0.30g）和 9 度时，当饱和粉质黏土塑性指数小于 15，且满足下面两个式子时，饱和粉质黏土可判为震陷性软土。

$$w_s \geq 0.9 w_L$$

$$I_L \geq 0.75 \tag{2.3}$$

式中　　w_s——天然含水量（%）；

　　　　w_L——液限含水量（%）；

　　　　I_L——液性指数。

2.3　地震设计反应谱

2.3.1　地震设计反应谱概述

20 世纪 50 年代，抗震规范对不同地基类别规定不同的加速度值，坚硬场地上的加速度值比软弱场地上的小。到七八十年代则一般采用反应谱，软弱场地相比坚硬场地，反应谱长周期部分较大。我国早在 1964 年就已采用反应谱规定，而十年以后美国和日本规范才改为反应谱规定，苏联的规范则到

1982 年才有所修改。

地基表面给定点的地震作用用场地弹性加速度反应谱表示，称为"弹性反应谱"。水平地震作用通过两个相互垂直的分量描述，通过相同的反应谱表示。根据震源和地震峰值，地震作用的三个分量可采用一个或多个形状的反应谱。选择合适形状的反应谱，需考虑地震峰值，地震峰值能极大地引起地震灾害。

当地震影响场地由较大区域的震源引起时，应考虑采用超过一个形状的频谱，使设计地震作用能够充分体现。在这种情况下，对于任一频谱和地震类型，一般需要不同的 a_g 值。有时还采用时程代表的地震作用。

现行抗震规范规定设计反应谱的方式有三：一是将地震分区，将土层影响等和地震反应谱分开来处理；二是将之结合在一起；三是用加速度和速度两个指标来调整或控制反应谱。本节将首先分析反应谱形状，其次对比分析反应谱值大小。

2.3.2 不同国家加速度设计反应谱比较

规范中常采用的设计加速度反应谱形状如图 2.2 所示。

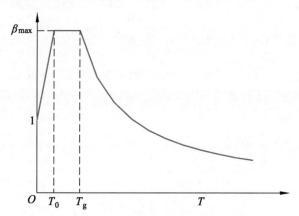

图 2.2 规范中设计加速度反应谱典型形状

注意，反应谱一般有两种表达方式：

一种是指单自由度体系在地震动作用下的最大反应，本书用 S 表示，如加速度设计反应谱 $S_a(T, \zeta)$，ζ 为阻尼比，一般取为 0.05。

另一种是单自由度反应的加速度放大倍数，用 β 表示，$\beta(T) = S_a(T)/a_{max}$。注意，基本周期等于 0 时，单自由度体系的谱加速度等于场地峰值加速度

a_{max}。β_{max} 为 2.0～3.0。

为了对比不同国家或地区的加速度设计反应谱绝对值的大小，图 2.3 绘出了一组水平加速度设计反应谱，都是Ⅰ类场地上的，且大体相当于地震烈度 7 度或规范中所考虑的最低地震区，如此，是为了尽量避免不同条件引起的差异。虽然如此，图中不同曲线所处条件仍然略有差异，故其离散性还是很大。表 2.12 列出了不同国家或地区加速度反应谱关键参数的对比。

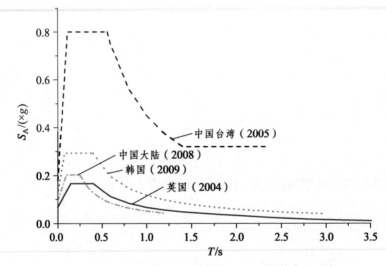

图 2.3　不同国家或地区加速度设计反应谱大小比较

表 2.12　不同国家或地区规范中有关反应谱的规定

编号	国家或地区		出版时间	T_0/s	T_g/s	β_{max}
1	中国	大陆	2008	0.1	0.25	2.22
		台湾	2005	0.11	0.56	4.44
2	英国		2004	0.15	0.4	2.50
3	韩国		2009	0.08	0.4	2.50
4	土耳其		2007	0.1	0.3	2.50
5	希腊		2000	0.1	0.4	1.49

注：表中参数含义见图 2.2。

有了上述对地震设计反应谱的一般认识，以下两小节将对中国和英国现有规范有关设计反应谱的规定作详细介绍。

2.3.3　中国规范中有关设计反应谱的规定

2.3.3.1　加速度设计反应谱

中国《公路桥梁抗震设计细则》JTG/T B02-01—2008 对地震作用的规定如下：

公路桥梁可只考虑水平地震作用。地震作用可以用设计加速度反应谱、设计地震动时程和设计地震动功率谱考虑。

阻尼比为 0.05 的水平加速度设计反应谱 S 由下式确定：

$$S = \begin{cases} S_{\max}(5.5T + 0.45) & T < 0.1\ \text{s} \\ S_{\max} & 0.1\ \text{s} \leqslant T \leqslant T_{\text{g}} \\ S_{\max}(T_{\text{g}}/T) & T > T_{\text{g}} \end{cases} \qquad (2.4)$$

式中　T_{g} —— 特征周期（s）；

　　　T —— 结构自振周期（s）；

　　　$S_{\max}$ —— 水平加速度设计反应谱最大值。

水平加速度设计反应谱如图 2.4 所示。

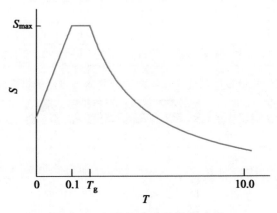

图 2.4　水平加速度设计反应谱

水平加速度设计反应谱最大值 $S_{\max}$ 由下式确定：

$$S_{\max} = 2.25 C_{\text{i}} C_{\text{s}} C_{\text{d}} a \qquad (2.5)$$

式中　C_{i} —— 抗震重要性系数，按表 2.13 取值；

　　　C_{s} —— 场地系数，按表 2.14 取值；

　　　C_{d} —— 阻尼调整系数；

a ——水平向设计基本地震动加速度峰值，按表 2.15 取值。

表 2.13　各类桥梁的抗震重要性系数 C_i

桥梁分类	E1 地震作用	E2 地震作用
A 类	1.0	1.7
B 类	0.43（0.5）	1.3（1.7）
C 类	0.34	1.0
D 类	0.23	—

注：高速公路和一级公路上的大桥、特大桥，其抗震重要性系数取 B 类括号
内的值。

表 2.14　场地系数 C_s

场地类型	抗震设防烈度					
	6	7		8		9
	0.05g	0.1g	0.15g	0.2g	0.3g	0.4g
I	1.2	1.0	0.9	0.9	0.9	0.9
II	1.0	1.0	1.0	1.0	1.0	1.0
III	1.1	1.3	1.2	1.2	1.0	1.0
IV	1.2	1.4	1.3	1.3	1.0	0.9

表 2.15　抗震设防烈度和水平向设计基本地震动加速度峰值 a

抗震设防烈度	6	7	8	9
a	0.05g	0.10g（0.15g）	0.20g（0.30g）	0.40g

特征周期 T_g 按桥址位置在《中国地震动反应谱特征周期区划图》
GB 18306—2001 上查取，根据场地类别，按表 2.16 取值。

表 2.16　设计加速度反应谱特征周期 T_g 调整值　　单位：s

区划图上的特征周期	场地类型划分			
	I	II	III	IV
0.35	0.25	0.35	0.45	0.65
0.4	0.3	0.4	0.55	0.75
0.45	0.35	0.45	0.65	0.9

除有专门规定外，结构的阻尼比 ξ 取 0.05，式（2.5）中的阻尼调整系数 C_d 取 1.0。当结构的阻尼比按有关规定取值不等于 0.05 时，阻尼调整系数 C_d 应按下式取值：

$$C_d = 1 + \frac{0.05 - \xi}{0.06 + 1.7\xi} \geq 0.55 \qquad （2.6）$$

2.3.3.2 竖向加速度设计反应谱

竖向加速度设计反应谱由水平向加速度设计反应谱乘以下式给出的竖向/水平向谱比函数 R 得到。

基岩场地：$R = 0.65$ $\qquad$ （2.7）

土层场地：

$$R = \begin{cases} 1.0 & T < 0.1\ \text{s} \\ 1.0 - 2.5(T - 0.1) & 0.1\ \text{s} \leq T \leq 0.3\ \text{s} \\ 0.5 & T > 0.3\ \text{s} \end{cases} \qquad （2.8）$$

式中 T ——结构自振周期（s）。

2.3.3.3 设计地震动时程

已作地震安全性评价的桥址，设计地震动时程应根据专门的工程场地地震安全性评价的结果确定。

未作地震安全性评价的桥址，可根据 2.3.3 小节内容设计加速度反应谱，合成与其兼容的设计加速度时程；也可选用与设定地震震级、距离大体相近的实际地震动加速度记录，通过时域方法调整，使其反应谱与 2.3.3 小节中设计加速度反应谱兼容。

2.3.4 英国规范中有关设计反应谱的规定

2.3.4.1 水平弹性反应谱

对于地震作用的水平分量，弹性反应谱 $S_e(T)$ 按式（2.9）定义，弹性反应谱也可查看图 2.5。

$$0 \leqslant T \leqslant T_{\mathrm{B}} : S_{\mathrm{e}}(T) = a_{\mathrm{g}} S \cdot \left[1 + \frac{T}{T_{\mathrm{B}}} (2.5\eta - 1) \right]$$

$$T_{\mathrm{B}} < T \leqslant T_{\mathrm{C}} : S_{\mathrm{e}}(T) = 2.5 a_{\mathrm{g}} S \eta$$

$$T_{\mathrm{C}} < T \leqslant T_{\mathrm{D}} : S_{\mathrm{e}}(T) = 2.5 a_{\mathrm{g}} S \eta \frac{T_{\mathrm{C}}}{T}$$

$$T_{\mathrm{D}} < T \leqslant 4 \text{ s} : S_{\mathrm{e}}(T) = 2.5 a_{\mathrm{g}} S \eta \frac{T_{\mathrm{C}} T_{\mathrm{D}}}{T^2}$$

（2.9）

式中　$S_{\mathrm{e}}(T)$ —— 弹性反应谱；

T —— 线性单自由度系统的振动周期（s）；

a_{g} —— 场地 A 上设计场地加速度（$a_{\mathrm{g}} = \gamma_1 a_{\mathrm{gR}}$），$\gamma_1$ 为结构重要系数，对于重要结构（$\gamma_1 > 1$），需考虑地形放大系数；a_{gR} 为场地 A 参考地面加速度峰值；

T_{B} —— 恒定谱加速度周期的下限；

T_{C} —— 恒定谱加速度周期的上限；

T_{D} —— 定义位移反应谱的起始值；

S —— 土体因子；

η —— 阻尼相关因子，当为 5% 黏滞阻尼时，相关值 $\eta = 1$。

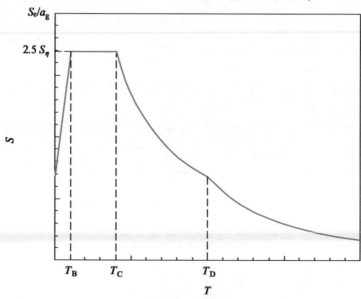

图 2.5　弹性反应谱形状

根据场地类别，周期 T_{B}、T_{C} 和 T_{D}，以及土体因子 S 描述了弹性反应谱形状。若未考虑到深层地质情况，EN 1998-1:2004 建议使用两类谱：类型 1 和类型 2。

若是引起地震灾害的面波峰值 M_s 小于或等于 5.5，则采用类型 2 所对应的谱。对于 5 种场地类型 A、B、C、D 和 E（场地分类对应 2.2.2.2 各国场地划分类别这一小节内容），参数 S、T_B、T_C 和 T_D 建议值分别见表 2.17（类型 1 谱）和表 2.18（类型 2 谱）。图 2.6 和图 2.7 分别为建议的类型 1 谱和类型 2 谱形状，阻尼比取为 5%。

表 2.17　推荐类型 1 弹性反应谱的参数取值

场地类别	S	T_B/s	T_C/s	T_D/s
A	1.0	0.15	0.4	2.0
B	1.20	0.15	0.5	2.0
C	1.15	0.20	0.6	2.0
D	1.35	0.20	0.8	2.0
E	1.4	0.15	0.5	2.0

表 2.18　推荐类型 2 弹性反应谱的参数取值

场地类别	S	T_B/s	T_C/s	T_D/s
A	1.0	0.05	0.25	1.2
B	1.35	0.05	0.25	1.2
C	1.5	0.10	0.25	1.2
D	1.8	0.10	0.30	1.2
E	1.6	0.05	0.25	1.2

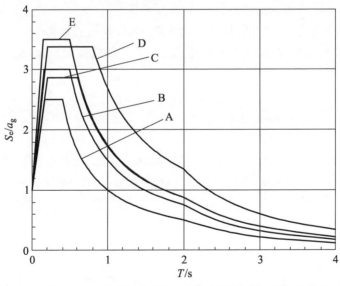

图 2.6　场地 A—E 推荐类型 1 弹性反应谱（阻尼比为 5%）

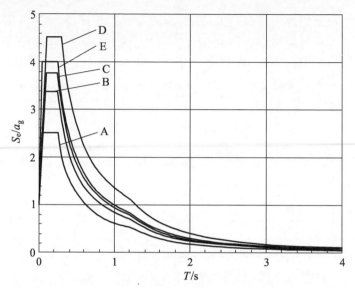

图 2.7　场地 A—E 推荐类型 2 弹性反应谱（阻尼比为 5%）

对于场地类型 S1 和 S2，研究确定 S、T_B、T_C 和 T_D 的取值。

阻尼对应因子的取值 η 可通过下式确定：

$$\eta = \sqrt{10/(5+\xi)} \geqslant 0.55 \qquad (2.10)$$

式中　ξ——结构的黏滞阻尼比，表示为百分数。

对于特殊情况，黏滞阻尼比可取为除 5% 以外的其他值。

弹性位移反应谱 $S_{De}(T)$ 可利用下式由弹性加速度反应谱 $S_e(T)$ 直接转换而得：

$$S_{De}(T) = S_e(T)\left(\frac{T}{2\pi}\right)^2 \qquad (2.11)$$

振动周期小于等于 4.0 s 时，可施加等式（2.4）代表的地震作用。当结构自振周期大于 4.0 s 时，可使用一个更加全面的弹性位移谱。注意：当周期大于 4.0 s 时，弹性加速度反应谱可由弹性位移反应谱根据式（2.4）得出。

2.3.4.2　竖向弹性反应谱

地震作用的竖向分量应通过弹性反应谱 $S_{ve}(T)$ 表示，利用下式得出：

$$0 \leqslant T \leqslant T_{\mathrm{B}} : S_{\mathrm{ve}}(T) = a_{\mathrm{vg}} \cdot \left[1 + \frac{T}{T_{\mathrm{B}}}(3.0\eta - 1) \right]$$

$$T_{\mathrm{B}} < T \leqslant T_{\mathrm{C}} : S_{\mathrm{ve}}(T) = 3.0 a_{\mathrm{vg}} \eta$$

$$T_{\mathrm{C}} < T \leqslant T_{\mathrm{D}} : S_{\mathrm{ve}}(T) = 3.0 a_{\mathrm{vg}} \eta \frac{T_{\mathrm{C}}}{T} \qquad (2.12)$$

$$T_{\mathrm{D}} < T \leqslant 4 \text{ s} : S_{\mathrm{ve}}(T) = 3.0 a_{\mathrm{vg}} \eta \frac{T_{\mathrm{C}} T_{\mathrm{D}}}{T^2}$$

EN 1998-1: 2004 建议使用两种类型竖向谱：类型 1 和类型 2。对于定义地震作用水平分量的谱，若地震灾害面波峰值 M_{s} 小于或等于 5.5，则建议采用类型 2 谱。对于 5 种地震类型 A、B、C、D 和 E，描述竖向谱的参数建议值给定于表 2.19。建议值不适用于特殊场地类型 S1 和 S2。

表 2.19　竖向弹性反应谱参数推荐取值

频谱	$a_{\mathrm{vg}}/a_{\mathrm{g}}$	$T_{\mathrm{B}}/\mathrm{s}$	$T_{\mathrm{C}}/\mathrm{s}$	$T_{\mathrm{D}}/\mathrm{s}$
类型 1	0.9	0.05	0.15	1
类型 2	0.45	0.05	0.15	1

场地设计位移 d_{g} 可通过下式估计：

$$d_{\mathrm{g}} = 0.025 a_{\mathrm{g}} S T_{\mathrm{C}} T_{\mathrm{D}} \qquad (2.13)$$

2.3.4.3　弹性分析设计谱

设计反应谱是用来预估建筑结构在其设计基准期内可能经受的地震作用，通常根据大量实际地震记录的反应谱进行统计并结合工程经验判断加以规定。

结构在非线性状态下一般允许的设计抗震作用小于线弹性状态下的。为了避免设计中对非弹性结构进行分析，主要考虑通过单元韧性或其他机理，使结构消散能量，基于反应谱开展弹性分析，该反应谱也称为设计谱。在实现分析的简化过程中引入性能因子 q。性能因子 q 近似为完全处于弹性响应阶段，5%黏滞阻尼的结构所受地震作用与设计地震作用之比。采用传统弹性分析模型，可确保结构响应在合理范围内。在给定的不同材料和结构系统的性能因子 q 中，考虑了黏滞阻尼不等于 5%的影响。虽然结构不同水平方向的性能因子 q 不同，但是各个方向的延性几乎是一致的。

对于地震作用设计谱的水平分量 $S_d(T)$，可通过下式定义：

$$0 \leqslant T \leqslant T_B : S_d(T) = a_g S \cdot \left[\frac{2}{3} + \frac{T}{T_B} \left(\frac{2.5}{q} - \frac{2}{3} \right) \right]$$

$$T_B < T \leqslant T_C : S_d(T) = 2.5 a_g S / q$$

$$T_C < T \leqslant T_D : S_d(T) \begin{cases} = \dfrac{2.5}{q} a_g S \dfrac{T_C}{T} \\ \geqslant \beta a_g \end{cases} \tag{2.14}$$

$$T_D < T : S_d(T) \begin{cases} = \dfrac{2.5}{q} a_g S \dfrac{T_C T_D}{T^2} \\ \geqslant \beta a_g \end{cases}$$

式中　a_g、S、T_C 和 T_D 的定义见 2.3.4.1 节；

　　　$S_d(T)$ —— 设计谱；

　　　q —— 性能因子，根据结构和材料延性给出；

　　　β —— 水平设计谱的下限因子，无其他资料时，β 可取为 0.2。

对于地震作用设计谱的竖向分量，可通过式（2.12）得出，用场地竖向设计加速度 a_{vg} 代替 a_g，S 取为 1，其他参数的定义同 2.3.4.2 节。对于地震作用的竖向分量，性能因子 q 取为 1.5 一般适用于所有材料和结构系统。若竖向性能因子 q 的取值大于 1.5，则需通过合理分析适当调整。以上定义的设计谱无法提供结构隔震和能量消散系统的设计。

2.3.5　地震作用类型的选择

地震作用也可通过场地加速度时程曲线或位移、速度时程曲线表示。当分析三维结构模型时，三个方向同时作用地震加速度。沿两个水平方向一般不采用相同的加速度。根据施加地震加速度的特性和可用信息，可使用人工加速度、记录或模拟加速度来描述地震作用。采用监测的加速度、通过物理模拟震源和传播路径机理而产生的加速度、模拟加速度是可靠的，因为考虑了匹配场地的震源地震特性和土体条件，并将加速度值除以 $a_g S$ 进行标准化。对于具有特殊特性的结构，若在所有支撑点施加相同加速度，则无法合理模拟结构地震响应，此时应使用三向地震作用。三向地震作用须与弹性反应谱的定义一致。

2.4　地基抗震承载力

2.4.1　天然地基抗震承载力的调整

天然地基的抗震承载力可参照《建筑抗震设计规范》GB 50011—2010 并按下式予以提高：

$$q_{E} = \eta_{s} q \tag{2.15}$$

式中　q_{E} ——提高后的地基土抗震承载力容许值（kPa）；

　　　q ——按地基规范承载力表、静荷载试验确定并经修正后的或按承载力公式计算的地基土静力承载力容许值（kPa），按现行《公路桥涵地基与基础设计规范》JTG D63—2007 的规定取值；

　　　η_{s} ——地基土抗震承载力提高系数，世界上大多数国家的抗震规范和我国的其他抗震规范，在验算地基土的抗震强度时，抗震容许承载力大都采用在静力设计容许承载力的基础上乘以提高系数的方法加以调整。

根据《公路工程抗震规范》JTG B02—2013，η_{s} 取值如表 2.20 所列。

表 2.20　提高系数 η_{s}

岩土名称和状态	η_{s} 值
岩石，密实的碎石土，密实的砾，粗、中砂，$q \geqslant 300$ kPa 的一般黏性土和粉土	1.5
中密、稍密的碎石土，中密、稍密的砾，粗、中砂，密实的细、粉砂，150 kPa $\leqslant q \leqslant 300$ kPa 的一般黏性土和粉土	1.3
中密、稍密的细、粉砂，100 kPa $\leqslant q \leqslant 150$ kPa 的一般黏性土，新近沉积黏性土和粉土	1.1
淤泥、淤泥质土，松散的砂、填土	1.0

2.4.2　天然地基抗震强度验算

地基和基础的抗震验算，一般采用"拟静力法"。此法假定地震作用如同静力，在这种条件下验算地基和基础的强度及稳定性。一般只考虑水平方向的地震作用，但有时也要计算竖直方向的地震作用。承载力的验算方法与静力状态下的相似，即计算的基底压力应不超过容许承载力的设计值。验算地基时规定采用作用标准值（即不乘作用分项系数）的地震作用组合计算基底压力，而地基承载力按不同土质情况比静力条件下有所提高。因此，当需要验算天然地基竖向承载力时，应采用荷载标准值的地震作用效应组合，基础底面平均压力和边缘最大压力应符合式（2.16）和式（2.17）的要求：

$$P \leqslant q_{\mathrm{E}} \tag{2.16}$$
$$P_{\max} \leqslant 1.2 q_{\mathrm{E}} \tag{2.17}$$

式中 P —— 基础底面平均压力（kPa）；

$\quad\quad P_{\max}$ —— 基础底面边缘最大压力（kPa）；

$\quad\quad q_{\mathrm{E}}$ —— 求出的地基抗震容许承载力（kPa）。

此外，由于地震时作用于基底上的荷载往往有偏心，基础抗倾覆性能与作用于基底合力作用点的偏心情况有关，所以对于新规范，荷载有偏心时，除基底平均压力和边缘最大压力分别不得超过容许承载力设计值和 1.2 倍承载力设计值外，还应考虑容许的偏心距，但没有明确给出偏心距的具体值，应用中可参考下述原则：基础底面荷载偏心距不宜大于地震作用方向基础宽度的 1/4，或基础底面与地基土之间出现拉应力的面积不得超过基础底面积的 1/4。

2.4.3 浅基础在地震作用下的承载力计算方法

有关静力下浅基础的研究较为全面，Prandtl、Terzaghi、Meyerhof、Caquot 和 Kerisel、Hansen、Zhu 等均对静力下浅基础的承载力开展过深入研究。

已有一批研究者利用理论或者数值手段估计了埋置于水平成层地基中的浅基础在地震作用下的承载力。

最初，Meyerhof（1953, 1963）利用拟静力法将地震作用简化为基础上的惯性力，得到了基础的承载力因子。

之后，Moore 和 Darragh（1956）、Shinohara 等（1960）、Selig 和 McKee（1961）、Shenkman 和 McKee（1961）、Sridharan（1962）、Taylor（1968）、Prakash（1974, 1981）也对地震作用下地基的承载力进行了相关研究。然而，上述研究均未考虑地震作用对土体的作用，一些研究者改进了该研究方法，将地震作用简化为土体中的水平惯性力和竖向惯性力。

Richards 等（1990）研究了自由场在地震作用下的应力状态。他们将地震作用简化为土体中均布的水平和竖向惯性力，基于莫尔-库仑强度准则，考虑土单元体的极限平衡应力状态，得到地震作用下主、被动土压力系数，以及土体的破裂面方向。

Budhu和Al-Karni（1993）假设地基在地震作用下的破裂面为非对称Prandtl破坏模式（图2.8），即存在三角形主动区Ⅰ、对数螺旋曲面Ⅱ以及三角形被动区Ⅲ。根据各滑块的极限平衡应力状态，得到极限承载力因子，并确定了地震作用下承载力因子与静力下承载力因子的函数关系。其中主、被动土压力系数和破裂面参考Richards等的研究结果。

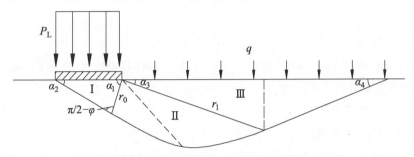

图 2.8　非对称 Prandtl 破坏模式

Richards等（1993）改进了上述土压力系数和土体破裂角的计算方法，根据库仑土压力理论计算得到土压力系数和地基的破坏面方向。他们将土体内和结构上的地震作用简化为地震惯性力，按照简化的库仑破坏模式，假设破裂面为平面，根据力的极限平衡条件得到地基承载力因子。

Dormieux和Pecker（1995）研究了地震作用下砂土地基表面条形基础的承载力。破坏面假设为非对称的Prandtl破坏面（图2.9），地震作用简化为基础上的法向力和切向力以及土体中的惯性体力。研究表明：地基承载力的减小主要源于地震作用引起结构上力的倾斜。

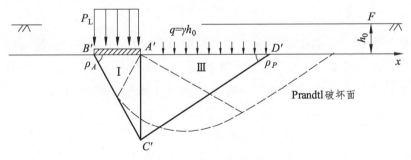

图 2.9　库仑破坏模式

Soubra（1998）利用拟静力法，将地震作用考虑为惯性力，利用极限平衡法求解承载力因子的上限解。

Soubra 假设地基呈现出 M1 和 M2 两种破坏模式，分别为：

（1）M1 破坏模式：破坏面由三角形主动区、对数螺旋剪切区以及三角形被动区组成，与图 2.8 中非对称 Prandtl 破坏面一致。

（2）M2 破坏模式：破坏面由三角形主动区、圆弧剪切区以及三角形被动区组成，即将上述非对称 Prandtl 破坏面中对数螺旋曲面替换为圆弧面。

Soubra 基于这两种破坏模式，计算得到了不同土体摩擦角和地震作用下的承载力因子。

Kumar 和 Subba Rao（2002，2003）在分别计算地震作用下土体重力、上覆荷重和黏聚力对应的承载力因子时，发现承载力因子均为水平地震系数和土体摩擦角的函数，承载力因子随水平地震系数的增大而减小，地震作用影响基底应力分布和地基的破坏模式。

Choudhury 和 Subba Rao（2005）将地震作用下地基的破坏模式假设为图 2.8 所示的复合破坏面，采用拟静力法简化地震作用，利用极限平衡法，分别求取浅条形基础下黏聚力、上覆荷重和土体重度对应的承载力因子。计算发现：水平和竖向地震作用减小了地基的极限承载力。

此外，Kumar 和 Ghosh 等（2006）还研究了倾斜场地上浅条形基础在地震作用下的承载力。

2.4.4　复合地基在地震作用下的承载力计算方法

2.4.4.1　地震作用下复合地基剪切破坏模式

复合地基的破坏形式可初步分为桩体破坏和桩间土破坏，实际工程中很难达到两者同时破坏。在刚性基础条件下，一般桩体先发生破坏，继而引起复合地基破坏；而在柔性基础条件下，土体先破坏，继而引起复合地基的破坏。

此外，群桩效应的存在使得碎石桩复合地基可能出现其他破坏形式。Wood 等通过模型试验对群桩效应下碎石桩复合地基的破坏模式进行了研究，发现碎石桩复合地基在竖向荷载下发生剪切破坏。他们通过特殊方法保留碎石桩的变形情况，并开挖出碎石桩，如图 2.10（a）所示。由图可发现基础之下的碎石桩在 A 和 B 以及对称位置 A' 和 B' 位置均出现了明显的剪切错动面。

剪切破坏面以中心桩为对称轴，在基础底面呈现出圆锥面，如图 2.10（b）所示为碎石桩复合地基破坏面示意。

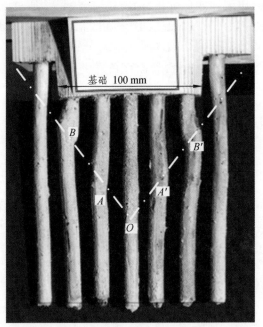

（a）试验中碎石桩复合地基破坏（Wood 等）

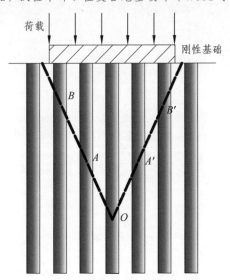

（b）碎石桩复合地基破坏示意

图 2.10　碎石桩复合地基破坏面

Hanna 等[1]通过数值计算发现，当碎石桩面积置换率为 10%~35%时，由于存在群桩效应，碎石桩复合地基根据桩土相对性质的不同，呈现出整体剪切破坏、局部剪切破坏或刺入破坏特性。Hu 等[2,3]通过试验和数值模拟也发现碎石桩复合地基由于群桩效应的影响可能发生整体剪切破坏。通过对地震作用下复合地基的整体剪切破坏模式进行分析，Prandtl（1921）提出的整体剪切滑裂面如图 2.11 所示。滑裂面存在三个区域：

（1）主动或控制区（区域Ⅰ）向下运动。

（2）被动区（区域Ⅲ）向上运动。

（3）传递区（区域Ⅱ）侧向运动，绕 A 点旋转。

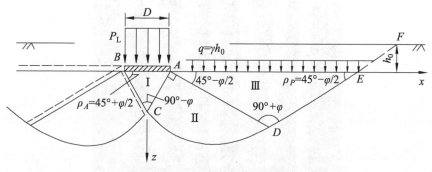

图 2.11　Prandtl 破坏滑裂面

当复合地基表现为 Prandtl 整体剪切破坏时，可承受的极限荷载 P_L 可表示为下式（Terzaghi，1943）：

$$P_L = cN_c + qN_q + \frac{1}{2}\gamma D N_\gamma \tag{2.18}$$

式中　q——上覆荷载（kPa），对于浅基础，基础埋深 h_0 小于基础宽度 D，上覆荷载为 $q = \gamma h_0$；

N_c、N_q、N_γ——承载力因子，均为内摩擦角 φ 的函数；

c——复合土体的黏聚力（kPa）；

γ——复合土体的重度（kN/m³）。

$$\gamma = \gamma_s(1-m) + m\gamma_c$$

其中　γ_s、γ_c——土体和包裹碎石桩体的重度（kN/m³）；

m——包裹碎石桩复合地基的面积置换率。

采用面积比法计算包裹碎石桩复合地基的综合强度指标，复合土体的黏聚力 c 和摩擦角 φ 的计算式分别如下：

$$c = c_s(1-m) + mc_c \tag{2.19}$$

$$\tan\varphi = (1-m)\tan\varphi_s + m\tan\varphi_c \tag{2.20}$$

式中　c_c、c_s——包裹碎石桩及桩间土的黏聚力（kPa）；

　　　φ_c、φ_s——包裹碎石桩及桩间土的摩擦角（°）。

由于加速度地震波的不对称性以及地基强度的变异性，地震作用下地基的破坏面并不对称，而是向一侧滑移。假设地震作用下的破坏面如图 2.12 所示。破坏滑裂面依然可划分为三个区域：

（1）主动区（abc）向下运动。

（2）被动区（bfh）向上运动。

（3）传递区（bcf）侧向运动，滑裂面 cf 为对数螺旋线，b 点为中心点，曲线 cf 的表达式为 $r = r_0 \cdot e^{\delta\tan\varphi}$，其中 r_0 为曲线 cf 的起始半径（长度等于 $\overline{bc}$），δ 为中心角。对曲线半径 r 进行求导，得到

$$\frac{dr}{d\delta} = r_0\tan\varphi e^{\delta\tan\varphi} = r\tan\varphi$$

故　　　　　　　　$$\tan\varphi = \frac{dr}{rd\delta}$$

由此可知对数螺旋线上任意一点的法线与过该点的径向直线的夹角为 φ。

地震作用下，原静力下滑裂面的破裂角 α_1、α_2、α_3、α_4 将发生转动（Richards 等[4]，1990），

$$\begin{aligned}
\alpha_1 &= \pi/4 + \varphi/2 + \alpha_A \\
\alpha_2 &= \pi/4 + \varphi/2 - \alpha_A \\
\alpha_3 &= \pi/4 - \varphi/2 + \alpha_P \\
\alpha_4 &= \pi/4 - \varphi/2 - \alpha_P
\end{aligned} \tag{2.21}$$

式中　α_A、α_P 的表达式分别如下：

$$\alpha_A = \arctan\left[\frac{2\tan\theta}{1 - K_{aE} + \sqrt{(1-K_{aE})^2 + 4\tan^2\theta}}\right]$$

$$\alpha_P = \arctan\left[\frac{2\tan\theta}{K_{pE} - 1 + \sqrt{(K_{pE}-1)^2 + 4\tan^2\theta}}\right]$$

其中　$\tan\theta = \dfrac{k_h}{1-k_v}$，$k_h$ 和 k_v 分别为水平向和竖向加速度系数。设水平向和竖向的加速度峰值分别为 a_h、a_v，则地震力系数可分别表示为 $k_h = a_h/g$、$k_v = a_v/g$。

在地震作用下，主动土压力系数和被动土压力系数参考物部-冈部公式[5]：

$$K_{aE} = \cfrac{\cos^2(\varphi-\theta)}{\cos\theta\cos(\varphi+\theta)\left[1+\sqrt{\cfrac{\sin 2\varphi\sin(\varphi-\theta)}{\cos(\varphi+\theta)}}\,\right]^2}$$

$$K_{pE} = \cfrac{\cos^2(\varphi-\theta)}{\cos\theta\cos(\varphi+\theta)\left[1-\sqrt{\cfrac{\sin 2\varphi\sin(\varphi-\theta)}{\cos(\varphi+\theta)}}\,\right]^2}$$

（2.22）

式（2.22）适用于 $\varphi+\theta < 90°$，以及 $\theta \leqslant \varphi$ 的情形，若 $\theta > \varphi$，按照 $\varphi-\theta=0$ 计算主动和被动土压力系数。

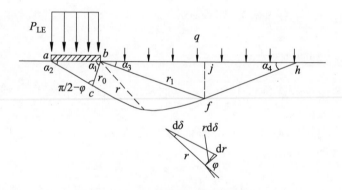

图 2.12　地震作用下的破坏面

地震作用下，条形基础所能承受的最大结构荷载 P_{LE} 为：

$$P_{LE} = cN_{cE} + qN_{qE} + \frac{1}{2}\gamma DN_{\gamma E}$$

（2.23）

对于其他基础形式发生整体剪切破坏，太沙基建议按照下列方法计算地基的极限承载力：

圆形基础：$P_{LE} = 1.2cN_{cE} + qN_{qE} + 0.3\gamma dN_{\gamma E}$　　（2.24）

方形基础：$P_{LE} = 1.2cN_{cE} + qN_{qE} + 0.4\gamma DN_{\gamma E}$　　（2.25）

式中　d —— 圆形基础直径。

对于局部剪切破坏，太沙基建议对土的强度参数指标进行折减：

$$c' = \frac{2c}{3}$$

$$\tan\varphi' = \frac{2}{3}\tan\varphi, \ \ \text{则}\ \varphi' = \arctan\left(\frac{2}{3}\tan\varphi\right)$$

利用折减后的强度参数计算地基发生局部剪切破坏时的承载力：

$$P_{\text{LE}} = c'N'_{c\text{E}} + qN'_{q\text{E}} + \frac{1}{2}\gamma DN'_{\gamma\text{E}}$$

式中　$N'_{c\text{E}}$、$N'_{q\text{E}}$、$N'_{\gamma\text{E}}$——利用折减摩擦角 φ 修正后的承载力因子。

当主动土块 abc[图 2.13（a）]处于极限平衡状态时，设 ac 面上的抗剪强度 τ_{f} 并未全部发挥，实际发挥的抗剪作用 τ_n 为：

$$\tau_n = \frac{\tau_{\text{f}}}{F_{\text{s}}} = \frac{c}{F_{\text{s}}} + \frac{\sigma\tan\varphi}{F_{\text{s}}}$$
$$= nc + \sigma n\tan\varphi$$
$$= c_n + \sigma\tan\varphi_n$$

式中　F_{s}——安全系数；

　　　n——抗剪强度发挥系数，$n = 1/F_{\text{s}}$，$n \leqslant 1$；

　　　c_n——发挥的黏聚力（kPa），$c_n = nc$；

　　　φ_n——发挥的内摩擦角（°），$\tan\varphi_n = n\tan\varphi$，$\varphi_n = \arctan(n\tan\varphi)$；

　　　σ——破裂面上的法向作用力（kPa）。

地基承载力通过考虑滑块上力的平衡条件而计算得到，滑块 abc 上作用以下力：

（1）土体重力以及地震作用引起的惯性力。

（2）结构重力 P_{LE} 以及地震作用引起的惯性力。

（3）ac 面上的黏聚力 c_n 以及反力，该反力由黏聚力、上覆荷重和土体重度所引起，分别表示为 P_{nc}，P_{nq}，$P_{n\gamma}$。其中 P_{nc} 和 P_{nq} 作用于 ac 面的中点，与 ac 面法线方向的夹角为 φ_n。$P_{n\gamma}$ 距 a 点 $2ac/3$，与 ac 面法线方向的夹角为 φ_n。

（4）bc 面上的黏聚力 c 以及反力，该反力由黏聚力、上覆荷重和土体重度所引起，分别表示为 P_{ac}、P_{aq}、$P_{a\gamma}$。其中 P_{ac} 和 P_{aq} 作用于 bc 的中点，与 bc 面法线方向的夹角为 φ。$P_{a\gamma}$ 距 b 点 $2bc/3$，与 bc 面法线方向的夹角为 φ。

滑块 $bcfj$ 上作用以下各力[图 2.13（b）]：

（1）土体重力以及地震作用引起的惯性力。

（2）土体表面上覆荷重 q 以及地震作用引起的惯性力。

（3）bc 面上的主动土压力，该力与 abc 滑块 bc 面上的反力为相互作用力。

（4）cf 曲面上的反力 R 及黏聚力 c，反力 R 过曲线 cf 的中点，以及对数螺旋线 cf 的极点 b，与 cf 法线的夹角为 φ。

（5）jf 面上的被动土压力，该力由黏聚力、上覆荷重和土体重度所引起，分别表示为 P_{pc}、P_{pq} 和 $P_{p\gamma}$。其中 P_{pc} 和 P_{pq} 作用于 jf 的中点，与 jf 垂直。$P_{p\gamma}$ 距 j 点 $2jf/3$，与 jf 面垂直。

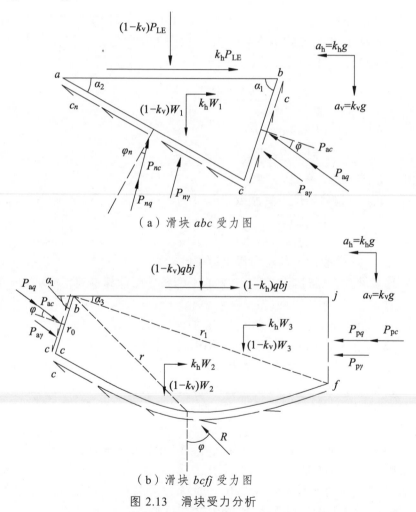

（a）滑块 abc 受力图

（b）滑块 $bcfj$ 受力图

图 2.13　滑块受力分析

2.4.4.2　复合地基地震承载力因子的计算方法

（1）N_{cE} 的求解。

为了求解 N_{cE}，设 $\gamma = q = 0$，$c \neq 0$，当滑块 $bcfj$ 处于极限平衡状态时，作用在滑块 $bcfj$ 上的力如图 2.14 所示，各力对 b 点的力矩可根据以下方法计算。

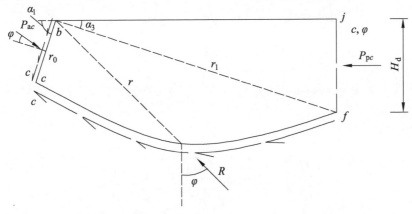

图 2.14　滑块 $bcfj$ 上的作用力（$c \neq 0$，$\gamma = q = 0$）

① 主动土压力 P_{ac} 位于 bc 的中点，与 bc 法线的夹角为 φ，P_{ac} 对 b 点的力矩为：

$$M_{P_{ac}}(b) = P_{ac} \cos \varphi \cdot \frac{r_0}{2} \quad （力矩以逆时针方向为正） \quad (2.26)$$

② jf 面上存在朗肯被动土压力 P_{pc}。根据朗肯被动土压力公式，可确定 P_{pc} 的表达式为：

$$P_{pc} = 2cH_d \sqrt{K_{pE}}$$

由此可得到被动土压力 P_{pc} 对 b 点的力矩：

$$M_{P_{pc}}(b) = -2cH_d \sqrt{K_{pE}} \cdot \frac{H_d}{2} \quad (2.27)$$

式中　K_{pE} ——被动土压力系数，由式（2.22）计算得到。

③ 曲面 cf 上的反力 R。反力 R 的延长线通过对数螺旋线 cf 的极点 b，故其对 b 点的力矩为零。此外，曲面 cf 上还存在黏聚力，其对 b 点的力矩可按下式计算：

$$M_{cf}(b) = -\int_0^{\pi - \alpha_1 - \alpha_3} cr\mathrm{d}\delta \cdot r = -\int_0^{\pi - \alpha_1 - \alpha_3} cr^2 \mathrm{d}\delta$$

整理上式得到：

$$M_{cf}(b) = -\frac{cr_0^2}{2\tan\varphi}\{\exp[2(\pi - \alpha_1 - \alpha_3)\tan\varphi] - 1\} \qquad (2.28)$$

以上各力对 b 点的合力矩为零，即：

$$\sum M(b) = M_{P_{ac}}(b) + M_{P_{pc}}(b) + M_{cf}(b) = 0 \qquad (2.29)$$

将式（2.26）～（2.28）代入式（2.29），得到：

$$P_{ac}\cos\varphi \cdot \frac{r_0}{2} - 2cH_d\sqrt{K_{pE}} \cdot \frac{H_d}{2} - \frac{cr_0^2}{2\tan\varphi}\{\exp[2(\pi - \alpha_1 - \alpha_3)\tan\varphi] - 1\} = 0$$

整理上式得到：

$$P_{ac} = \frac{2cH_d^2}{r_0\cos\varphi}\sqrt{K_{pE}} + \frac{cr_0}{\cos\varphi\tan\varphi}\{\exp[2(\pi - \alpha_1 - \alpha_3)\tan\varphi] - 1\} \qquad (2.30)$$

式中　　$r_0 = \dfrac{D\sin\alpha_2}{\sin(\alpha_1 + \alpha_2)}$ ；

　　　　$H_d = r_1\sin\alpha_3$ ；

　　　　$r_1 = r_0\exp[(\pi - \alpha_1 - \alpha_3)\tan\varphi]$ 。

滑块 abc 处于极限平衡状态时，分别讨论其竖向和水平向力的平衡（图 2.15）。

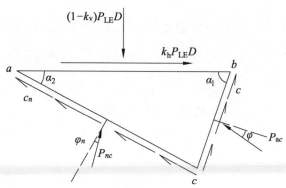

图 2.15　滑块 abc 上的作用力（$c \neq 0$，$\gamma = q = 0$）

竖向力的平衡：

$$(1 - k_v)P_{LE}D = P_{nc}\cos(\alpha_2 - \varphi_n) + P_{ac}\cos(\alpha_1 - \varphi) + c_n \cdot |ac| \cdot \sin\alpha_2 + cr_0\sin\alpha_1 \qquad (2.31)$$

式中　　$|ac| = D\sin\alpha_1/\sin(\alpha_1 + \alpha_2)$ 。

水平向力的平衡：

$$k_h P_{LE} D = -P_{nc} \sin(\alpha_2 - \varphi_n) + P_{ac} \sin(\alpha_1 - \varphi) + c_n \cos\alpha_2 \cdot |ac| - cr_0 \cos\alpha_1 \qquad （2.32）$$

联合式（2.31）和式（2.32），得到 P_{LE} 的表达式：

$$P_{LE} = \frac{P_{ac} \sin(\alpha_1 - \varphi + \alpha_2 - \varphi_n) + |ac| \cdot c_n \cos\varphi_n - cr_0 \cos(\alpha_1 + \alpha_2 - \varphi_n)}{(1 - k_v) D \sin(\alpha_2 - \varphi_n) + k_h D \cos(\alpha_2 - \varphi_n)}$$

当 $\gamma = q = 0$ 时，式（2.23）可简化为 $P_{LE} = cN_{cE}$，代入上式整理得到：

$$N_{cE} = \frac{P_{ac} \sin(\alpha_1 - \varphi + \alpha_2 - \varphi_n) + |ac| \cdot c_n \cos\varphi_n - cr_0 \cos(\alpha_1 + \alpha_2 - \varphi_n)}{cD[(1 - k_v) \sin(\alpha_2 - \varphi_n) + k_h \cos(\alpha_2 - \varphi_n)]} \qquad （2.33）$$

（2）N_{qE} 的求解。

为了求解 N_{qE}，设 $\gamma = c = 0$，$q \neq 0$，当滑块 $bcfj$ 处于极限平衡状态时，作用在滑块 $bcfj$ 上的力及其力矩如下（图 2.16）：

① bc 面上由上覆荷载引起的反力 P_{aq}，位于 bc 的中点，与 bc 法线的夹角为 φ，反力 P_{aq} 对 b 点的力矩为：

$$M_{P_{aq}}(b) = P_{aq} \cos\varphi \cdot \frac{r_0}{2} \qquad （2.34）$$

② 曲面 cf 上的反力 R。反力 R 的延长线通过 cf 的极点 b，故 $M_{cf} = 0$。

③ jf 面上的朗肯被动土压力 P_{pq}。根据朗肯被动土压力公式，可确定 jf 面上被动土压力 P_{pq} 的表达式为：

$$P_{pq} = (1 - k_v) q H_d K_{pE}$$

P_{pq} 对 b 点的力矩为：

$$M_{P_{pq}}(b) = -(1 - k_v) q H_d K_{pE} \cdot \frac{H_d}{2} = -\frac{1}{2}(1 - k_v) q H_d^2 K_{pE} \qquad （2.35）$$

④ 上覆荷重为 $Q = (1 - k_v) q |bj|$，上覆荷重对 b 点的力矩为：

$$M_Q(b) = -(1 - k_v) q |bj| \cdot \frac{1}{2} |bj|$$
$$= -\frac{1}{2}(1 - k_v) q |bj|^2 \qquad （2.36）$$

以上各力对 b 点的合力矩为零，即：

$$\sum M(b) = M_{P_{aq}}(b) + M_{cf}(b) + M_{P_{pq}}(b) = 0 \qquad （2.37）$$

整理得到：

$$P_{aq} = \frac{(1-k_v)q(H_d^2 K_{pE} + |bj|^2)}{r_0 \cos\varphi_a} \tag{2.38}$$

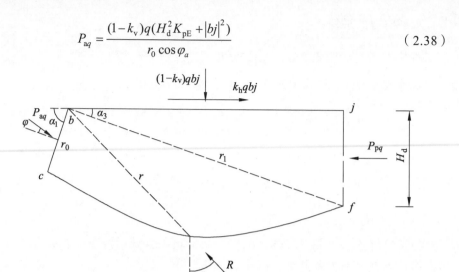

图 2.16　滑块 $bcfj$ 上的作用力（ $q \neq 0$， $\gamma = c = 0$ ）

当滑块 abc 处于极限平衡状态时，滑块的受力情况如图 2.17 所示，分别考虑滑块 abc 竖向和水平向力的平衡。

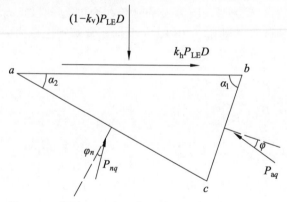

图 2.17　滑块 abc 上的作用力（ $q \neq 0$， $\gamma = c = 0$ ）

竖向力平衡：　$(1-k_v)P_{LE}D = P_{nq}\cos(\alpha_2 - \varphi_n) + P_{aq}\cos(\alpha_1 - \varphi)$ （2.39）

水平向力平衡：　$k_h P_{LE}D = -P_{nq}\sin(\alpha_2 - \varphi_n) + P_{aq}\sin(\alpha_1 - \varphi)$ （2.40）

联合式（2.39）和式（2.40），得到 P_{LE} 的表达式：

$$P_{LE} = \frac{P_{aq}\sin(\alpha_1 - \varphi + \alpha_2 - \varphi_n)}{D[(1-k_v)\sin(\alpha_2 - \varphi_n) + k_h\cos(\alpha_2 - \varphi_n)]}$$

并将 $P_{LE} = qN_{qE}$ 代入上式整理得到：

$$N_{qE} = \frac{P_{aq}\sin(\alpha_1 - \varphi + \alpha_2 - \varphi_n)}{qD[(1-k_v)\sin(\alpha_2 - \varphi_n) + k_h\cos(\alpha_2 - \varphi_n)]} \quad (2.41)$$

（3）$N_{\gamma E}$ 的求解。

为了计算 $N_{\gamma E}$，设 $c = q = 0$，$\gamma \neq 0$，当滑块 $bcfj$ 处于极限平衡状态时，作用在滑块 $bcfj$ 上的力及其力矩如下：

① bcf 滑块的重力 W_2 及其地震惯性力。

以 b 点为原点，以 bj 方向为 x 轴，以垂直于 bj 方向向下为 y 轴正方向，如图 2.18 所示建立坐标轴。设滑块 bcf 的质心为（x_2, y_2），可按照下式计算得到（图 2.19）：

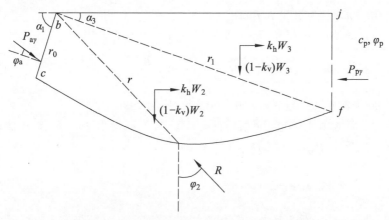

图 2.18 滑块 $bcfj$ 的作用力（$\gamma \neq 0$，$c = q = 0$）

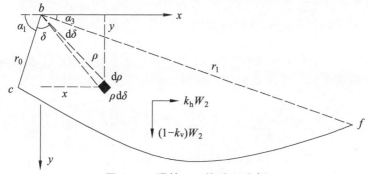

图 2.19 滑块 bcf 的质心分析

$$x_2 = \frac{1}{A_2}\iint x\,dA = \frac{1}{A_2}\int_0^{\pi-\alpha_1-\alpha_3}\int_0^{r_0\exp(\delta\tan\varphi)}\rho\sin(\delta+\alpha_1-\pi/2)\rho\,d\rho\,d\delta$$

$$= \frac{r_0^3}{3A_2(1+9\tan^2\varphi)}\left\{\begin{array}{l}3\tan\varphi\cos\alpha_3\exp[3(\pi-\alpha_1-\alpha_3)\tan\varphi]+3\tan\varphi\cos\alpha_1\\-\sin\alpha_3\exp[3(\pi-\alpha_1-\alpha_3)\tan\varphi]+\sin\alpha_1\end{array}\right\}$$

$$y_2 = \frac{1}{A_2} \iint y \mathrm{d}A = \frac{1}{A_2} \int_0^{\pi-\alpha_1-\alpha_3} \int_0^{r_0 \exp(\delta \tan \varphi)} \rho \cos(\delta + \alpha_1 - \pi/2) \rho \mathrm{d}\rho \mathrm{d}\delta$$

$$= \frac{r_0^3}{3A_2(1+9\tan^2 \varphi)} \left\{ \begin{array}{l} 3\tan\varphi \sin\alpha_3 \exp[3(\pi-\alpha_1-\alpha_3)\tan\varphi] - 3\tan\varphi \sin\alpha_1 \\ +\cos\alpha_3 \exp[3(\pi-\alpha_1-\alpha_3)\tan\varphi] + \cos\alpha_1 \end{array} \right\}$$

式中 A_2 ——滑块 bcf 的面积，$A_2 = \dfrac{r_0^2}{4\tan\varphi} \{\exp[2(\pi-\alpha_1-\alpha_3)\tan\varphi]-1\}$。

滑块 bcf 的重力对 b 点的力矩可按照下式计算：

$$M_{W_2}(b) = k_\mathrm{h} W_2 \cdot y_2 - (1-k_\mathrm{v}) W_2 \cdot x_2 \tag{2.42}$$

式中：$W_2 = A_2 \gamma$，为滑块 bcf 的重力。

② bfj 滑块的重力 W_3 及其地震惯性力对 b 点的力矩为：

$$M_{W_3}(b) = k_\mathrm{h} W_3 \cdot \frac{1}{2} H_\mathrm{d} - (1-k_\mathrm{v}) W_3 \cdot \frac{2}{3} r_1 \cos\alpha_3 \tag{2.43}$$

式中：W_3 为滑块 bfj 的重力，$W_3 = 0.5\gamma r_1^2 \sin\alpha_3 \cos\alpha_3$。

③ bc 面上由土体重度引起的反力 $P_{a\gamma}$ 与 b 点相距 $2bc/3$，与 bc 法线的夹角为 φ_a，故反力 $P_{a\gamma}$ 对 b 点的力矩为：

$$M_{P_{a\gamma}}(b) = P_{a\gamma} \cos\varphi \cdot \frac{2}{3} r_0 \tag{2.44}$$

④ 曲面 cf 上的反力 R。反力 R 的延长线通过 cf 的极点 b，故反力 R 对 b 点的力矩为：

$$M_{cf}(b) = 0 \tag{2.45}$$

⑤ jf 面上的朗肯被动土压力与 j 点相距 $2jf/3$，以及 jf 面上水平地震惯性力与 j 点相距 $2jf/3$。jf 面上被动土压力 $P_{p\gamma}$ 对 b 点的力矩为：

$$M_{P_{p\gamma}}(b) = \frac{1}{2} k_\mathrm{h} \gamma H_\mathrm{d}^2 \cdot \frac{2}{3} H_\mathrm{d} - \frac{1}{2}(1-k_\mathrm{v})\gamma H_\mathrm{d}^2 K_\mathrm{pE} \cdot \frac{2}{3} H_\mathrm{d}$$
$$= \frac{1}{3} k_\mathrm{h} \gamma H_\mathrm{d}^3 - \frac{1}{3}(1-k_\mathrm{v})\gamma H_\mathrm{d}^3 K_\mathrm{pE} \tag{2.46}$$

以上各力对 b 点的合力矩为零：

$$\sum M(b) = M_{W_2}(b) + M_{W_3}(b) + M_{P_{a\gamma}}(b) + M_{cf}(b) + M_{P_{p\gamma}}(b) = 0 \tag{2.47}$$

将式（2.42）~（2.46）代入式（2.47），得到：

$$\sum M(b) = k_{\mathrm{h}}W_2 \cdot y_2 - (1-k_{\mathrm{v}})W_2 \cdot x_2 + k_{\mathrm{h}}W_3 \cdot \frac{1}{3}H_{\mathrm{d}} - (1-k_{\mathrm{v}})W_3 \cdot \frac{2}{3}r_1\cos\alpha_3 +$$

$$\frac{2}{3}P_{\mathrm{a}\gamma}r_0\cos\varphi + \frac{1}{3}k_{\mathrm{h}}\gamma H_{\mathrm{d}}^3 - \frac{1}{3}(1-k_{\mathrm{v}})\gamma H_{\mathrm{d}}^3 K_{\mathrm{pE}} = 0$$

上式整理得到 bc 面上的反力 $P_{\mathrm{a}\gamma}$:

$$P_{\mathrm{a}\gamma} = \frac{1}{2r_0\cos\varphi}\begin{bmatrix} -3k_{\mathrm{h}}W_2 y_2 + 3(1-k_{\mathrm{v}})W_2 x_2 - k_{\mathrm{h}}W_3 H_{\mathrm{d}} \\ +2(1-k_{\mathrm{v}})W_3 r_1\cos\alpha_3 - k_{\mathrm{h}}\gamma H_{\mathrm{d}}^3 + (1-k_{\mathrm{v}})\gamma H_{\mathrm{d}}^3 K_{\mathrm{pE}} \end{bmatrix}$$

滑块 abc 的受力情况如图 2.20 所示,分析滑块 abc 在竖向和水平向力的平衡。

竖向力平衡:

$$(1-k_{\mathrm{v}})P_{\mathrm{LE}}D + (1-k_{\mathrm{v}})W_1 - P_{n\gamma}\cos(\alpha_2 - \varphi_n) - P_{\mathrm{a}\gamma}\cos(\alpha_1 - \varphi) = 0 \quad (2.48)$$

水平向力平衡:

$$k_{\mathrm{h}}P_{\mathrm{LE}}D + k_{\mathrm{h}}W_1 + P_{n\gamma}\sin(\alpha_2 - \varphi_n) - P_{\mathrm{a}\gamma}\sin(\alpha_1 - \varphi) = 0 \quad (2.49)$$

联合式(2.48)和(2.49),得到 P_{LE} 的表达式:

$$P_{\mathrm{LE}} = \frac{P_{\mathrm{a}\gamma}\sin(\alpha_1 - \varphi + \alpha_2 - \varphi_n) - k_{\mathrm{h}}W_1\cos(\alpha_2 - \varphi_n) - (1-k_{\mathrm{v}})W_1\sin(\alpha_2 - \varphi_n)}{D[k_{\mathrm{h}}\cos(\alpha_2 - \varphi_n) + (1-k_{\mathrm{v}})\sin(\alpha_2 - \varphi_n)]}$$

将 $P_{\mathrm{LE}} = 0.5\gamma D N_{\gamma\mathrm{E}}$ 代入上式整理得到:

$$N_{\gamma\mathrm{E}} = 2\frac{P_{\mathrm{a}\gamma}\sin(\alpha_1 - \varphi + \alpha_2 - \varphi_n) - k_{\mathrm{h}}W_1\cos(\alpha_2 - \varphi_n) - (1-k_{\mathrm{v}})W_1\sin(\alpha_2 - \varphi_n)}{\gamma D^2[k_{\mathrm{h}}\cos(\alpha_2 - \varphi_n) + (1-k_{\mathrm{v}})\sin(\alpha_2 - \varphi_n)]} \quad (2.50)$$

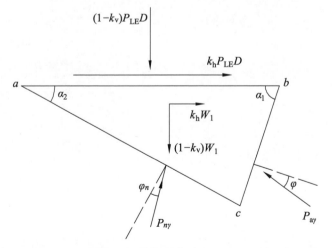

图 2.20 滑块 abc 的作用力($\gamma \neq 0$, $c = q = 0$)

最后将式（2.33）、（2.41）和（2.50）代入式（2.23），求解得到包裹碎石桩复合地基的极限承载力，并根据上述方法编制承载力因子和承载力的计算程序。

2.4.4.3　不同计算方法比较分析

分析承载力因子 N_{cE}、N_{qE}、$N_{\gamma E}$ 与水平地震系数的关系，并与已有研究结果比较，如图 2.21 所示。由图可发现，研究结果的承载力因子变化趋势基本一致，随着水平地震作用的增大，承载力因子均减小。对于承载力因子 N_{cE}、N_{qE} 和 $N_{\gamma E}$，当滑面抗剪强度发挥系数 $n=1$ 时，计算得到的承载力稍大于其他人的研究结果；抗剪强度发挥系数 $n=0$ 时，与已有研究结果较为一致。这提示在缺乏滑面抗剪强度发挥系数的实测数据时，应将 n 取较小值。

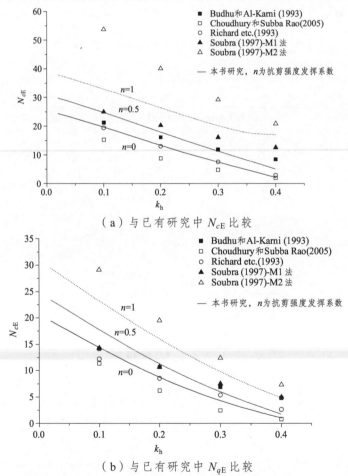

（a）与已有研究中 N_{cE} 比较

（b）与已有研究中 N_{qE} 比较

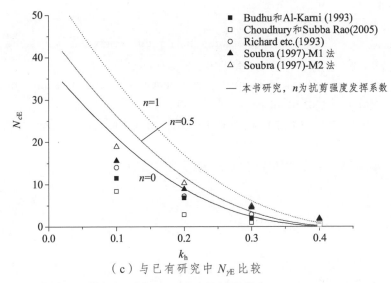

（c）与已有研究中 $N_{\gamma E}$ 比较

图 2.21　与已有研究中承载力因子的比较（摩擦角 $\varphi = 30°$，$k_v = 0.5k_h$）

2.4.5　地基基础抗震设计的一般原则和验算方法

应该指出，尽管因地基基础原因造成的建筑震害仅占建筑破坏总数的一小部分，但松软地基、砂土液化和不均匀地基等给上部结构带来的破坏仍然是不能忽视的，因为地基一旦发生破坏，震后修复加固是很困难的，有时甚至是不可能的。因此，应对地基震害的原因进行认真分析，并采取有效措施加以防御。

对于地基基础抗震设计，需满足以下一般要求：

（1）同一结构单元不宜设置在性质截然不同的地基土层上。

（2）同一结构单元不宜部分采用天然地基，而另外部分采用桩基。

（3）地基有软弱黏性土、液化土、新近填土或严重不均匀土层时，宜加强基础整体性和刚性。

（4）根据具体情况，选择对抗震有利的基础类型，在进行抗震验算时，应尽量考虑结构、基础和地基的相互作用影响，使之能反映地基基础在不同阶段上的工作状态。

参考文献

[1]　HANNA A M, ETEZAD M, AYADAT T. Mode of failure of a group of stone columns in soft soil[J]. International Journal of Geomechanics, 2013,

13(10): 87-96.

[2] HU W. Physical modelling of group behaviour of stone column foundations [D]. University of Glasgow, 1995.

[3] ETEZAD M. Geotechnical performance of group of stone columns[D]. University of Montreal Quebec, 2006.

[4] RICHARDS J R, ELMS D G, BUDHU M. Dynamic fluidization of soils[J]. Journal of Geotechnical Engineering, 1990, 116(5): 740-759.

[5] 钱家欢. 土力学[M]. 南京：河海大学出版社, 1995.

3 砂土液化

3.1 砂土液化的定义

砂土液化一般发生于地下水位高的松散砂质沉积地基中，是指在动力荷载作用下，饱和砂土中超孔隙水压力急剧上升，造成砂土颗粒呈悬浮状态，有效应力降低直至为零的现象。砂土液化后地基丧失抗剪强度和承载力，地基失效。液化时的冒水喷砂现象，常发生于地震过程中，但有时候却发生于地震快终止时或终止后几分钟至几十分钟时。冒水喷砂过程通常可持续几十分钟。

（1）在砂土液化区内，上部结构的震害大都是由地基失效引起的，由振动引起的结构震害则很小，甚至没有（胡聿贤等，1980；Ambraseys 等，1969）。这是由于砂土液化后剪切波不再能经过此砂层向上传播，限制了结构基底所受地震动的大小，从而控制了由于振动引起的震害。假若液化砂层之上有一厚而强的表土层足以支撑上部结构物，则结构物的总震害将较无砂土液化时轻。

（2）砂土液化大多发生于近地表的饱和松散粉细砂层中，最常见的是地表 10 m 以内，也有见于 10~17 m 深的，但很少见深度大于 20 m 者。

3.2 砂土液化机理

饱和细砂、粉砂在振动荷载作用下砂土颗粒发生移动而使土体变密，建筑物重力的承担者将由砂土骨架转向砂土孔隙中的水，但是由于细砂、粉砂的渗透性较差，导致孔隙水压力急速上升。当超静孔隙水压力等于建筑物产生的总应力值时，砂土有效正应力减小为零，完全丧失抗剪强度和承载能力。国内外土木工程界人士对土体液化机理持有不同的观点，这两种观点的主要区别在于一个侧重强调位移变形方面，另一个强调应力方面。早在 1936 年，

Casagrande（卡萨格兰德）便试图采用临界孔隙比这一概念来阐述液化现象的产生。随后在 1948 年，土力学鼻祖 Terzaghi（太沙基）、Peck（佩克）发现饱和砂土在振动作用下呈现出类似流体性状这一现象，这是造成饱和砂土边坡失稳的主要原因。20 世纪六七十年代，Casagrande（卡萨格兰德）和 Castro（卡斯特罗）在"临界孔隙比"的基础上创造性地提出了"稳态抗剪强度"和"流动结构"的"实际液化"概念，使人们对砂土液化产生了新的认识，也为我们进一步解决地震液化引起的危害提供了一种新方法。

汪闻韶研究土体液化特性时发现：土体在液化过程中，孔隙水压力的变化会受到应力条件的影响，砂土骨架在振动时的稳定性在一定程度上受到土体颗粒排列的影响，并且提出了饱和砂土在振动荷载作用下土体的孔隙水压力是如何产生的以及如何消散的等一系列有价值的独特观点。1983 年，Seed、Idriss 等提出当土的法向有效应力为零时，土的抗剪承载力也为零，此时即可作为判别出现液化现象的标志。土体完全液化可以分为三个过程，即初始液化、交替出现液化和整体强度破坏。汪闻韶提出了三种不同的土体液化机理，即砂沸、流滑、往返活动性。砂沸现象是指饱和砂土层中的水不能及时排出导致孔隙水压力值不断增大直到不小于其上覆压力时，该饱和砂土层就会出现上浮现象，如同沸腾一样，此时的土体几乎没有承载力可言，可以分析出这类液化主要是渗透压力的影响。流滑现象是指饱和砂土在单程施加荷载或者剪切力的作用下，其颗粒骨架总体积呈现无法逆转的压缩，致使孔隙水压力增大而有效应力减小，最终形成"无限度"的流动变形。往返活动性是指饱和砂土在低剪应变水平作用时体积压缩，在不排水条件下有可能发生液化现象，但是在较高剪应变水平作用时有可能产生体积膨胀，则此时土体又有可能重新获得抗剪能力，这样往复出现液化现象就形成了"有限度"流动变形般的往返活动性现象。

3.3 砂土液化判别方法

地下砂层在地震时是否发生过液化，目前国际上主要是从地面冒水喷砂现象上来判断，若有冒水喷砂，即认为其下的砂层发生了液化，否则难以判断其下埋藏的砂层是否液化。对于有滑坡现象的地区，有时可以通过分析来推断滑坡是否由液化引起。只有在极个别情况下，由于埋设了孔隙水压观测仪器，可以从仪器观测结果知道是否发生了液化。

对地基土液化可能性的判别是抗震设计中的一个大课题。目前，国内最常用的判别方法是《建筑抗震设计规范》GB 50011—2010 推荐的判别方法，下文简称"规范法"；国外最常用的是"修正的 Seed 判别法"。规范法是根据国内外大量的地震实地液化调查资料及室内液化土试验研究成果确定的液化判别方法。而修正的 Seed 判别法则是通过建立土体循环应力比和标准贯入度试验的关系而得到的液化判别方法。本节还补充了近几年的相关研究。

3.3.1 《建筑抗震设计规范》GB 50011—2010 的规定

《建筑抗震设计规范》GB 50011—2010 对饱和砂土的液化判定详见 2.2.3 节。

3.3.2 修正的 Seed 判别法

早在 1971 年，修正的 Seed 判别法就被提出来了，主要用于判别自由场地液化，是当前普遍被人们接受的方法。其判别的主要步骤如下。

（1）计算在土层中由地震荷载作用引起的等效循环应力比 CSR：

$$CSR = 0.65 \left(\frac{a_{max}}{g} \right) \left(\frac{\sigma_{vo}}{\sigma'_{vo}} \right) r_d \tag{3.1}$$

式中　a_{max}——地震引起的地面水平运动加速度峰值（m/s^2）；

　　　σ_{vo}——计算点的竖向总应力（kPa）；

　　　g——重力加速度（m/s^2）；

　　　r_d——土层地震剪应力折减系数；

　　　σ'_{vo}——计算点的竖向有效应力（kPa）。

（2）计算砂土抗液化强度 CRR：

$$CRR = \frac{1}{34 - (N_1)_{60}} + \frac{(N_1)_{60}}{135} + \frac{50}{[10(N_1)_{60} + 45]^2} - \frac{1}{200} \tag{3.2}$$

式中　$(N_1)_{60}$——按照有关规定修正后的标准贯入锤击数。

最后进行实地调查，根据调查结果整理得到等效循环应力比和修正剪切波速的散点图，作出判断场地是否发生液化的 CRR 曲线。NCEER（美国国家地震研究中心）推荐使用以下公式作为判断 7.5 级地震下砂土是否发生液化的公式：

$$CRR = 0.022\left(\frac{v_{s1}}{100}\right)^2 + 2.8\left(\frac{1}{v_{s1}^*} - \frac{1}{v_{s1}}\right) \tag{3.3}$$

式中 v_{s1}——修正剪切波速；

       v_{s1}^*——使土层发生液化的 V_{s1} 上限值。

式（3.2）、式（3.3）都表示砂土抗液化强度，但两者略有区别：式（3.2）采用标准贯入击数表示，式（3.3）以剪切波速表示。通过比较上面式（3.1）和式（3.2），以及式（3.1）和式（3.3）值的大小，从而判断砂土是否发生了液化。

修正的 Seed 判别法简单明了，实际工程应用广泛，但是其确定比较粗略，而且没有考虑孔隙水压力的发展变化情况；另外，其判别结果的正确性依赖于试验结果的准确性。

3.3.3   深层砂土液化判别方法

基于标贯的砂土液化判别方法是最常用的液化判别技术，但标贯法对浅砂层（埋深 10m 以内）的判别趋势一致，在深层砂土（10～20 m）的液化判别上存在问题。我国《建筑抗震设计规范》GB 50011—2010 在高烈度区明显偏于保守，如砂层深 20 m，临界标贯可达 37 击，而 Seed 的 CSR 法的临界标贯曲线出现了先增后减的不正常情况，其原因是 CSR 方法中使用的临界标贯曲线无法做到深浅兼顾，即在浅层内曲率快速变化，深层内变化速度减慢且存在渐近线。

2014 年，孙悦等提出一种双曲线形式的液化判别新模型，如式（3.4）所列，采用我国（统计数据不包括台湾）以往液化数据完成了基于标贯试验的新公式构造，并利用集集地震和阪神地震液化数据对模型进行了检验。在 7 度和 9 度地震烈度下，双曲线模型和现有主要液化判别方法的对比如图 3.1 所示。结果表明，孙悦等提出的双曲线模型和液化判别公式对不同地震烈度、地下水位和砂层埋深均有较好的适用性。新模型满足临界曲线浅层内快速变化、深层内明显变缓的客观实际，克服了我国现有规范（简称"建规"）7 度下浅层液化判别偏于危险的缺陷，克服了我国规范 8 度、9 度下深层土过于保守的弊端，也克服了 Seed 法中标贯临界值随土层埋深先增大后减小的不合理方面，如图 3.1 所示。

$$N_{cr} = 0.79N'\left(1 - 0.02d_w\right)\left(0.27 + \frac{d_s}{d_s + 6.2}\right) \tag{3.4}$$

式中　N_{cr} —— 标准贯入击数临界值；

　　　d_w —— 地下水位埋深；

　　　d_s —— 饱和砂土层埋深；

　　　N' —— 对应于 $d_w = 0$ 时临界标准贯入击数极限值，按照表 3.1 进行取值或插值得到。

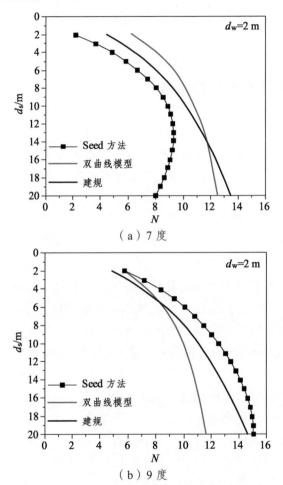

（a）7 度

（b）9 度

图 3.1　双曲线模型与现有主要液化判别方法的对比

（N 为标贯临界值；d_s 为饱和砂土埋深；d_w 为地下水位深度）

表 3.1　不同加速度峰值下 N' 取值对照

加速度峰值/（$\times g$）	0.1	0.15	0.2	0.3	0.4
临界标准贯入击数极限值 N'	16	20	23	31	37

3.3.4 剪切波速液化判别方法

剪切波速（v_s）反映了土体密度、有效应力和结构性的综合影响。通过研发软弱土地震液化灾变与剪切波速测试多尺度试验平台，开展室内单元体、离心机模型试验和现场震害调查研究。2010 年，Zhou Yanguo 揭示了砂土抗液化强度与剪切波速之间的幂函数定量关系，也即基于初始液化的地震液化剪切波速判别法。

3.3.5 场地液化概率判别方法

基于国内外历次地震中液化场地的现场标贯和剪切波速试验资料，2015年陈国兴等提出了现场液化判别的标贯试验法和剪切波速法的液化临界曲线，给出了标贯试验法和剪切波速法液化临界曲线的液化概率等值线。标贯试验法和剪切波速法的确定性液化临界曲线对应的液化概率分别为 $P_L = 14.8\%$ 和 $P_L = 15.5\%$。

这一判别公式中参变量与我国现有规范统一，便于工程应用，也弥补了在进行确定性分析时，因为地震波选取的不同得到不同的地震反应结果的缺陷，还可以进一步进行动力反应分析。陈国兴等以地下水位、埋深、标贯击数等土层常规指标为直接变量建立了场地液化概率判别公式。取概率 50%时公式对浅层土液化判别与我国现有《建筑抗震设计规范》GB 50011—2010 一致，但对深层土新公式有明显改进；采用近年来地震液化调查数据检验公式，结果表明在不同的概率水平、地震强度、地下水位和砂层埋深下均较为适用。这一公式已被新修订的国家标准《核电站抗震设计规范》纳入其中，标志着采用概率方法进行液化判别开始进入了工程实践阶段。

除了上述 5 种方法外，砂土液化还有其他的一些判别方法，如经验分析法和土层反应分析法。经验分析法是指对世界各地的地震液化资料进行分析，总结出一些普遍适用的经验公式，在处理类似情况的地基时，就能够参考以往地震灾害的实地震害调查资料进行对比判断的方法。土层反应分析法是指结合数学、力学知识和计算机技术，考虑地震动特性、地形地质条件、荷载作用及边界条件等多种因素的影响，对实际工程进行模拟的方法，其计算比较严密，但难点在于材料参数和荷载参数的合理选择，不便于更好地指导实际工程。此外，还出现了一些比较特别的液化判别方法，这些方法主要是基于计算机技术和严谨的数学理论，把对砂土发生液化的各主要影响因素结合起来进行判断。

3.4　液化引起的沉降估计方法

现今可用于估计震后固结沉降的方法可分为以下两类：
（1）数值计算。
（2）基于室内试验、现场试验和性能数据，确定半经验模型。
由于用于数值分析的参数难以确定，故常采用半经验模型法。

早期计算不排水地震振动下地基沉降的方法主要有 Tokimatsu 和 Seed（1987），以及 Ishihara 和 Yoshimine（1992）提出的计算方法。后期 Shamoto 等（1996，1998）、Zhang 等（2002）、Wu 和 Seed（2004）、Lee（2007 年）、Cetin 等（2009）、Juang 等（2013）、Mesri 等（2019）等对两种计算公式进行了校核和修正。下面将主要对 Tokimatsu 和 Seed（1987），Ishihara 和 Yoshimine（1992）提出的方法，以及近期 Cetin 等（2009）和 Mesri 等（2019）提出的方法进行介绍。

3.4.1　Tokimatsu 和 Seed（1987）法

饱和砂在不排水振动条件下将产生超静孔隙水压力，当超静孔隙水压力消散时，地基将产生沉降。渗流路径的长度影响沉降产生的时间，沉降产生的时间可能很短，也可能是一天。

Tatsuoka 等（1984）通过试验得出密实度和初始液化后的体积应变的关系，如图 3.2 所示，试验中出现了最大剪切应变。砂土的液化阻力常采用循环应力比 τ_{av}/σ_o 表示，地震中原场地剪切应变可通过图 3.3 进行估计。图 3.3 所示为剪切应变试验值，对应于 7.5 级地震下循环剪应力比和标准 SPT-N 值的任意组合。图中剪应力比可用式（3.5）表示：

$$\frac{\tau_{av}}{\sigma_o'} = 0.65 \frac{a_{max}}{g} \frac{\sigma_o}{\sigma_o'} r_d \qquad (3.5)$$

式中　τ_{av}——地震引起的平均循环剪应力（kPa）；

　　　　a_{max}——地震引起的地面水平运动加速度峰值（m/s²）；

　　　　σ_o——计算深度的总上覆压力（kPa）；

σ_o' —— 有效上覆压力（kPa）；

r_d ——应力折减系数，随深度衰减，在场地表面为 1，在 9 m 深度处约 0.9。

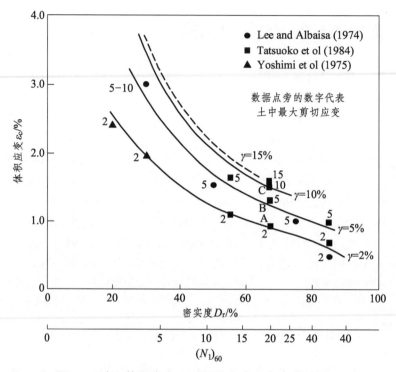

图 3.2　砂土体积应变、引起的应变和密实度的关系
（图中 γ 为剪切应变）

标贯 SPT-N 值可由下式确定：

$$(N_1)_{60} = C_{ER}C_N N$$

式中　$(N_1)_{60}$ —— 标贯 SPT-N 值，对应于有效上覆应力为 95.76 kPa；

N ——测量 SPT-N 值；

C_N —— 依赖于有效上覆压力的相关因子，所在深度为确定 SPT 的深度；

C_{ER} —— 在确定 SPT 中能量发展的相关因子。

在工程实践中发现密实度 D_r 和有效上覆压力 σ_v' 存在以下关系：

$$D_r = 21\sqrt{\dfrac{N_J}{\sigma_v' + 0.7}} \tag{3.6}$$

式中 N_J —— SPT-N 值，采用日本规范规定的方法测量得出；

  σ'_v —— 有效上覆压力（kPa）。

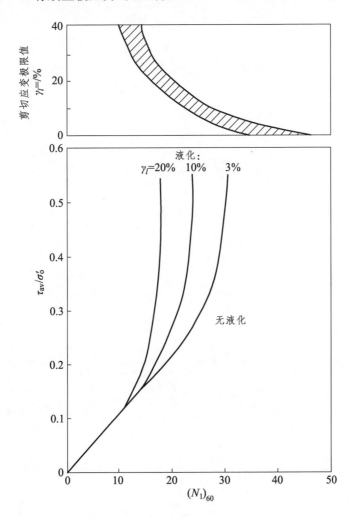

图 3.3 引起液化的循环应力比、SPT-N 值和
剪切应变极限值的试验关系

砂土中孔压的消散可能引起一定量的沉降。体积应变 = 1.0% 的情况见图 3.4。实际剪应力比与液化引起的应力比（标准应力比）见图 3.5。孔压比和标准应力比的关系在阴影区域内，对于大部分砂，两者的关系可用虚线表示。

Lee 和 Albaisa（1974）绘制了孔压比-体积应变关系曲线（图 3.6），并得出结论：对于孔压比小于 0.6 的情形，在工程中体积应变和峰值孔压比关系可用图 3.6 中短画线表示，密实度 D_r 为 30% ~ 80%，不考虑围压值。结合图 3.5、图 3.6、图 3.7 的平均结果，可确定体积应变和标准应力比的关系。

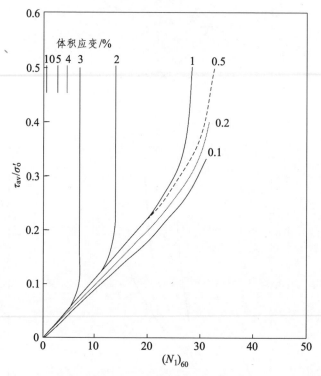

图 3.4　饱和干净砂循环应力比（N_1）$_{60}$ 和体积应变之间存在的短暂关系

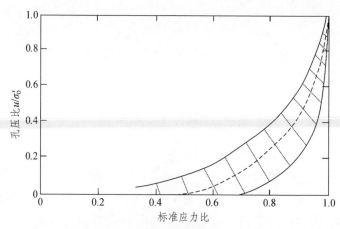

图 3.5　干净砂由地震引起的超静孔压比和标准应力比之间的关系

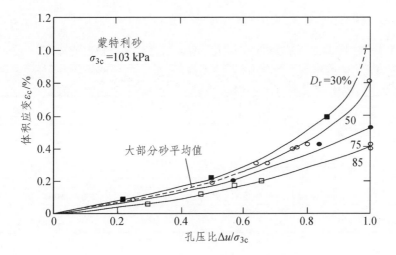

图 3.6　体积应变和孔压比的关系

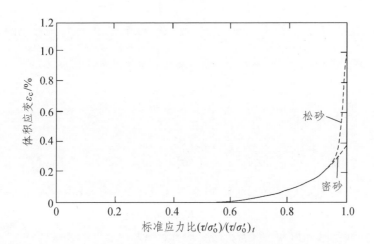

图 3.7　饱和干净砂土体积应变和标准孔压比的关系

图 3.4 中的体积应变可转化为其他震级下的体积应变，需要注意的是不同震级之间的主要差异在于应力循环数目，关系式如下：

$$\left(\frac{\tau_{\mathrm{av}}}{\sigma_{\mathrm{o}}'}\right)_{M=7.5} = \left(\frac{\tau_{\mathrm{av}}}{\sigma_{\mathrm{o}}'}\right)_{M=M} \times \frac{1}{r_{\mathrm{m}}} \tag{3.7}$$

式中，影响因子 r_{m} 可查阅表 3.2 中第 3 列。

表 3.2　震级对初始液化下循环应力比的影响因子 r_m

里氏震级 M_S	0.65 τ_{max} 下典型循环数	影响因子 r_m
7.5	26	0.89
6.5	15	1.00
5.25	10	1.13
6	5	1.32
4.75	2 ~ 3	1.50

3.4.2　Ishihara 和 Yoshimine（1992 年）法

在三轴不排水试验中，砂土轴向应变 ε_1 转化为剪切应变 γ 的关系式如下：

$$\gamma = 1.5\varepsilon_1 \tag{3.8}$$

以 5%双峰值轴向应变定义液化安全系数 F_l，即：

$$F_l = \frac{(\sigma_{dvl}/2\sigma_r')_{20}}{(\sigma_{dv}/2\sigma_r')_{20}} = \frac{\tau_{max,l}/\sigma_v'}{\tau_{max}/\sigma_v'} \tag{3.9}$$

式中　　σ_{dvl}——轴向应力（kPa），对应于地基初始液化状态，或对应于 20 个循环荷载下 5%双峰值的轴向应变；

　　　　σ_{dv}——地震剪应力下轴向应力幅值（kPa）；

　　　　$\tau_{max,l}$——不规则荷载下初始液化的最大剪切应力（kPa）；

　　　　τ_{max}——峰值剪切应力（kPa）；

　　　　σ_r' 和 σ_v'——初始有效围压应力和有效上覆压力（kPa）。

常出现液化安全系数 F_l 小于总的安全系数的现象。

根据砂土产生 5%双峰值轴向应变下的循环剪切软化状态，得到总安全系数。若安全系数小于总安全系数，表明土体已软化，且产生了大于 5%的双峰值轴向应变。

砂土超静孔隙水压力变化至零，土体体积不发生变化，剪切应力为 $\tau_{max,0}$ 或 $\tau_{av,0}$ 不产生任何超静孔压，此时，对应的临界安全系数 F_0 为：

$$F_0 = \frac{\tau_{\max,l}}{\tau_{\max,0}} = \frac{\tau_{av,l}}{\tau_{av,0}} \tag{3.10}$$

式中　$\tau_{\max,0}$ —— 剪切应力的幅值或峰值（kPa）；

　　　$\tau_{av,0}$ —— 地震作用时间内剪切应力平均值（kPa）。

引入对应于临界应变的剪切模量 G_0，式（3.10）可以转化为：

$$F_0 = \frac{\tau_{av,l}/G_0}{\tau_{av,0}/G_0} = \frac{1}{\gamma_0}\frac{\tau_{av,l}}{G_0} \tag{3.11}$$

对于初始围压应力 $\sigma_r' = 100\ \text{kPa}$ 的典型案例，引起液化的剪切应力在以下范围内：

$$\tau_{av,l} = 15 \sim 35\ \text{kPa}$$

基于工程实践和试验，密实度 D_r 和标准贯入试验（Standard Penetration Test）SPT-N 值的经验关系如下：

$$D_r = 21\sqrt{\frac{N}{\sigma_v'+0.7}} \tag{3.12}$$

式中　σ_v' —— 有效上覆压力，为 100 kPa。

令有效上覆压力 σ_v' 为 100 kPa 时，N 值可用 N_1 表示，如下式所列：

$$D_r = 21\sqrt{\frac{N_1}{1.7}} = 16\sqrt{N_1} \tag{3.13}$$

由式（3.12）和式（3.13）相等，得到：

$$N_1 = C_N N = \frac{1.7}{\sigma_v'+0.7}N \tag{3.14}$$

基于工程实践和试验，得到相对密度和荷兰圆锥触探试验（Dutch Cone Penetration Test）CPT q_c 值的经验关系为：

$$D_r = -85 + 76\ln(q_c/\sqrt{\sigma_v'}) \tag{3.15}$$

与上述同样的理由，对应于 $\sigma_v' = 100\ \text{kPa}$，$q_{c1}$ 值如下：

$$q_{c1} = C_N q_c = \frac{1}{\sqrt{\sigma_v'}}q_c \tag{3.16}$$

砂土液化引起的场地沉降可通过简单的步骤估计如下：

（1）估计给定场地每一砂土层的液化安全系数 F_l。一般采用 N_1 值或 q_{c1} 值估计原场地循环剪切强度。

（2）根据安全系数和每层砂土的 N_1 值或 q_{c1} 值，利用图 3.8 确定液化后体积应变 ε_v。

（3）各层土应变乘以其厚度，并叠加，即可得到超静孔隙水压力消散引起的场地表面沉降值。

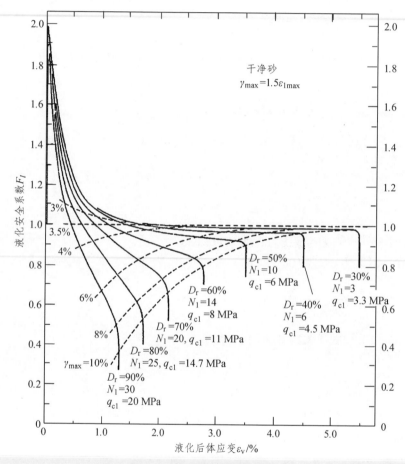

图 3.8 体积应变确定方法

3.4.3 Cetin 等（2009）法

Cetin 等基于半经验模型，估计循环应力下饱和无黏性土产生的沉降。循环引起的体积应变 ε_v 可利用公式（3.17）计算。其中 $N_{1.60,cs}$ 作为容量项，剪切试验中单向加载 20 个循环，围压为 100 kPa（$CSR_{\text{ss,20,1D,1 atm}}$），得到 CSR_{field} 值。

$$\ln\varepsilon_v = \ln\left\{1.879\ln\left[\frac{780.416\ln(CSR_{\text{SS,20,1D,1atm}})-N_{1,60,\text{CS}}+2442.465}{636.613N_{1,60,\text{CS}}+306.732}\right]+5.583\right\}\pm0.689$$
$$5\leqslant N_{1,60,\text{CS}}\leqslant40,\qquad 0.05\leqslant CSR_{\text{SS,20,1D,1atm}}\leqslant0.60$$

（3.17）

式中：±0.689 表示与标准体积应变模型的差异，可以作为土体可能的性能评估；CSR 为土层中由地震荷载作用引起的等效循环应力比。$CSR_{\text{ss,20,1D,1 atm}}$ 可通过式（3.18）进行计算：

$$CSR_{\text{SS,20,1D,1atm}} = \frac{CSR_{\text{field}}}{K_{\text{md}}K_{M_w}K_\sigma}$$

（3.18）

式中：系数 K_{md} 用于将多向的 CSR_{field} 值转变为单向的试验 CSR 值。

1970 年，相关人员开展了多个研究以考虑多向振动的影响。Seed 等（1975）提出若施加多向荷载，应对循环阻力进行 10%～20% 的衰减。类似地，Ishihara 和 Yamazaki（1980）发现衰减值为 10%～30%。Boulanger 和 Seed（1995）指出循环荷载阻力平行与垂直之比在 70%～95% 内。基于单向和多向简单剪切试验结果，Wu 等（2003）提出了剪切因子为密实度 D_r 的函数。基于 Wu 等的结果，多向振动作用（K_{md}）近似为密实度 D_r 的函数，可用下式表示：

$$K_{\text{md}} = 0.361\ln D_r - 0.579$$

（3.19）

公式（3.17）中的体积应变是在 $M_w = 7.5$ 地震作用、20 个均一剪切（或 CSR）循环作用的情况下得到的。因此，对于地震振动非 20 个循环的情况，需校核持时的影响。

持时和震级 M_w 的相关因子，如下式所列：

$$K_{M_w} = \frac{87.1}{M_w^{2.217}}$$

（3.20）

最后，在 CSR 值中添加 K_σ 因子，以考虑循环抗剪阻力 P_a 随着有效围压（竖向）应力 $\sigma'_{v,0}$ 的增大而非线性增大。为此，Youd 等（2001）提出下列公式：

$$K_\sigma = \left(\frac{\sigma'_{v,0}}{P_a}\right)^{f-1}$$
$$f = 1 - 0.005D_r$$

（3.21）

权重 DF 随深度 d 线性减小。权重基于以下方面确定：

（1）向上的渗流引起孔隙比重分布，导致浅层土出现不利的超静孔隙水压力。

（2）由于表层土发生初始液化，减小了传递至更深土层的剪切应力和剪切应力循环数。

（3）由于存在非液化土层，可能出现土拱效应。

以上所有因素将极大地减小较深土层的压缩量（相对总沉降而言）。某一深度土层的压缩量与地基总沉降之比随深度衰减，直至某一深度 z_{cr}，土层的压缩量几乎为零。通过统计分析，发现这个临界深度 z_{cr} 为 18 m。提出的权重因子 DF_i 按照式（3.22）定义，土层的等量体积应变 $\varepsilon_{v,eqv}$ 可依据式（3.23）估计。地基沉降估计值 $s_{estimated}$ 根据 $\varepsilon_{v,eqv}$ 和饱和无黏性土总厚度或分层总厚度 $\sum t_i$ 得出，见式（3.24）所列。对于估计的地基沉降值，$s_{estimated}$ 利用 θ 进行修正。式（3.25）中，σ_ε 被定义为与校准模型的标准偏差。

$$DF_i = 1 - \frac{d_i}{z_{cr}} \tag{3.22}$$

式中　d_i——每一饱和无黏性土层的中间深度。

$$\varepsilon_{v,eqv} = \frac{\sum \varepsilon_{v,i} t_i DF_i}{\sum t_i DF_i} \tag{3.23}$$

式中　$\varepsilon_{v,i}$——第 i 层土的体积应变。

$$s_{estimated} = \varepsilon_{v,eqv} \sum t_i \tag{3.24}$$

$$\ln(s_{calibrated}) = \ln(\theta s_{estimated}) \pm \sigma_\varepsilon \tag{3.25}$$

式中　$S_{calibrated}$——计算地基沉降值。

3.4.4　Mesri 等（2018）法

饱和砂土层在不排水振动条件下，场地表面沉降可根据 Shaahien（1998）提出的公式计算，假设无侧向变形。

$$S = \sum_{j=1}^{n} [L_o m_{vs} u']_j \tag{3.26}$$

式中　$[L_o]_j$——第 j 层土厚度；

$[m_{vs}]_j$——不排水振动下竖向地震系数；

u'_j——不排水振动下超静孔隙水压力，最大值等于场地有效上覆压力$[\sigma'_{vo}]_j$。

地震振动为循环剪切过程，用场地表面最大加速度来量化。当 $u' = \sigma'_{vo}$ 时，剪切应力大小通过抗初始液化的安全系数 F_l 来衡量。

$$F_l = \frac{循环阻力比}{循环应力比} = \frac{CRR}{CSR} \tag{3.27}$$

式中　循环阻力——砾石土在里氏震级 Ms 地震作用下的不排水剪切强度，循环阻力通常通过均一地震剪应力循环数目 N_c 表示；也即循环阻力由砾石土的性质确定，如土体的密实度、级配、预固结压力。

循环阻力是在震级 Ms 下引起初始液化所需的地震剪应力。CRR 可通过不同土体级配和震级 Ms 下 CRR 与$(N_1)_{60}$的相关关系估算得出，如 Seed 等（1984，1985）的研究，通过测试得到砾石土的标贯（SPT）锤击数$(N_1)_{60}$和土体颗粒级配。

场地加速度引起的循环剪切应力 CSR，可由下式估计（Seed 和 Idriss，1971）：

$$CSR = 0.65\frac{a_{max}}{g}\frac{\sigma_{vo}}{\sigma'_{vo}}r_d \tag{3.28}$$

式中　a_{max}——场地表面最大加速度（m/s²）；

g——重力加速度（m/s²）；

σ_{vo}——计算深度的总上覆应力（kPa）；

r_d——与深度相关的地震剪应力折减系数，可查阅 Iwasaki 等（1978）、Cetin 等（2004）、Idriss 和 Boulanger（2004，2006）的研究。

基于不排水循环剪切试验，Lee 和 Albaisa（1974）、DeAlba 等（1975）和 Seed 等（1975）提出 u'/σ'_{vo} 和 N_c/N_l 的相关关系，其中 N_l 为引起初始液化的等量均匀剪切应力循环数。Tatsuoka 等（1980）研究了 u'/σ'_{vo} 和 N_c/N_l 的关系。Seed 等（1975）提出以下经验公式：

$$\frac{u'}{\sigma'_{vo}} = \frac{N_c}{N_l} \tag{3.29}$$

lg(CRR/CSR)和 lg(N_c/N_l)为线性变化关系，斜率为 a，a 在 $-0.1 \sim -0.3$ 变化（ Annaki 和 Lee，1977；Youd 和 Perkins，1978；Ishihara 等，1978；Tatsuoka

等，1980），关系式如下式所列：

$$\lg \frac{CRR}{CSR} = a \lg \frac{N_c}{N_l} \tag{3.30}$$

将式（3.27）和（3.28）代入式（3.30），得到：

$$\frac{1}{a} \lg F_l = \lg \frac{u'}{\sigma'_{vo}} \tag{3.31}$$

或 $$\frac{u'}{\sigma'_{vo}} = F_l^{1/a} \tag{3.32}$$

a 取 -0.2，得到 $F_l \geqslant 1$，则

$$\frac{u'}{\sigma'_{vo}} = \frac{1}{F_l^5} \tag{3.33}$$

对于 $F_l < 1$，则

$$\frac{u'}{\sigma'_{vo}} = 1 \tag{3.34}$$

试验研究发现：参数 a 的变化范围较大，如 Pillai 和 Stewart（1994）得出 Duncan 大坝砂土的 a 值为 -0.08，Okamura（2003）发现 Niigata 砂土的 a 值为 -0.54。

根据试验结果，$(N_1)_{60}$ 和 D_r 的经验关系如下式所列：

$$(N_1)_{60} = 0.005 D_r^2 \tag{3.35}$$

式中：密实度 D_r 以百分数的形式表示。

N_{60} 可用下式表示：

$$N_{60} = (N_1)_{60} \left(\frac{\sigma'_{vo}}{100} \right)^{1/2} \tag{3.36}$$

式中：σ'_{vo} 为有效上覆压力（kPa）。

$$m_{vs} = \frac{b}{N_{60}^c} \tag{3.37}$$

富士川砂土的数据如图 3.9 所示，b、c 值分别总结于图 3.10（a）和图 3.10（b）中。b、c 值用于构建 m_{vs}、N_{60} 和 F_l 的经验关系式，如图 3.11 所示。

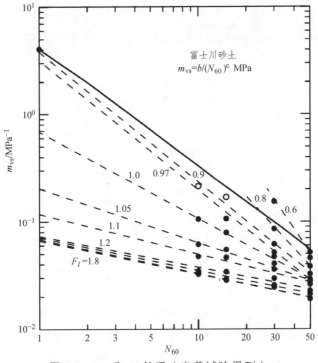

图 3.9 N_{60} 和 F_l 关系（直剪试验得到）

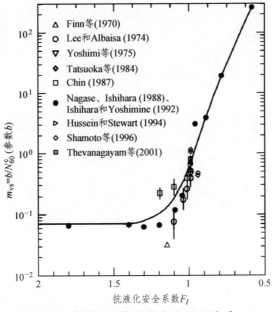

（a）参数 b 和抗液化安全因子关系

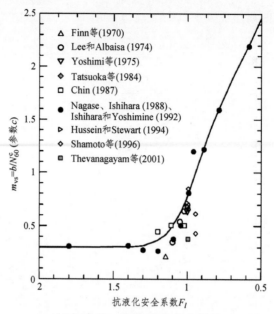

（b）参数 c 和抗液化安全因子

图 3.10　经验关系

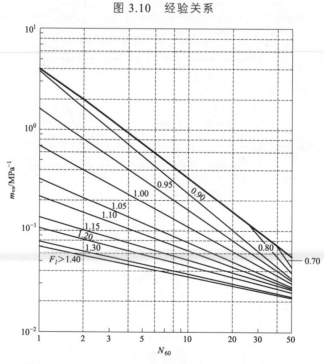

图 3.11　m_{vs} 和 N_{60} 的相关关系[对应于式（3.37）]

试验以及原场地液化条件下 m_{vs} 的取值如图 3.12 所示，在 $F_l = 1.0$ 条件下，计算的 m_{vs} 和 N_{60} 关系和约束条件如图 3.11 所示。

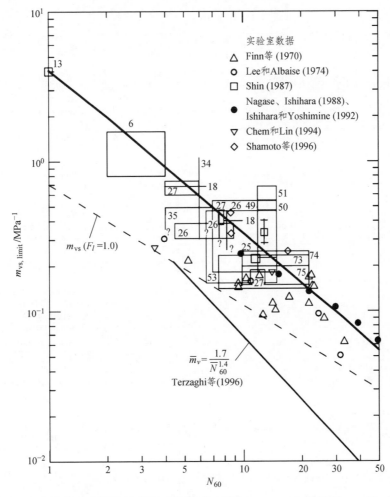

图 3.12　试验室和现场液化条件下观测和计算（$F_l = 1.0$）得到的 m_{vs}-N_{60} 关系
[Terzaghi 等（1996）给出的 m_{vs}-N_{60} 关系作为参考值]

地震沉降即可通过式（3.26），结合式（3.27）、（3.28）、（3.33）、（3.34）和（3.37）计算得到。

3.4.5　不同计算方法的比较

总结 7 次大地震下较为严重的 49 个场地沉降，并利用 Tokimatsu 和 Seed

（1987）法、Ishihara 和 Yoshimine（1992）法及 Cetin 等（2009）法对场地沉降进行估计，计算沉降值和观测沉降值对比如表 3.3 所列。

表 3.3　模型预测和观测值比较

地震及震级	位置	观测沉降值 /m	侧向位移 /m	Tokimatsu 和 Seed (1987)法 /m	Ishihara 和 Yoshimine (1992)法 /m	Cetin 等 (2009) 法 /m	参考文献
Tohnankai (1944),8.0	Komei市	0.40	0	0.14	0.21	0.25	Kishida (1969)、Lee和 Albaissa (1974)、Cetin (2000)
Niigata (1964),7.5	Niigata站1	0.60	1	0.24	0.35	0.30	Yamada (1966)、Hamada 和 O' Rourke (1992)、Bardet等 (2002)
Niigata (1964),7.5	Niigata站2	0.60	1	0.28	0.36	0.35	Yamada (1966)、Hamada 和 O' Rourke (1992)、Bardet等 (2002)
Niigata (1964),7.5	Niigata站3	0.60	1	0.21	0.33	0.28	Yamada 1966、Hamada 和 O' Rourke (1992)、Bardet等 (2002)
Niigata (1964),7.5	Agano河	0.20	0	0.19	0.29	0.31	Ishihara 和 Yoshimine (1992)、Hamada、O' Rourke (1992)
Niigata (1964),7.5	Sewage厂	0.20	1.0 - 3.0	0.12	0.29	0.23	Ishihara 和 Yoshimine (1992)、Hamada、O' Rourke (1992)
Tokachioki (1968),7.9	Paper Manuf.P1, P6	0.50	0	0.25	0.32	0.45	Ohsaki (1966)、Tokimatsu 和 Seed (1984)、Cetin (2000)
Miyagiken-O ki(1978),7.4	Arahama Sewage P1	0.20	0	0.10	0.27	0.21	Tohno 和 Yasuda (1981)、Cetin (2000)
LomaPrieta (1989),7.0	Oakland Toll Plaza, SFOBB-1	0.41	0	0.21	0.32	0.31	Mitchell等(1994)、Kayen 等(1998)、Cetin (2000)
LomaPrieta (1989),7.0	Oakland Toll Plaza, SFOBB-2	0.41	0	0.29	0.47	0.39	Mitchell等(1994)、Kayen 等(1998)、Cetin (2000)
LomaPrieta (1989),7.0	Port Oakland,PO O7-2	0.23	0	0.13	0.20	0.15	Mitchell等(1994)、Kayen 等(1998)、Cetin (2000)
LomaPrieta (1989),7.0	Port of Richmond, POR-2	0.05	0.02 - 0.08	0.10	0.14	0.07	Mitchell等(1994)、Kayen 等(1998)、Cetin (2000)
LomaPrieta (1989),7.0	Port of Richmond, POR-3	0.08	0.02 - 0.08	0.11	0.15	0.07	Mitchell等(1994)、Kayen 等(1998)、Cetin (2000)
LomaPrieta (1989),7.0	Marina District, M1	0.01	0	0.03	0.11	0.04	O'Rourke 等 (1992)、Rollins 和 McHood (1998)、Cetin(2000)
LomaPrieta (1989),7.0	Marina District, M2	0.01	0	0.00	0.06	0.02	O'Rourke 等 (1992)、Rollins 和 McHood (1998)、Cetin(2000)

续表

地震及震级	位置	观测沉降值/m	侧向位移/m	Tokimatsu和Seed (1987)法/m	Ishihara和Yoshimine (1992)法/m	Cetin等(2009)法/m	参考文献
LomaPrieta (1989),7.0	Marina District, M3	0.01	0	0.00	0.00	0.00	O'Rourke 等 (1992)、Rollins 和 McHood (1998)、Cetin(2000)
LomaPrieta (1989),7.0	Marina District,M4	0.10	0	0.24	0.24	0.13	O'Rourke 等 (1992)、Rollins 和 McHood (1998)、Cetin(2000)
LomaPrieta (1989),7.0	Marina District,M5	0.12	0	0.08	0.14	0.07	O'Rourke 等 (1992)、Rollins 和 McHood (1998)、Cetin(2000)
LomaPrieta (1989),7.0	Marina District,M6	0.01	0	0.05	0.00	0.00	O'Rourke 等 (1992)、Rollins 和 McHood (1998)、Cetin (2000)
LomaPrieta (1989),7.0	Miller Farm, CMF-3	0.10	0.12 - 0.16	0.03	0.07	0.14	Holzer等(1994)、Bennet 和 Tinsley (1995)、Cetin (2000)
LomaPrieta (1989),7.0	Miller Farm, CMF-5	0.10	0.12 - 0.16	0.16	0.16	0.18	Holzer等(1994)、Bennet 和 Tinsley (1995)、Cetin (2000)
LomaPrieta (1989),7.0	Miller Farm, CMF-8	0.10	0.12 - 0.16	0.07	0.10	0.15	Holzer等(1994)、Bennet 和 Tinsley (1995)、Cetin (2000)
LomaPrieta (1989),7.0	Moss Landing, Sandholdt Road, UC-B10	0.07	0.3	0.01	0.07	0.03	Boulanger 等(1997)、Cetin (2000)
LomaPrieta (1989),7.0	Moss Landing, St.Beach Entr.Kiosk, UC-B1	0.30	0.3 - 0.6	0.30	0.44	0.33	Boulanger等(1997)、Cetin (2000)
LomaPrieta (1989),7.0	Moss Landing, St.Beach Path Entr., UC-B2	0.08	0.1 - 0.3	0.00	0.03	0.06	Boulanger等(1997)、Cetin (2000)
LomaPrieta (1989),7.0	Moss Landing, Marine Lab.,HB-1	0.37	0.37	0.10	0.25	0.14	Boulanger等(1997)、Mejia (1998), Cetin (2000)
LomaPrieta (1989),7.0	Moss Landing, MBARI Fac.Bldg 3,EB-5	0.07	0.25	0.04	0.13	0.06	Boulanger等(1997)、Cetin (2000)
LomaPrieta (1989),7.0	South of Market, SR2917	0.10	0	0.05	0.00	0.03	Pease 和 O'Rourke (1998)、Wu等(2003)

地震及震级	位置	观测沉降值/m	侧向位移/m	Tokimatsu和Seed(1987)法/m	Ishihara和Yoshimine(1992)法/m	Cetin等(2009)法/m	参考文献
LomaPrieta(1989),7.0	Treasure Island, Array B-1	0.18	0	0.29	0.31	0.22	De Albaz(1994)、Power等(1998)
LomaPrieta(1989),7.0	Treasure Island, Array B-3	0.18	0	0.16	0.25	0.13	De Alba等(1994)、Power等(1998)
LomaPrieta(1989),7.0	Treasure Island, BH No-21	0.08	0	0.04	0.08	0.05	Power等(1998)、Wu等(2003)
LomaPrieta(1989),7.0	Treasure Island, BH No-25	0.08	0	0.04	0.19	0.08	Power等(1998)、Wu等(2003)
LomaPrieta(1989),7.0	Treasure Island, BH No-26	0.08	0	0.00	0.08	0.05	Power等(1998)、Wu等(2003)
LomaPrieta(1989),7.0	Treasure Island, BH No-42	0.05	0	0.04	0.12	0.04	Power等(1998)、Wu等(2003)
LomaPrieta(1989),7.0	Treasure Island, BH No-82	0.20	0	0.44	0.50	0.29	Power等(1998)、Wu等(2003)
LomaPrieta(1989),7.0	Treasure Island, BH No-93	0.10	0	0.13	0.31	0.12	Power等(1998)、Wu等(2003)
LomaPrieta(1989),7.0	Treasure Island, BH No-95	0.13	0	0.16	0.24	0.15	Power等(1998)、Wu等(2003)
LomaPrieta(1989),7.0	Treasure Island, BH No-104	0.20	0	0.27	0.27	0.20	Power等(1998)、Wu等(2003)
LomaPrieta(1989),7.0	Treasure Island, BH No-105	0.20	0	0.32	0.25	0.16	Power等(1998)、Wu等(2003)
LomaPrieta(1989),7.0	Treasure Island, BH No-179	0.20	0	0.32	0.52	0.25	Power等(1998)、Wu等(2003)
LomaPrieta(1989),7.0	Treasure Island, BH No-181	0.10	0	0.11	0.19	0.09	Power等(1998)、Wu等(2003)
Hyogoken(1995),6.9	Naruohama Isl.,Toyota Cnst.Tech.Cent.C	0.05	0	0.04	0.08	0.06	Akamoto 和 Miyake(1996)
Hyogoken(1995),6.9	Port Island, Site A	0.20	0.5	0.64	0.76	0.12	Tokimatsu等(1996)、Bardet等(2002)
Hyogoken(1995),6.9	Port Island, Site I	0.50	1	0.47	0.72	0.46	Tokimatsu等(1996)、Bardet等(2002)

续表

地震及震级	位置	观测沉降值/m	侧向位移/m	Tokimatsu和Seed(1987)法/m	Ishihara和Yoshimine(1992)法/m	Cetin等(2009)法/m	参考文献
Hyogoken (1995),6.9	Port Island Vertical Array Site	0.30	0.1 - 0.9	0.47	0.61	0.47	Tokimatsu 等 (1996)、Ishihara等(1996), Bardet等(2002)
Hyogoken (1995),6.9	Rokko Island, Site G	0.45	0.6	0.41	0.44	0.68	Tokimatsu 等 (1996)、Ishihara等(1996), Bardet等(2002)
Hyogoken (1995),6.9	Rokko Island, KB-224	0.30	0.2	0.26	0.37	0.35	Tokimatsu 等 (1996)、Ishihara等(1996)、Bardet等(2002)
Kocaeli (1999),7.4	Hotel Sapanca SPT11	0.65	0.7	0.32	0.54	0.38	Cetin等(2004)
Kocaeli (1999),7.4	Hotel Sapanca SPT9	0.30	0.2	0.25	0.40	0.27	Cetin等(2004)

在不排水地震作用下,78 个场地观测到的场地表面沉降和不同计算方法得到的沉降值比较如图 3.13 和图 3.14 所示。利用 Mesri 等(2018)法计算得到震后场地表面沉降,并与观测值比较,如图 3.13 所示。

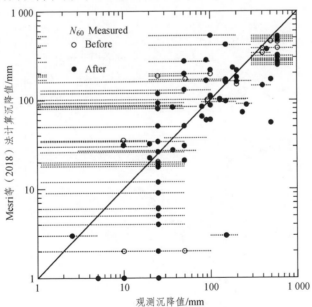

图 3.13 Mesri 等(2018)法计算沉降值和观测值比较
(点为监测值,水平点线为场地沉降范围)

图 3.14 中所用到的计算方法有 Tokimatsu 和 Seed(1987)、Ishihara 和

Yoshimine（1992）以及 Mesri 等（2018）提出的方法。在大部分情况下，三种方法计算得到的结果很接近。极少数情况下，Ishihara 和 Yoshimine（1992）预测的沉降比 Mesri 等（2018）法得到的沉降超出约 100 mm，比 Tokimatsu 和 Seed（1987）法得到的沉降超出约 150 mm。Mesri 等（2018）根据抗液化安全系数 F_l 得出的沉降预测值见图 3.15。

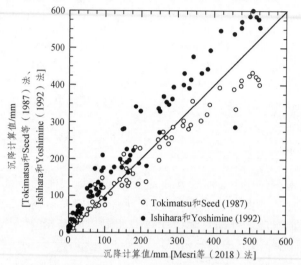

图 3.14　Tokimatsu 和 Seed（1987）法、Ishihara 和 Yoshimine（1992）法及
Mesri 等（2018）法计算场地表面沉降比较

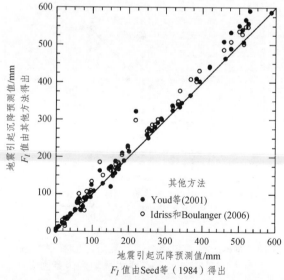

图 3.15　Mesri 等（2018）沉降预测值（由抗液化安全系数 F_l 得出）

N_{60}、σ'_{vo} 和 F_l 的取值范围为：$5 \leqslant N_{60} \leqslant 20$，$50 \text{ kPa} \leqslant \sigma'_{vo} \leqslant 150 \text{ kPa}$，$0.6 \leqslant F_l \leqslant 1.4$。Mesri 等（2018）法利用 N_{60} 和 F_l 由图 3.11 得到 m_{vs}，不排水剪切振动条件下有效竖向应力 u' 的增大由等式（3.35）和（3.36）计算得到。在 Ishihara 和 Yoshimine（1992）法与 Tokimatsu 和 Seed（1987）法中，利用 N_{60}、σ'_{vo}，结合式（3.38）计算得到$(N_1)_{60}$。

3.5　影响砂土液化的因素

在地震作用下，饱和砂土的液化过程非常短暂，但是极其复杂。砂土发生液化的程度受许多因素影响，主要因素可归结为三点：① 土性条件；② 动荷载条件；③ 埋藏条件。

3.5.1　土性条件

土性条件主要包括土体的粒径、相对密实度、黏粒含量、前期固结程度、结构性和渗透系数等方面。

1. 土体的粒径

采用不同粒径的饱和砂土进行室内试验研究，结果表明，粉土、粉细砂比中、粗砂容易产生液化，大粒径砂土比细小粒径砂土更难发生液化，其主要原因是粗粒径砂比细粒径砂排水路径好，消散超静孔隙水压力所需的时间短。通过试验研究发现，砂土平均粒径越小，超静孔隙水压力消散需要的时间越长，见表 3.4 所列：如平均粒径为 1.8 mm 的砂土，超静孔隙水压力消散时间为 6 s；平均粒径为 0.15 mm 的砂土，超静孔隙水压力消散时间为 120 s。

表 3.4　不同粒径砂土消散超静孔隙水压力所需时间

平均粒径/mm	1.8	1	0.5	0.15
消散超静孔隙水压力所需的时间/s	6	20	50	120

2. 密实度

砂土的相对密实度 D_r 公式：

$$D_r = (e_{\max} - e)/(e_{\max} - e_{\min}) \tag{3.38}$$

式中　e_{max}——砂土处在最疏松状态时的孔隙比；

　　　e——砂土的天然孔隙比；

　　　e_{min}——砂土处在最密实状态时的孔隙比。

D_r 的值在 0 到 1 之间变化，D_r 值越大，表明砂土越密实。相对密实度越大，砂土就越难液化。据有关室内试验研究可知：当模拟地震加速度为 $0.2g$ 时，若 D_r 达不到 62.5%，砂土就会发生液化，当模拟地震加速度为 $0.4g$ 时，若 D_r 超过 66%，砂土就不会发生液化。

3. 黏粒含量

通常来说，砂土黏粒含量越高，越不容易发生液化。一般把粒径小于 0.005 mm 的砂粒称为黏粒。当土体黏粒含量增长到一定比例时，砂土的动力稳定性也会相应地增加。粉土是一种过渡性的土壤，它既不是黏性土体也不是砂土，而是位于两者之间。粉土的黏粒含量决定了它的性质，进而也影响了粉土的抗液化能力。

4. 前期固结程度

在试验室内，对饱和砂土在不同固结压力作用下反复进行单剪试验，分析研究前期固结程度对土体抗液化能力的影响。试验表明，砂土液化所需要的加荷次数和往复应力峰值随着固结程度的提高而增大；与之相反，前期固结程度越差，饱和砂土就越容易发生液化。

5. 砂土的结构性

砂土内部砂颗粒之间的相对排列以及颗粒之间的相互胶结作用就是砂土的结构性。结构性遭到破坏的砂土没有原状土的抗液化能力强。新近沉积的砂土容易发生液化。

6. 砂的渗透系数

渗透系数表示流体通过孔隙骨架的难易程度，用字母 k 表示，它综合反映了土体的渗透能力。对砂土渗透系数产生影响的主要因素有土颗粒的大小、形状和不均匀系数等。砂土渗透系数 k 值越大，表示砂土的透水能力越强，也就越有利于消散超静孔隙水压力，从而减小砂土液化的可能性。

3.5.2　动荷载条件

动荷载条件主要指地震作用持续时间和振动强度。地震作用持续时间越长，也就表示反复加载次数越多，反之就越少。所以地震作用持续时间越长，那么砂土就越有可能发生液化；反之，则不容易发生液化。通常用地面加速度来表示振动强度，在其他条件相同的情况下，振动强度越大，饱和砂土就越容易发生液化。在地震强度相同的情况下，地震作用持续时间短时没有产生液化的土层，在遭受到较长时间的振动后，也可能产生液化现象。

3.5.3 埋藏条件

1. 覆盖层厚度

当覆盖层的厚度比较大时，饱和砂土层必须有足够大的超静孔隙水压力来抵抗覆盖层的有效重力才能发生液化，所以这样的砂土层不容易发生液化现象。地震作用时液化砂土层的埋深一般在 10 m 范围内。

2. 土层的透水性

覆土层透水性能力的强弱对土体是否液化有着直接的影响，假如覆土层透水性能力比较强，饱和砂土层中的水在地震荷载作用过程中就能迅速排出，超静孔隙水压力就会很快消散，砂土层一般就不会发生液化。如果覆土层透水性能力较弱，则砂土层中的水不能及时排出，砂土层就有可能发生液化。

3. 应力历史

经历过历史地震作用的砂土比没有经历地震作用的砂土的抗液化能力强。将液化后的砂土重新压密，压密后的砂土抗液化能力很弱，在地震作用下容易重新液化。

3.6 粉、砂土液化实例

震害经验表明，砂土液化是地基最主要的震害形式。液化可能引起的灾害可归为以下几类：

（1）流滑。流滑是液化引起的最大的场地破坏灾难形式。由于液化土的抗剪强度低，当边坡滑动力超过抗滑力时，边坡出现大的滑坡。由于液化，边坡静力下安全系数低于 1。地面停止振动后，边坡出现滑动，甚至出现数米位移。

（2）侧向滑移。侧向滑移是伴随液化最常见的土体侧向运动形式。侧向滑移可能出现在缓坡或下覆液化土的路基中，由于同时受到重力和惯性力的影响而出现。土体在静力下的安全系数大于 1，当静动力引起的滑动力超过液化土的抗剪强度时，在地震过程中侧向运动不断积累，最终引起侧向滑移。侧向运动可达数米，并伴随有裂缝的出现。若某一面为自由面，如河岸，则侧向滑移量将增大。若下卧土液化，侧向滑移可能出现在邻近桥梁填土之下，或高速路堤之下。

（3）减小基础承载力。若邻近土层下部出现液化，可较大地减小基础的竖向或侧向承载力，进而引起不可接受的基础沉降或侧向位移。

（4）场地沉降。即使无流滑、侧向滑移或基础承载力的降低，伴随液化引起的超静孔隙水压力的消散，场地也可能出现固结沉降。在很多情况下，固结可能耗费较长时间，可能几小时，甚至几天，导致基础出现过大总沉降或差异沉降。另外，深基础穿过液化土层，液化层的沉降可能大于桩体，桩体承受负摩擦力。然而，沉降和差异沉降的最大值一般小于流滑、侧向滑移或基础承载力的降低引起的沉降值。

（5）挡墙上的推力增大。挡墙后填土液化，将增大墙体上的侧向土压力，可能导致墙体的破坏和过大位移。

在烈度 6~9 度地震作用下（地面最大振动加速度平均值为 $0.1g \sim 0.4g$），饱和的松至中密的砂和粉土是最常见的液化土。日本新潟地震时几座公寓严重倾斜或平卧于地表，但仍保持上部结构无其他损坏。地上房屋由于不均匀下沉而倾斜的现象，是地震时地基下砂土液化引起的一种典型震害现象。我国唐山地震时，砂土液化也常见于震中东南沿海地区。但是地下砂土液化引起的更为典型的现象则为地面冒水喷砂，喷起高度有时为 2~3 m，喷出的水砂流可以冲走家具等物品，可以掩盖农田和沟渠，地上结构常因此产生不均匀沉陷和下沉，个别情况下可引起地下或半地下结构物的上浮。我国 1975 年海城地震时，一座半地下排灌站就有上浮现象。砂土液化还常常对河岸、边坡的滑动有重要影响，使部分地基滑入海中。从喷出物和地基土层资料分析，一般认为，饱和的松散粉细砂最容易液化，特别是当它们埋藏不深时。地下砂层的液化绝大多数仅见于地表面下十几米之内。对于我国，特别是 1976 年唐山地震的经验表明，轻亚黏土地震时也可以产生液化。

唐山地震中液化面积为 24 000 km²，严重液化面积达到 3 000 km²，是世界上液化规模最大的地震。汶川地震液化范围几乎覆盖了所有主震区，涉及约为 500 km×200 km 的区域。

表 3.5 列出了唐山地震中 153 个液化点和 80 个非液化点的液化指数，这些场地分布在塘沽、天津、通州区（北京）、滦县、昌黎、丰南和营口等地区。

由表可发现场地的喷水冒砂、液化震害的情况和场地液化指数之间有明显的关系。液化指数越大，场地的喷水冒砂一般越严重，液化引起的工程震害也越重。具体情况如下：

（1）当液化指数较小时，场地往往不喷水冒砂，或只有零星的涌砂量少的喷点，如表 3.5 中 No.1 ～ No.11，场地上的建筑物一般没有明显的沉降。

（2）当液化指数较大时，液化危害增大，No.12 ～ No.23 即属于此类。这类场地绝大多数均会产生不均匀沉降，常常导致建筑物破坏。在土层和结构的不利组合下，液化产生的不均匀沉降差可达 20 cm，绝对沉降可达 0.5 cm。钱家营工业广场（No.19）等场地上直接用可液化土作持力层的建筑物受害均较重，这些地方的农村房屋受害也普遍较重。

（3）当液化指数更大时，如 No.24 ～ No.31，液化危害严重。场地多为严重喷水冒砂，涌砂量大，覆盖面广，建筑物因液化而产生的不均匀沉降往往在 200 ～ 300 mm 或更大，严重影响使用，修复工作的难度增大。

液化喷水冒砂程度可分为以下三类：

轻微喷水冒砂：场地有零星喷孔，影响范围小，基本不改变场地地表形态。

中等喷水冒砂或一般喷水冒砂：喷水冒砂点较多，喷砂覆盖的面积占了场地总面积相当大的部分，例如 20% 以上。

严重喷水冒砂：喷水冒砂点密布或场地总喷砂量大，从而造成严重的地面下沉或极大地改变原有地表形态。

虽然地基震害和地基失效而导致的上部结构的震害相当普遍，但和直接振动引起的上部结构震害相比，地基的震害只占很小的比例，这是因为只有在饱和松散粉细砂、轻亚黏土、极软黏土、不稳定的陡坡，不均匀的填土地区和震中区出露到地表的断裂等地基上才有可能出现地基失效现象，而这些地区在一次地震中是极为有限的。

表 3.5　液化引起的工程震害实例

序号	场地名称	地震烈度	土类	液化指数	场地喷冒特点	因液化引起的工程震害
1	天津吴嘴煤厂	8	粉	0.59	地面有喷水冒砂	建筑物无破坏
2	芦台二招及粮食一库	9	粉	1.52	场地有四五个喷孔，液化轻微	房屋无震害
3	九龙山	7	砂	1.63	仅水塘凹地偶有喷水冒砂，整个场地未液化或轻微液化	（场地无房屋）

序号	场地名称	地震烈度	土类	液化指数	场地喷冒特点	因液化引起的工程震害
4	天津小刘庄冶金试验厂	8	砂	1.65	轻微喷水冒砂	房屋无震害
5	昌黎七里海	7	砂	1.75	仅凹处喷水冒砂	（无房屋）
6	四十二中食堂前	8	砂	2.61	门前有喷水冒砂，不严重	无
7	乐亭棉油加工厂后院	8	砂	2.9	局部点喷	无
8	芦台水产公司	9	粉	3.19	喷水冒砂点较多	
9	天津大王庄石油站	8		3.6	地面有轻微喷水冒砂	油罐下沉
10	军粮城-塘沽高速公路	8	粉	3.68	喷水冒砂不严重	（无房屋）
11	盘锦辽化主厂房	7	砂	4	厂区喷孔 32 个	散装库 K-16 基础的空心桩中喷砂，桩基完好
12	天津詹庄子村里	8	粉	4.04	轻微喷水冒砂	无
13	天津上古林生活区	8	粉	4.9	场地普遍喷水冒砂，建筑物附近有地裂	十余栋 3~4 层住房产生 2 cm 左右沉降和倾斜；多数房屋震后修复使用。房屋四周喷水冒砂，室内未喷水冒砂
14	滦县余庄坨	9	砂	5.47	冒砂严重，数米一个喷孔，水井淤塞	桥头路基下沉 0.6 m，桥梁破坏严重
15	通州区西集粮仓	8	砂	5.83	单孔喷砂 2 m³ 左右	土圆仓下沉 60 cm
16	营口玻璃纤维二厂办公楼（二层）	8	砂	5.95	地裂，纵向穿过房屋，冒砂，外墙的地基向河心滑动	地裂缝宽 15 cm
17	柏各庄化肥厂	8	砂	8.34	震后满地喷水冒砂，水深 20~30 cm	办公室墙角下沉 0.6 m，合成车间下沉 0.6~0.7 m，室内地坪隆起，合成塔架倾斜，房屋下沉
18	天津 605 所	8	砂	8.41	地面喷水冒砂严重	基础下沉，柱倾斜，上部结构破坏严重

续表

序号	场地名称	地震烈度	土类	液化指数	场地喷冒特点	因液化引起的工程震害
19	钱家营工业广场	9	砂	8.46	冒水喷砂严重,全场喷孔数百,水深及膝,水头高 2 cm	液化层是基础的持力层。西部的三层变电所震后窗口与地面齐平;柱基产生不均匀沉降;房屋不均匀下沉 0.5～0.7 m
20	通州区王庄知青宿舍	8	砂	9.07	严重液化,单孔喷砂量在 1.5 m³ 左右	农村房屋因严重不均匀沉降,墙体开裂,大多不能使用
21	天津出轧厂	8	粉	9.78	厂区普遍喷水冒砂	铁皮坑下沉约 20 cm;扩建部分(桩基)与天然地基的老厂房连接处出现 26 cm 的高差,桩基无震害
22	天津铁路疗养院	8	粉	11.05	喷水冒砂,地裂缝发育	基础下沉,门前柏油马路有隆起
23	天津四十二中教学楼	8	粉	11.23	操场处有喷水冒砂	三层砖混结构无震害
24	吕家坨煤矿泥沉淀池(西侧)(中部)	9	砂	12.4	严重喷水冒砂,点甚多,串珠状排列,砂堆直径 1～2m	500 m 长的沉淀池产生三道断裂,水平错位 10～14 cm,从中冒砂,池身沉降差 40 cm,面积 5.7 m×7 m 的锅炉房因喷水冒砂倾斜达 20°
25	通州区耿楼	9	砂	13.23	喷水冒砂密布,但砂堆不大	民房下沉 1m,房屋破坏严重
26	营口造纸厂俱乐部	8	砂	14.4	多处喷水冒砂,地裂缝多条	地裂缝穿过房屋,造成严重破坏,舞台下喷水冒砂拱起 80 cm,开裂;基础水平位移使正厅与观众厅错位 17 cm
27	营口饭店	8	砂	15.33	普遍喷水冒砂	

续表

序号	场地名称	地震烈度	土类	液化指数	场地喷冒特点	因液化引起的工程震害
28	天津二炼钢制养车间	8	粉	15.49	东部及制氧车间喷水冒砂最甚，全厂喷水冒砂较三炼钢重。制氧车间外普遍喷水冒砂，水头约1m，主厂房处有40～50处喷水冒砂	主厂房（天然地基）吊车轨道沉降差150cm，堆积的废钢陷入土中，柱子内倾，使牛腿处拉裂，露天栈桥吊车不能开动；制氧车间及空分塔下的桩基与地坪间出现十余厘米错位，地坪下降，桩基震害；制氧机座下的80cm厚混凝土破裂下沉20cm；制氧车间厂房（桩基）无震害
29	天津毛条厂	8	粉	17.62	全厂喷孔3000余个，东部多道地裂。中部、东部喷水冒砂最甚，裸露地面喷孔尤多	因古河道影响产生的地裂使建筑物受害最重，地裂通过的房屋大部分倒塌；选毛车间柱子全都产生不均匀沉降（16.6～22cm），地基滑动车间每个柱子周围均有喷孔，墙体出现裂缝
30	天津通用机械厂（部分地区严重）	8	粉	29.53	严重喷水冒砂区有2.1hm²。全长喷孔120个，平均每公顷有30个喷孔	建筑物多为天然地基，液化引起的震害严重，车间最大不均匀沉降36cm，理化楼沉陷11.6cm，二车间沉陷17cm，车间地坪普遍隆起
31	丰南宜庄	9	砂	33.62	严重喷水冒砂	单层砖房因不均匀沉降而裂开，缝宽在10cm以上的房屋倒塌一半

注：液化土类中的"粉"指粉土。

依据以上震害实例，分析其宏观震害经验，可总结出以下几点有关工程抗震的经验和规律：

（1）在砂土液化区内，上部结构的震害大都源于地基失效，由振动直接引起的结构震害极少，甚至没有。这是由于砂土液化后剪切波不再能通过此砂层向上传递，限制了结构基底所受地震动的大小，从而控制了由于振动引起的震害。假若液化砂层之上有一厚而坚硬的表土层足以支承上部结构物，则结构物的总震害将较无砂土液化时轻。在 1975 年海城地震和 1970 年通海地震均发现类似的震害经验。但是，若液化砂层距地表很近，或地表层不足以防止地基失效，则依然可能由于地基失效而造成上部结构破坏。震害中整栋房屋可能倾斜或出现八字裂缝，或屋顶呈现波浪形，或均匀下沉、上浮。

（2）砂土液化大多发生于近地表的饱和松散粉细砂层，最常见于地表 10 m 以内，也有出现在 10 ~ 17 m 深度的，但很少出现在深度大于 20 m 的地层中。埋藏较深的土体不易液化的原因可能是：第一，埋藏深的砂层受到较大围压，要在较大孔隙水压力下才能液化；第二，埋藏深的砂层的密实度可能较大，故其强度较高，可以承担较大的应力，孔隙水承担的应力相对较小；第三，地表以下较深处，地震动可能较小，所引起的非饱和孔隙水压力不高；第四，由于埋藏较深，砂层即使液化也难以冒出地表，不易被发现。

（3）由于砂土液化的形成或砂土液化冒出地表均需要一定时间，故液化的发生可能在地震动停止之后，且持续一段时间。液化出露到地表至少包括三个过程，砂层局部液化、砂层全部液化和液化物喷出地表。完成这三个过程的时间与地震动持时和速度大小、砂层的物理力学性质、覆盖层的物理力学性质都有关。

（4）强震可能使松散砂土变密，使密实砂土变松。然而，现场砂层常常是不均匀的水平层，相邻层土体密度各异，如此，即使在强震作用下，松散的砂土仍然可能液化，液化后砂土的孔隙水向相邻较密的砂层渗透，从而使相邻密砂变松散，而原来松散的砂土在液化后则会变密。下一次强震时，这一过程又反过来，已液化的砂层可能再次发生液化。

4 软土变形与震陷

4.1　软土震陷的定义

　　地震时土体或地基常常发生多种变形,如各种类型的裂缝和不均匀沉降。变形的成因可分为三种,第一种由发震断层引起;第二种由滑坡引起;第三种由土体中的地震动引起。发震断层引起的变形比较容易区分,其他两种不容易区分。这里的滑坡是指由重力影响,附加地震作用,边坡产生的定向滑动(向下),与此有关的土体变形称为滑坡型变形。这种变形,在大范围内观察,呈两端向下弯曲的弧形,在陡坡上极易判断;但在极缓的坡地上则不易判断;而在平坦地表面之下滑动面呈坡形时,则更难以区分。第三种地变形则专指地震动引起的土壤变形,特别是不均匀土体或地基不均匀变形所引起的不均匀沉陷裂缝和其他变形现象,如铁轨弯曲所反映的压缩变形,这些现象常见于动力可压缩性或可变形性高的松散潮湿地基内。当这些变形很大时,肉眼可见;当不太大时,常常可以通过其上结构物的震害现象间接反映。例如图 4.1 所示房屋下部的"八"字形裂缝,裂缝下宽上窄,有时可见地表有垂直于图面的地裂缝与房屋的裂缝相连,即属于房屋中段地基相对下沉的典型表现;反之,房屋上部倒"八"字形的裂缝,则属于房屋两端相对下沉的表现。其原理可以从主拉应力破坏来认识。这些现象常见于古河道和古湖泊被填平后的地区,特别是其边缘附近。

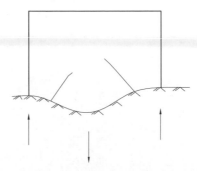

图 4.1　地基不均匀沉陷引起房屋破坏现象

有了上述认识，我们再来看震陷的定义。参考前人研究成果，发现震陷的定义较多，未有统一的结论。有的认为"震陷是地震荷载引起土体的残余变形"；有的认为"震陷是指地震作用下软弱土层塑性区的扩大或强度的降低，而使建筑物或地面产生的附加下沉"；也有人认为"震陷是地震引起的建筑物或土层的附加沉降"；还有人认为"震陷是地震使地基松散土体压密下沉"：各种各样看法，不尽相同。综合相关文献本书将震陷主要分为两类：

一类是用于现场对土体的震陷评价，用残余变形表示，其定义为：震陷是指在地震荷载作用下，因土层结构遭到破坏，土体发生软化，导致土体体积压缩或地基塑性区扩大，从而使土层或建筑物产生附加沉降，这种附加沉降是地震荷载引起的土层或地基的永久变形或残余变形。

另一类是用于室内试验研究，如动三轴试验，用残余应变来评价震陷，此时震陷的定义为"震陷是指土体在经受振动荷载作用后所产生的残余应变值"，在循环荷载下的动三轴震陷试验中，残余应变的计算为动应力作用后试样的高度变化值与动应力作用前试样高度之比，残余应变的表达式如下：

$$\varepsilon_{\mathrm{p}}(n) = \frac{H_0 - H(n)}{H_0} \qquad (4.1)$$

式中　$\varepsilon_{\mathrm{p}}(n)$ —— 动应力作用后产生的残余应变；

n —— 动应力循环作用次数；

H_0 —— 动应力作用前的试样高度（mm）；

$H(n)$ —— 动应力作用后的试样高度（mm）。

4.2　震陷的分类

作为震陷试验的主要对象是饱和的黏土、亚黏土、淤泥、淤泥质土以及饱和砂土等。通过对前人研究成果的分析，根据震陷的成因类型，我们将地震引起地层的沉陷分为如下几种类型：

4.2.1　构造性震陷

该类型震陷是一种由地震构造作用所引起的地面变形。例如：1923 年发生在日本的 7.9 级关东大地震，造成了东京附近地区 1.5 m 的沉陷。1976 年发生在我国唐山的 7.8 级地震，造成唐山断裂东南侧约 2 km 处一水准点下沉值达 0.717 m。1999 年我国台湾发生 7.3 级大地震：断层的垂直位移量南段为 2~3 m，北段为 3~8 m；断层的水平位移量南段为 0~3 m，北段为 3~5 m；垂直断层的水平缩短量，南段为 2~3 m，北段为 3~6 m。此类沉陷主要是由于震源区构造活动。

4.2.2 液化震陷

这类震陷是饱和砂土、粉土等易液化土层，在地震作用下发生液化，液化后因发生再固结所引起的土层附加沉陷。在地震荷载作用下，饱和土体中产生超静孔隙水压力，并逐渐升高，且在地震荷载作用的短时间内，该超静孔隙水压力不易消散，直至地震荷载作用结束后，随着时间的延长，超静孔隙水压力才会逐渐消散，从而引起土体的再固结变形。例如：1975 年发生在辽宁海城的 7.3 级地震，就造成盘锦一农场在喷砂冒水后地面出现一深 0.5 m、直径约 5 m 的圆形陷坑；2011 年日本太平洋东海岸发生 Mw9.0 级大地震，一低层民房因地基液化产生了 0.2~1.0 m 的不均匀沉降。此类震陷是土层在地震作用下发生剪缩，结构增密，超静孔隙水压力上升，而高压的超静孔隙水压力使土体颗粒悬浮上喷，而后随着时间的推移，超静孔隙水压力逐步消散，最终使场地发生震陷下沉。

4.2.3 软土震陷

岩土工程勘察规范中对软土震陷的定义为："地震作用下软弱土层塑性区的扩大或强度的降低，而使建筑物或地面产生附加下沉"。软土震陷表现为土的软化现象，其为土骨架软化的反映，由于地震作用造成软土静模量减小，故在同样的外力作用下，土层将产生附加变形。例如，1976 年我国唐山大地震震后地质灾害调查发现，塘沽地区的淤泥和淤泥质软土有明显的震陷发生，平均震陷量达 150.5 mm，天津市区一般性软土平均震陷量达 8.6 mm。此类软土在室内震陷试验的动荷作用下，初期便有明显的震陷发生，而后震陷量缓慢变大，最终出现塑性流动破坏。

4.2.4 黄土震陷

黄土是一种具有多孔隙和弱胶结的特殊土类。黄土震陷是指在地震作用下，黄土的"骨架"结构遭受不可逆的崩溃性破坏，从而导致地层或建筑物的附加沉降。苏联学者 E.B.波波娃通过一系列研究得出：干燥黄土在经受 8 级地震后可形成 1 m 的震陷量。1920 年，我国宁夏海原发生 8.5 级大地震，震后曾有史料记载"海原县城，半城塌陷"。湿陷性黄土在动应力小时，残余变形很小，当动应力超过黄土结构强度时，将产生突发性的崩溃性变形。1995 年，甘肃省永登县发生 Ms 5.8 级地震，震中许多黄土山梁被震酥，出现大量地裂缝，有的裂缝宽达 15 cm，黄土震陷量为 20～40 cm。2013 年，甘肃岷县—漳县发生 6.6 级地震，地震和降雨耦合下诱发的永光村泥流状黄土滑坡则是黄土液化的典型例证。

4.2.5 一般松散土震陷

松散土震陷是指干的松散砂土、灰填土、杂填土等，在地震荷载的作用下，其体积发生压缩导致结构增密，从而引起土层发生震陷。例如，E.B.波波娃通过研究指出：干燥的堆积土遭受 7 级地震作用后，会产生 0.1 m 的震陷量，在经受 8 级和 9 级地震后，其震陷量分别可达 1.5 m 和 3 m。

4.2.6 塌落震陷

塌落震陷是指天然或人工洞穴（室），在地震荷载作用下，由地震作用诱发洞顶塌陷，从而导致土层的沉陷，人们常常称这类震陷为塌陷，亦称为陷落。例如，唐山地震后，唐山北郊一处场地便出现一个直径为 30 m、深 10 m 的陷坑。此类震陷主要通过对洞室顶板在地震作用下的稳定性研究来评价。

以上 6 个成因类型，除 4.2.1、4.2.6 外，其余 4 个可统称为土层震陷。其中黄土震陷亦可称为脆弱结构性土震陷。在地震宏观震害的调查研究中，经常遇到的是混合型震陷。震陷成因分类详见表 4.1。

表 4.1 震陷成因类型

序号	成因类型	
I	构造性震陷	
II	土层震陷	液化震陷
		软土震陷
		黄土震陷
		一般松散土震陷
III	塌落震陷	
IV	混合型震陷	

4.3 软土震陷的机理

张虎臣通过对淤泥的大量研究后指出，淤泥在遭受 7 级及以上地震时，可能会受振（震）发生触变，淤泥的抗剪强度将损失一半以上，并且提出了淤泥地震触变的 3 个判别式。

G.R.Thiers 等对黏土进行了应力-动应变试验，研究了动应变对黏土物理力学性质的影响，着重对比了施加动应变前后试件静模量的变化情况。结果表明：黏土的剪切模量在动应变作用后有较为明显的减小，并且减小量与动应变幅值成正比。下面根据前人关于软土震陷的研究成果，对其产生机理总结如下：

1. 结构效应

软土具有较强的结构性，也就是说软土的结构一旦遭到破坏，在短时间内将无法得以重构，软土结构的这种不可逆的破坏将不可避免地引起软土力学性质的变化，亦即软土的"触变"。

2. 软化效应

土的软化现象为土骨架软化的反映。土体的软化是由于土体在地震作用下静模量减小而导致的，在外力不变的情况下，静模量变小将导致土层产生附加变形。对饱和软土而言，由于其渗透性较差，所以在其经受振（震）动荷载的较短时间内，土体几乎不排水或很少排水，因此土体体积几乎不变。然而土体骨架在振（震）动荷载作用下却呈缩势，造成土体骨架上的应力将随着振（震）动荷载的作用逐渐转移到孔隙中的液体上去，即有效应力逐渐转化为孔隙水压力，造成有效应力的降低。而有效应力的降低势必引起土阻抗的减小，导致在初始应力状态下土体颗粒间已然稳定的衔接受到严重破坏，进一步造成土的黏结力的降低，使土体软化。

3. 惯性效应

地震时，土体中的剪应力将上升，促使土体中剪切面的形成。在地震惯性力的持续循环作用下，一方面，土体中某些薄弱环节将沿着剪切面发生一定量的滑动，但这些有限滑动将会逐渐累积；另一方面，地基中的极限平衡区将不断扩大，塑性变形不断叠加，最终形成沉陷。于洪治等认为土的震陷既有震动软化效应又有惯性效应，只是针对不同的土类，两种效应强弱不同。

4. 固结变形效应

固结变形效应在饱和砂土、粉土等易液化土层中更为明显，这些土层在地震作用下容易发生液化，液化后发生再固结变形从而引起土层发生附加沉降。在地震荷载作用下，饱和土体中产生超静孔隙水压力，由于在地震荷载作用的短时间内，该超静孔隙水压力不易消散，故超静孔隙水压力将逐渐升高，有效应力发生变化，土体结构也随之发生改变。而在地震荷载作用结束后，随着时间的延长，超静孔隙水压力逐渐消散，超静孔隙水压力逐渐回归到土体结构上来，从而引起土体的再固结变形。

软土在震动作用下强度降低的主要原因为：

（1）土的触变性。触变现象是指饱和软黏土在振动、搅拌、扰动或外加压力等外来扰动下都可产生强度暂时降低，当无外界干扰后土体强度又逐渐恢复的现象。触变现象在物理上的变化是外来干扰，对于地震作用，是指动应力反复地发生方向与数值的变化，破坏了土粒、定向水分子与土粒外的阳离子之间的平衡状态，打乱了水分子与阳离子原来的定向排列，土粒间黏着水膜的原始黏聚力被削弱，从而导致土的抗剪强度降低。

（2）在动、静荷载共同作用下，土中剪应力增大。

（3）土中孔隙水压力上升。室内试验资料表明：在地震作用下，黏性土中孔隙水压力也存在某种程度的上升，如天津新港的淤泥质土在振动作用下残余孔压的增加为主应力的 3%~5%，由此引起的震陷十分明显。孔压上升使土体有效应力减小，进而导致土体的抗剪强度降低。

软土震陷正是由于剪应力增大和土的抗剪强度降低，使地基中的极限平衡区周期性地扩大并产生累积塑性（残余）变形。

4.4 震陷的影响因素

4.4.1 土的物理力学参数对震陷的影响

地基震陷受地震荷载和土体性质两方面的共同影响。影响土层震陷的物理力学参数主要有干密度、孔隙比、含水率、土体结构类型以及固结压力等。

1. 干密度的影响

Seed 和 Silverls 通过对砂土的研究得出：松散的饱和砂土在循环剪应力作用下会振密，造成地基中有垂直附加沉降的发生。

曹继东等人通过振动台试验，对厦门填海土进行了研究，发现：填海土在干密度较小时，ε_p-t 近似为指数关系；干密度较大时，该曲线近似为直线。在其他条件不变的情况下，残余应变随着干密度的增加而减小。

2. 含水率的影响

郁寿松对淤泥进行大量的震陷试验，指出：由于淤泥类土的固结排水能大大提高其强度，故淤泥类土含水率越低，抗震陷效果越好。

3. 孔隙比和土体结构类型的影响

研究表明：土体孔隙比和微观结构对震陷有较大的影响。二者对土体结构强度有重要影响，在动应力小于土体的破坏动应力时，土体的残余变形量不大，但动应力幅值超过土体的破坏动应力之后，土体残余变形将大幅增加。徐舜华和石玉成均从微观方面对黄土的震陷特性进行了研究，并通过统计方法，得出：当黄土孔隙比小于 0.85 时，在经受震（振）动荷载后，无震陷产生；而当其孔隙比大于 0.9 时，会有不同程度的震陷发生。同时他们还根据黄土土体颗粒间的接触关系，将黄土骨架形态分为 3 种不同的类型，不同类型的黄土在经受相同的外荷载作用后，其震陷量明显不同。

4. 固结应力的影响

20 世纪 60 年代，Seed 等人通过一系列研究发现固结压力是影响震陷的重要因素。当土体固结压力小于其破坏应力时，在其他条件不变的情况下，固结压力越大，残余应变越小。王兰明研究黄土时发现，当其轴向固结压力大于一定值时，残余应变随固结压力的增大反而增大，这是由于当土体固结压力大于其破坏应力时，固结应力越大，土体孔隙结构的破坏也就越严重，在相同大小的动应力作用下，残余应变也就越大。

4.4.2 地震动（振动）参数对震陷的影响

影响震陷的地震动（振动）参数主要有荷载类型、幅值、持时（振次）、频谱特性等。

1. 荷载类型的影响

同样的土体在不同类型的地震荷载作用下，其震陷是不同的。王峻在研究黄土的震陷特性时指出：能够使黄土发生震陷的动应力"门槛值"随施加的地震荷载的不同而不同，且地震荷载作用下与等幅正弦荷载作用下的黄土震陷的动应力门槛值相比，后者较大。

2. 荷载幅值的影响

陈国兴研究发现：当循环荷载幅值为土体不排水强度的 80% 时，循环荷载作用 100 次，土样仅产生较小的塑性变形；当其达到 95% 时，往返加载 10 次便有明显的塑性变形发生。故他得出：随着地震动强度的不断提高，土体震陷量将缓慢变大，但是地震动加速度有一拐点值，当地震动加速度峰值超过该拐点值时，震陷量增速加快。

3. 持时（振次）的影响

谷天峰研究指出：黄土的震陷量随振动次数的增加而增加，但当振次超过一定值时，黄土震陷量的增加明显放缓。

4.4.3　其他因素对震陷的影响

于洪治认为：土体的震陷与土质、初始侧限应力、初始偏应力和振动荷载等有关。Elllot 等研究认为：土体的永久变形与土体的应力状态、应力历史等有关。袁晓铭等人通过大型振动台试验对建筑物不均匀沉降进行了大量研究，认为：地震波的不对称性和不规则性是造成地震中建筑物不均匀沉降的主要因素。

4.5　震陷量的计算方法

4.5.1　土体变形量简化计算方法

20 世纪 70 年代，Lee 通过三轴试验对土体的残余应变做了大量的研究，并首次提出了土体残余应变的计算公式，如下：

$$\varepsilon_{\mathrm{p}} = 10 \left\{ \frac{[C_4' + S_4'(K_{\mathrm{c}} - 1) + C_5'\sigma_3 + S_5'(K_{\mathrm{c}} - 1)\sigma_3]^{-1}\sigma_{\mathrm{d}}}{(0.1N)^{S_1}} \right\}^{\frac{1}{C_6' + S_6'(K_{\mathrm{c}} - 1)}} \quad (4.2)$$

式中　K_{c}——固结比；

σ_{d}——动应力；

C_4'、S_4'、C_5'、S_5'、C_6'、S_6' 和 S_1——试验参数，随土性而不同。

20 世纪 80 年代初，我国的研究人员谢君斐和石兆吉基于 Lee 提出的计算方法，提出了相对简化的计算公式：

$$\varepsilon_{\mathrm{p}} = \left[\frac{\dfrac{\sigma_{\mathrm{d}}}{\sigma_3} \left(\dfrac{N}{10} \right)^{-S_1} + K_{\mathrm{c}}}{C_3'' + C_4'' (\sigma_3)^{S_4''} K_{\mathrm{c}}} \right]^{\frac{1}{S_2'}} \tag{4.3}$$

1989 年，郁寿松和石兆吉在震陷灾害实地调查和大量室内试验的基础上，提出了以下残余应变的经验计算公式：

$$\varepsilon_{\mathrm{p}} = 10 \left[\frac{\sigma_{\mathrm{d}}}{\sigma_3} \cdot \frac{1}{C_5} \right]^{\frac{1}{S_5}} \cdot \left[\frac{N}{10} \right]^{\frac{S_5}{S_1}} \tag{4.4}$$

$$C_5 = C_6 + S_6 (K_{\mathrm{c}} - 1)$$
$$S_5 = C_7 + S_7 (K_{\mathrm{c}} - 1)$$

式中：C_5、S_5、C_6、S_6、C_7、S_7 和 S_1 均表示土体震陷参数，由试验确定。

周建等人（1996）对软黏土进行了长期的研究，将动荷载作用下软黏土地基的附加沉降 ST 进一步分为不排水沉降（SVR）和再固结沉降（SU）。后者取决于动荷载作用后的剩余孔压，考虑到软黏土的透水性较差，在地震荷载作用的瞬间，土体孔压难以消散，因此剩余孔压可由下式确定，在此基础上，由剩余孔压的震后消散求得 SU：

$$u = \frac{\eta^*}{C_3 - (C_3 - 1)\eta^*} u_{\mathrm{f}}$$

$$\eta^* = p_{\mathrm{c}} - (q_{\mathrm{cvc}} + q_{\mathrm{s}}) / u_{\mathrm{f}}$$

$$u_{\mathrm{f}} = \frac{N_N^{C_2}}{C_1 - (C_1 - 1)N_N^{C_2}}$$

式中　u_{f} —— 当双峰值剪应变达到 5% 时的残余孔隙水压力；

　　　q_{cvc} —— 循环应力差；

　　　C_1、C_2、C_3 —— 试验参数。

根据试验，循环加载下不排水残余应变与循环应力比之间的关系如下：

$$\varepsilon_{\mathrm{p}} = \frac{\eta^*}{d - (d - \tau_0)\eta^*} \tag{4.5}$$

式中：d 表示试验参数，根据上式进一步求得竖向应变 ε_v，再根据分层总和法求得整个土层的瞬时沉降值。

$$S_{VR} = \sum S_{VR} = \sum \varepsilon_v \cdot h \qquad (4.6)$$

孟上九等实现了对建筑物不均匀震陷的时程分析，他首先对土体进行动力时程分析，从而得到土体动应力在整个时间历程内的变化情况，在此基础上提出残余应变的计算公式，如下：

$$\varepsilon_{pi} = \varepsilon_{pi-1} + \left(\frac{\sigma_{di}}{\sigma_3 C_5}\right)^{\frac{1}{S_5}} \left(-\frac{S_1}{S_5}\right) \left(\frac{i-1}{10}\right)^{\frac{-S_1}{S_5}-1} \quad (i=1,2,3,\cdots,N) \qquad (4.7)$$

$$\varepsilon_{p1} = 10 \left(\frac{\sigma_{d1}}{\sigma_3 C_5}\right)^{\frac{1}{S_5}} \left(\frac{1}{10}\right)^{\frac{-S_1}{S_3}}$$

式中　　σ_{di}——动应力幅值；

　　　　N——动荷载循环次数；

　　　　S_1、S_5、C_5——土壤震陷参数。

以下对 Silver 和 Seed（1971）提出的方法进行简要介绍。

Silver 和 Seed（1971）对动剪应变引起的砂层沉降进行了室内试验研究，以研究地震作用下干砂的沉降。他们采用单剪仪对砂进行了室内循环剪应变幅控制试验，在不同密实度的干砂试样上作用频率为 1 Hz 的剪应变。通过试验得到一条中密试样的竖向应变随剪应变循环作用次数的变化曲线，如图 4.2 所示，其中竖向应变 $\varepsilon_z = \Delta H/H$，$H$ 为试样高度，ΔH 为沉降。

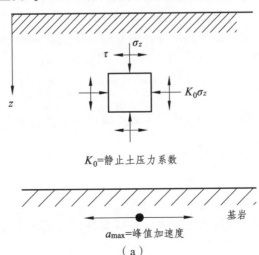

K_0=静止土压力系数

a_{max}=峰值加速度

基岩

（a）

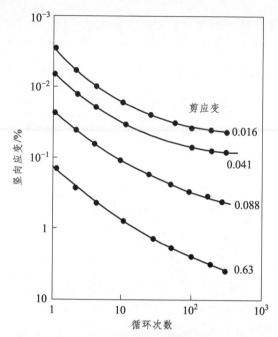

（b）20 号石英砂，$\sigma_z = 23.96$ kN/m²，相对密实度 = 60%，频率 = 1 Hz

图 4.2　循环剪应变引起的砂层沉降

由上述图可得出：

（1）对于一定范围内的竖向应力和剪应变，竖向应变随着循环次数的增加而增大，且大部分的竖向应变产生于加载之初的几个循环中。

（2）对于某一竖向应力值和循环次数 n，竖向应变随剪应变幅值的增加而增加。压实干砂可显著减小土体的沉降。此外，试验还发现当循环剪应变 $\gamma_{zx} > 0.05\%$，n 值一定时，竖向应力值对竖向应变的影响较小。

之后，在室内试验研究循环剪应变产生沉降的基础上，Seed 和 Silver（1972）进一步提出了地震作用下砂层的沉降计算方法。这个计算方法的步骤概括如下。

（1）选取具有代表性的基岩水平加速度时程曲线。

（2）将土层分为若干层。

（3）计算每层土的竖向有效应力平均值。

（4）确定每层土的密实度。

（5）计算各土层中部的剪应变时程。

（6）将步骤（5）得到的每层土的剪应变时程转换成等效循环剪应变和均匀循环次数。

（7）对每层土取试样，进行室内单剪试验，得到等效均匀应变循环次数所产生的竖向应变。已在步骤（3）中算出平均有效竖向应力，而相对应的等效循环剪应变也已在步骤（6）中算出。

（8）总沉降量计算式如下：

$$\Delta H = \varepsilon_{z(1)}H_1 + \varepsilon_{z(2)}H_2 + \cdots + \varepsilon_{z(i)}H_i + \cdots + \varepsilon_{z(n)}H_n$$

式中：$\varepsilon_{z(i)}$ 为土层 i 的平均竖向变形；H_i 为土层 i 的厚度。

Tokimatsu 和 Seed（1987）[1]对 Seed-Silver 方法进行了简化，其主要优点是无须进行地震反应分析。根据 Seed 和 Silver（1972）[2]的试验结果，对于给定的密实度和循环次数，砂层沉降不受竖向应力的明显影响，而只与剪应变幅有关。该剪应变幅可由式（4.8）估算得出。对于土层的任一给定深度，由地震引起的有效剪应变 γ_{eff} 为：

$$\gamma_{\mathrm{eff}} = \frac{\tau_{\mathrm{av}}}{G_{\mathrm{eff}}} = \frac{\tau_{\mathrm{av}}}{G_{\max}\left(\dfrac{G_{\mathrm{eff}}}{G_{\max}}\right)} \tag{4.8}$$

式中　$G_{\max}$ ——低应变时的最大剪切模量，抑或是弹性剪切模量；

　　　G_{eff} ——对应于有效剪应变的有效剪切模量；

　　　τ_{av} ——对应深度的等效循环剪应力，可根据 Seed 和 Idriss（1971）[3]的简化方法求得，即

$$\tau_{\mathrm{av}} = 0.65 \frac{a_{\max}}{g}\sigma_{\mathrm{v}}r_{\mathrm{d}} \tag{4.9}$$

将式（4.9）代入式（4.8），得到：

$$\gamma_{\mathrm{eff}}\frac{G_{\mathrm{eff}}}{G_{\max}} = \frac{0.65a_{\max}\sigma_{\mathrm{v}}r_{\mathrm{d}}}{gG_{\max}} \tag{4.10}$$

上式方程的右侧可以很容易地计算出来，最大剪切模量可由下式估算：

$$G_{\max} = 47.88K_2\left(\sigma'_m\right)^{1/2} \tag{4.11}$$

式中，$G_{\max}$ 的单位符号为 kN/m^2。

$$(K_2)_{\max} = 20(N_1)^{1/3} \tag{4.12}$$

根据 $G/G_{\max}$ 与 γ 的关系曲线可以绘出 $(G/G_{\max})\gamma$ 与 γ 的关系曲线，如此，当 $(G/G_{\max})\gamma_{\mathrm{eff}}$ 已知时，γ_{eff} 可很容易地从关系曲线中查得。

下面定义体积应变与剪应变的关系。图 4.3 为根据 Silver 和 Seed（1971）[4]试验结果整理的不同初始密实度 D_r 的砂层在循环振动 15 次后体积

应变与剪应变的关系曲线。这些曲线只适用于等效均匀应变循环次数 15 次，即代表 7.5 级地震。Silver 和 Seed（1971）将不同循环次数下的体积应变归一化至 15 次循环，得到的体积应变比率落在图 4.4 所示阴影区域，图中还标有其平均线。根据这条平均线可以估算任何循环次数下的体积应变与 15 次循环时的体积应变的比值 $\varepsilon_{V,N}/\varepsilon_{V,15}$，如表 4.2 所示。

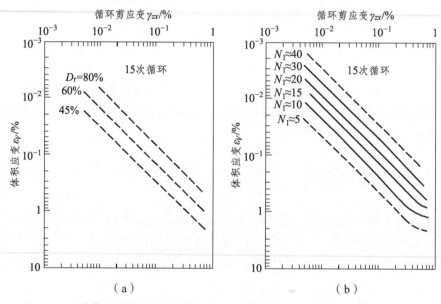

图 4.3　干砂体积应变与循环剪应变、相对密实度（或标贯击数）的关系

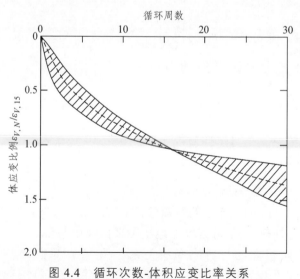

图 4.4　循环次数-体积应变比率关系

表 4.2   地震震级对干砂体积应变比率的影响

地震震级 M	等效循环次数（$0.65\tau_{max}$）	体积应变比率
8.5	26	1.25
7.5	15	1.00
6.75	10	0.85
6	5	0.60
5.25	2~3	0.40

Tokimatsu 和 Seed（1987）还将上述简化方法与 Seed-Silver 方法比较，认为两者的结果比较接近。关于多项振动的影响，Pyke 等（1975）[5]的研究成果表明，各个水平方向的联合振动引起的沉降大约等于每个振动分量单独引起的沉降之和。

4.5.2   模量软化法

模量软化法认为土体的震陷是由于振动使土体模量逐渐减小、土体软化。模量软化法既可用于砂土，也可用于软黏土在动力下的震陷估计。

自 1980 年提出后，该法在早期已用于神头电厂机器基础下十几米厚的粉土液化震陷计算、上海地铁机车振动下的沉陷计算、天津望海楼震陷计算等工程问题。该法将震陷认为是土体不排水剪切产生的，然而没有考虑地震后土体再固结引起的震陷及土体液化后喷水冒砂导致的震陷，未考虑土体软化过程中的应力重分布，以及软土因触变而刚度降低在震后静载作用下的附加沉降。

模量软化法的核心问题是确定土体模量的软化，建筑物的震陷值计算式如下：

建筑物的震陷量 = 土变软后的沉降 – 土在静载下的沉降

1. 土体软化模型

土体软化模型如图 4.5 所示。

图 4.5 中单元 A 代表土的静力特性，单元 B 代表土的动力特性。震前土的静变形模量为 E_i，阻尼为 λ，土的动模量为 E_p，其中 $E_i \gg E_p$。震前静沉降 S 由单元 A 产生。在地震作用下，土体模量软化，假设 E_i 不变，E_p 随振动不

断减小，B 单元由于土体模量的减小而产生震陷变形。

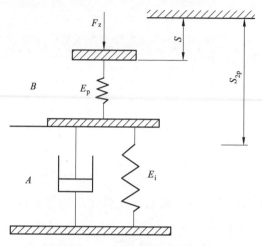

图 4.5　土的软化模型示意图

土体总刚度 E_{ip} 由 A、B 两个单元的组合刚度决定。E_i、E_p 和 E_{ip} 的关系可由示意图 4.6 获得。设土的初始静应力为 σ_i，初始静模量为 ε_p，土体的软化模量 E_{ip} 可由式（4.13）计算得出。

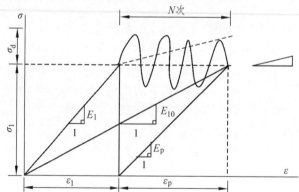

图 4.6　软土模量与应力、振次的关系

$$E_{ip} = \frac{\sigma_i}{\varepsilon_i + \varepsilon_p} = \frac{1}{\dfrac{\varepsilon_i}{\sigma_i} + \dfrac{\varepsilon_p}{\sigma_i}} = \frac{1}{\dfrac{1}{E_i} + \dfrac{1}{E_p}} \tag{4.13}$$

式中 $E_p = \sigma_i/\varepsilon_p$。

2. 残余应变经验公式

为求得震陷值，首先应建立残余应变与应力状态间的关系。为此，首先由试验得出不同动应力 σ_d 作用下的残余应变与振次间的关系，如图 4.7（a）所示。然后再指定不同的 ε_p 情况下，将图 4.7（a）转变成 $\sigma_d\text{-}N$ 的双对数坐标上的关系，如图 4.7（b）所示。在双对数坐标上的关系是平行线，其表达式为：

$$\sigma_d = c_1\left(\frac{N}{10}\right)^{s_1} \tag{4.14}$$

式中：s_1 为试验参数，与土性有关，即为图 4.7（b）中的平行线簇的斜率。

对上式取振次 $N = 10$，即可得 $c_1 = \sigma_d$，即 c_1 为振次 $N = 10$ 时的动应力，它取决于 σ_3 及 K_c，c_1/σ_3 与 ε_p 在双对数坐标上的关系，如图 4.7（c）所示。c_1 可由残余应变 ε_p 表示：

$$\frac{c_1}{\sigma_3} = c_5\left(\frac{\varepsilon_p}{0.1}\right)^{s_5} \tag{4.15}$$

对上式取 $\varepsilon_p = 10\%$ 时，即可得 $c_5 = c_1/\sigma_3$。

s_5 即为图 4.7（c）中直线的斜率。

c_5、s_5 与固结比 K_c 的关系分别如图 4.7（d）及图 4.7（e）所示，其经验公式为：

$$c_5 = c_6 + s_6(K_c - 1) \tag{4.16}$$
$$s_5 = c_7 + s_7(K_c - 1) \tag{4.17}$$

式中：c_6、c_7、s_6、s_7 均由土的动三轴试验确定。由图 4.7（d）中直线的斜率和截距分别确定 s_6 和 c_6，由图 4.7（e）中直线的斜率和截距分别确定 s_7 和 c_7。

上述基本试验曲线为动三轴所得，通过试验得到不同固结比 K_c 条件下的动应力 $\sigma_d\text{-}N$ 关系曲线。图 4.7（a）为 $K_c = 1.5$ 时的一组试验结果。试验时一般可取 $K_c = 1.05$、1.5 及 2.0 三组试验。

由式（4.14）和式（4.15）可得到残余应变 ε_p 的表达式：

$$\varepsilon_p = 10\left(\frac{\sigma_d}{\sigma_3}\cdot\frac{1}{c_5}\right)^{\frac{1}{s_5}}\cdot\left(\frac{N}{10}\right)^{\frac{-s_1}{s_5}} \ (\%) \tag{4.18}$$

将式（4.16）式和（4.17）代入式（4.18），得到：

$$\varepsilon_p = 10\left(\frac{\sigma_d}{\sigma_3}\cdot\frac{1}{c_6 + s_6(K_c-1)}\right)^{\frac{1}{c_7+s_7(K_c-1)}}\cdot\left(\frac{N}{10}\right)^{-\frac{s_1}{c_7+s_7(K_c-1)}} \ (\%) \tag{4.19}$$

式中的试验参数 c_5、c_6、c_7 及 s_1、s_5、s_6、s_7 等均由土的动三轴试验确定，按图 4.7（a）~（e）的方法进行整理得到，前面已一一说明。

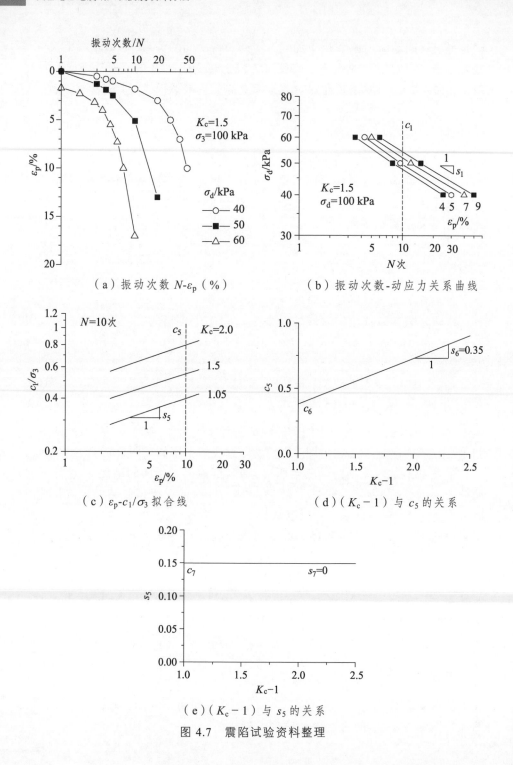

（a）振动次数 N-ε_p（%）

（b）振动次数-动应力关系曲线

（c）ε_p-c_1/σ_3 拟合线

（d）（K_c-1）与 c_5 的关系

（e）（K_c-1）与 s_5 的关系

图 4.7　震陷试验资料整理

3. 分析过程

震陷量由两次沉降之差而得，两次均采用静力有限元计算，第一次土体模量用 E_i，第二次土体模量采用 E_{ip}。在此过程中还需采用动力有限元进行分析，以确定单元的动应力和残余应变。震陷分析过程如图 4.8 所示，先选一条与给定烈度相适应的地震动时程 A，随后利用一维反演技术确定基岩（或假定基岩）处的地震动时程 B，将 B 作为动力分析所需的输入地震，再计算整个土层和建筑物的动力反应，确定各单元的动应力和软化模量 E_{ip}。用 E_{ip} 求出总沉降 U_p，即原来的静沉降 U_1 与震陷量 U_D 之和。静力分析按土为非线性体的邓肯-张模型理论计算。

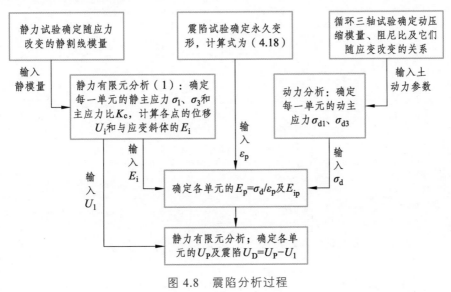

图 4.8　震陷分析过程

4.5.3　有效应力分析法

地震作用过程中土的剪切模量 G 与阻尼比 ξ 随动剪应变 γ 和孔压比 u 的变化而变化，这就是有效应力地震反应分析的基本观点和所根据的原理，相应的表达式如下：

$$G = f_1(\gamma, u) \tag{4.20}$$

$$\xi = f_2(\gamma, u) \tag{4.21}$$

与之相对的总应力分析法则将剪切模量与阻尼比只看成剪应变的函数，

相应的表达式如下：

$$G = f_3(\gamma) \text{和 } \xi = f_4(\gamma) \tag{4.22}$$

不论是理论上还是实践上，有效应力法均表现出比总应力更大的优势。下面以沈珠江程序为例进行介绍。沈珠江程序为二维程序，可分析带土坝或条形基础等结构和地基土的地震响应问题。

1. 土的动剪切模量与阻尼随剪应变变化的规律

采用 Hardin Drnevich 应力-变形关系式，转换该公式，并稍加修正：

$$G = \frac{G_{max}}{1 + \gamma_h} \tag{4.23}$$

$$\xi = \xi_{max} \frac{\gamma_h}{1 + \gamma_h} \tag{4.24}$$

$$G_{max} = K_2(\sigma_e)^{1/2} \tag{4.25}$$

$$\gamma_h = \frac{\gamma}{\gamma_r}\left[1 + a\gamma \exp\left(-b\frac{\gamma}{\gamma_c}\right)\right] \tag{4.26}$$

式中　　γ_r ——参考剪应变，$\gamma_r = \tau_f / G_{max}$；

$\quad\quad\quad \gamma_c$ ——修正的动应变幅，$\gamma_c = \gamma^{3/4}/\sigma_c^{1/2}$；

$\quad\quad\quad \sigma_e$ ——土体实际固结压力，$\sigma_e = (\sigma_1 + \sigma_3)/2 + c \cdot \cot\varphi$

$\quad\quad\quad \gamma$ ——动剪应变；

$\quad\quad\quad \tau_f$ ——抗剪强度；

$\quad\quad\quad G_{max}$ ——最大剪切模量；

$\quad\quad\quad G$ ——剪应变为γ时的剪切模量；

$\quad\quad\quad \xi_{max}$、$\xi$ ——最大阻尼比及应变为γ时的阻尼比；

$\quad\quad\quad a$、b、K_2 ——试验参数；

$\quad\quad\quad \sigma_1$、σ_3 ——初始静有效主应力；

$\quad\quad\quad c$、φ ——土体黏聚力和摩擦角。

2. 孔压与残余应变间关系式

残余应变分体积残余应变和形状残余应变。在不排水条件下体积残余应变受到阻碍不能发生，转化为孔压，因而孔压升高是体积残余应变的一种表现形式。孔压增长经验公式为：

$$\frac{\Delta u}{\sigma'_s} = c_1 \left(1 - \frac{\tau_s}{\tau_f}\right)^{m_1} \cdot \gamma^{m_2} \cdot \frac{\Delta N}{1 + c_2 N} \tag{4.27}$$

式中 Δu——孔压增量；

N 及 ΔN——振动次数及它的增量，计算下一个振次时 $\Delta N = 1$；

τ_s / τ_f——应力水平，即初始静剪应力与抗剪强度之比；

c_1、c_2、m_1 及 m_2——试验参数，由孔压-静剪应力试验曲线得出。

3. 残余剪切应变的增长规律

残余剪切应变是指由于形状改变引起的应变。其规律采用与上式形式相似的经验公式：

$$\Delta \gamma = d_1 \left(\frac{\tau_s}{\tau_f}\right)^{n_1} \cdot \gamma^{n_2} \cdot \frac{\Delta N}{1 + d_2 N} \tag{4.28}$$

式中 $\Delta \gamma$——剪应变增量；

n_1、n_2、d_1 及 d_2——由孔压振次曲线得到的试验参数。

4. 荷载等效方法

有效应力分析法中前面涉及的公式适用于等幅的动荷载，对于不规则的地震荷载，可采用下述等效方法换算成等幅动荷载（图4.9）：

设　　　　　　　$\zeta_0 = \int |dr| \tag{4.29}$

式中：ζ_0 为累积剪应变参数。对等幅动载，一周内的应变累积 ζ_0 等于 $4r_m$，如图 4.9（a）所示。r_m 为剪应变幅的平均值，对等幅荷载 $r_m = 1$；对不规则动荷载，取 r_m 等于应变峰值的 0.8。如此图 4.9（b）中的波的等效振次 N_{eq} 为 2.5。

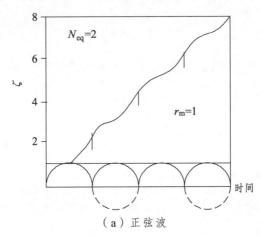

（a）正弦波

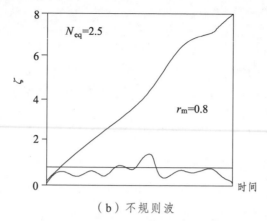

（b）不规则波

图 4.9　等效周期荷载次数

5. 动力方程

将土体视作黏弹性体，弹性刚度为 K，黏滞阻尼为 c，则有限元化之后，动力方程为：

$$[M]\{\ddot{u}\} + [c]\{\dot{u}\} + [K]\{u\} = F(t) \tag{4.30}$$

式中　u、$\dot{u}$ 及 $\ddot{u}$ ——结点位移、速度和加速度；

$\qquad$ $F(t)$ ——结点上的动荷载；

$\qquad$ $[M]$、$[c]$、$[K]$ ——质量矩阵、阻尼矩阵及刚度矩阵。

采用 Wilson 的线性加速度法求解式（4.30），假定 Δt 时段开始和结束时的加速度分别为 $\ddot{u}_{t-\Delta t}$，$\ddot{u}_t$，中间为线性变化，则相应的速度与位移分别如下：

$$\dot{u}_t = \dot{u}_{t-\Delta t} + \left(\ddot{u}_{t-\Delta t} + \ddot{u}_t\right)\frac{\Delta t}{2} \tag{4.31}$$

$$u_t = u_{t-\Delta t} + \dot{u}_{t-\Delta t} \cdot \Delta t + \left(2\ddot{u}_{t-\Delta t} + \ddot{u}_t\right)\frac{\Delta t^2}{6} \tag{4.32}$$

将式（4.31）和（4.32）代入（4.30）后得：

$$[\bar{K}] = \{u\}_t = \{\bar{F}\}t \tag{4.33}$$

$$[\bar{K}] = [K] + \frac{6[M]}{\Delta t^2} + \frac{3[c]}{\Delta t} \tag{4.34}$$

$$\{\bar{F}\}_t = \{F\}_t + [M]\{A\}_t + [c]\{B\}_t \tag{4.35}$$

$$A_t = 2\ddot{u}_{t-\Delta t} + \frac{6}{\Delta t}\dot{u}_{t-\Delta t} + \frac{6}{\Delta t^2}u_{t-\Delta t} \tag{4.36}$$

$$B_t = \frac{\Delta t}{2}\ddot{u}_{t-\Delta t} + 2\dot{u}_{t-\Delta t} + \frac{3}{\Delta t}u_{t-\Delta t} \qquad (4.37)$$

将式（4.34）和（4.35）代入式（4.33），求解可得不同时刻的各节点的位移、速度和加速度。

6. 考虑孔压上升的模量修正

将地震过程分为几个时段，计算出每个时段内孔压的增长。每一时段内再迭代，使计算所用的 G 和 ξ 与时段内的平均动剪应变幅 r_m 相适应。时段长可取为 1 s。时间步长 Δt 取为时段的 1/100，进行积分，得出每个时刻 Δt 的应力、应变、速度和加速度等值。然后统计时段内的剪应变峰值，并求出其平均值 r_m。

7. 残余位移与静力计算

动力计算之前先进行静力计算确定初始应力状态。随着孔压的升高，一些土单元发生软化与应力重分布，因此每时段结束时需重新进行静力计算。

该方法按弹性理论一次加载的假定计算静位移，选用较大的剪切模量，这样计算得到的位移很小，可以略去。以后把每个时段结束时的累积残余剪应变 $r_m = \sum r_m$，按下式化为虚荷载加到结点上：

$$\{F_0\} = \int [B][D]\{\varepsilon_0\}\mathrm{d}A = Gr_m \int [B]\mathrm{d}A \begin{Bmatrix} \cos\alpha \\ -\cos\alpha \\ \sin\alpha \end{Bmatrix} \qquad (4.38)$$

式中：α 为主应变方向角（°）。

重新进行静力计算，得出新的静应力分布和残余位移。

4.6 软土地基震陷实例

软弱地基震害调查发现：

（1）在同一地震和同一震中距时，软弱地基地面的自振周期长，振幅大，振动持续时间长，震害也大。

（2）在软弱地基上，柔性建筑易遭到破坏，刚性建筑表现较好；在坚硬地基上，柔性建筑表现较好，刚性建筑则表现不一。

总体而言，在软弱地基上建筑物的震害比刚性地基上的要严重，建筑物的震害随覆盖土层厚度的增加而加重。在历次强烈地震中，由于软弱黏性土地基的震害实例在总震害中所占比例较小，未引起人们的足够重视，但软弱地基引起的震害亦不容忽视，如 1906 年美国旧金山地震和 1923 年日本关东地震，由于软土震陷导致了地下管线的破坏，进而引发火灾。我国 1975 年辽宁海城里氏 Ms 7.3 级地震、1976 年唐山 Ms 7.8 级地震以及墨西哥 1985 年 Ms 8.1 级地震中均发生了由于软土震陷而引起上部结构破坏的现象。2008 年汶川 8.0 级地震使都江堰电信大楼台阶最大沉降达 8 cm。以下将以我国唐山地震和墨西哥地震两个典型地震为例，分析软土地基震害。

4.6.1　我国唐山地震

1. 典型地基选取

1976 年 7 月 28 日北京时间 03:42，在中国河北唐山发生里氏 7.8 级强烈地震，震源深约 11 km，出现了明显的地震断裂并贯通全市。唐山外围十余个县出现了严重震害，百余千米以外的北京、天津、秦皇岛等重要城市也都受到波及。同一天 18:45，唐山东北 45 km 的滦县境内商家林发生 7.1 级地震，同年 11 月 15 日 21:53 分，在天津市宁河县又发生 6.9 级地震。

天津市沿海地区表层几十米深度范围内的土体均属于软弱黏性土。天津沿海一带，如汉沽、新港、北塘及南郊地区广泛分布有海相沉积的淤泥土层，土体孔隙比大于等于 1.3，含水量一般大于 45%，压缩系数一般为 0.15，地基承载力低，一般为 60 ~ 80 kPa，甚至低至 20 ~ 30 kPa。发生地震之前，在建筑物静载作用下，房屋下沉量为 30 ~ 50 cm。在地震作用下，地基再次发生突然下沉和倾斜。如新港望海楼建筑群，其中 16 栋为 3 层，10 栋为 4 层，筏片基础，埋深 0.6 m，地基容许承载力为 30 ~ 40 kPa，设计承载力定为 57 kPa，1974 年建成。3 层住宅震后总沉降量为 25.3 ~ 54.0 cm，其中震前和震后沉降差为 14.1 ~ 20.3 cm；震前倾斜 0.1% ~ 0.3%，震后为 0.3% ~ 0.6%。四层住宅震后总沉降量为 28.8 ~ 85.2 cm，其中震前、震后沉降差为 14.6 ~ 32.5 cm；震前倾斜 0.07% ~ 1.98%，震后倾斜 0.07% ~ 4.51%。1975 年建成的四层住宅，震前最大沉降为 47 cm，地震时突然下沉 38 cm。汉沽化肥厂深井泵房地面下沉 38cm，使得井管联结部位断裂。总的说来，地基震害有明显的区域性。没有固结的高压缩性软土地基的震陷量就比较大；在强度很低的淤泥地基上，可能产生较大的震陷量；在故河道及坑洼冲填土地区，喷水冒砂严重，地裂缝较为发育；在滨海软黏土上震陷很大。在素填土及经人工处理后的杂填土地基上，地基震害很轻；一般地基上的基础损坏极少。

2. 典型软弱土上建筑物震陷资料

在 1976 年唐山地震中,天津沿海一带的软弱黏性土地基普遍产生了不同程度的震陷。下面以天津市望海楼住宅区和建港村住宅区为例,分析软弱土地基震陷,望海楼与建港村的地理位置见图 4.10。这里所指的地基震陷是指饱和软弱黏性土地基在地震作用下产生的永久变形。

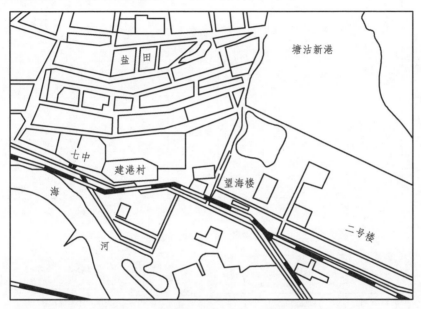

图 4.10　望海楼与建港村的地理位置

望海楼住宅区的地基土层分为:上部+4.0 ~ +1.0 m(大沽高程)软黏土,+1.0 m 以下几乎都是淤泥质亚黏土,– 13 m 以下开始逐渐变硬。当基础埋深 1.0 m 时,设计地基承载力按规定为 30 kPa,而现有的住宅楼设计地基承载力都已超过此值。

建港村住宅区的地基土层分为:上部+4.7 ~ +3.0 m(大沽高程)为人工填土,+3.0 ~ +1.0 m 为黏土,以下为淤泥质黏土。在+3 m 处土层地基承载力可达 80 kPa。

为了研究望海楼住宅区和建港村住宅区软弱黏性土地基的震陷,进行了现场振动荷载试验和室内振动三轴试验。

用望海楼区和建港村区的软弱黏性土,在室内进行了动、静强度比试验,得到动、静强度比的极限值为 0.762。

同样在这两个区域内进行了现场振动荷载试验,了解在静、动荷载共同作用下软土的强度与变形规律。试验方法为:首先施加静载(最终荷重接近建筑物之荷重），观测沉降直至稳定，以模拟地震前的情况；然后再加动载观测震陷，以模拟地震时及地震后的状态。试验结果见图 4.11 ~ 图 4.13。

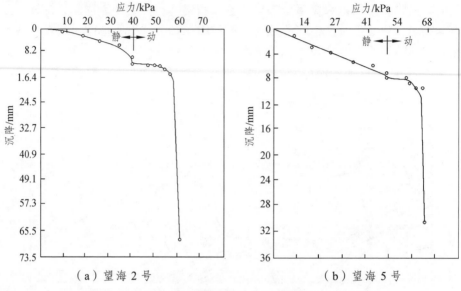

（a）望海 2 号　　　　　　　（b）望海 5 号

图 4.11　静动载压力-沉降曲线

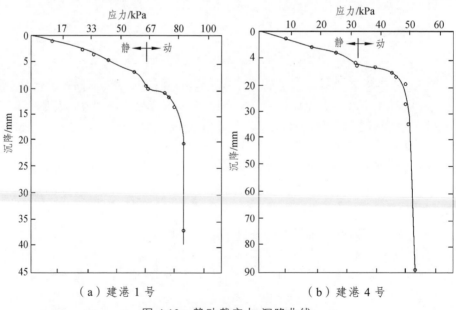

（a）建港 1 号　　　　　　　（b）建港 4 号

图 4.12　静动载应力-沉降曲线

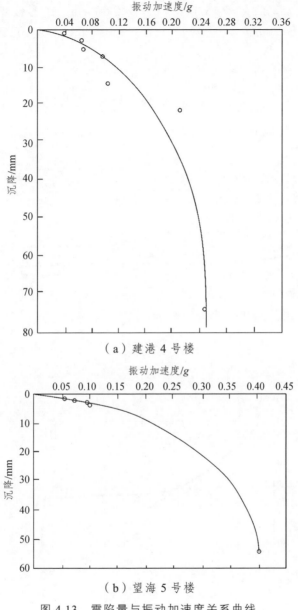

（a）建港 4 号楼

（b）望海 5 号楼

图 4.13 震陷量与振动加速度关系曲线

图 4.14 和图 4.15 分别为建港村和新港望海楼建筑群在唐山地震中的震陷情况，表 4.3 列出了建港村和望海楼建筑群震前沉降和震陷量。由图和表可见震前地基发生固结沉降，唐山大地震使建港村在很短时间内产生 4 ~ 15 cm 的震陷量，而望海楼建筑群的震陷量较大，为 14 ~ 25 cm。建港村不同

楼震陷值分别为：14 号楼 15.0 cm，12 号楼 5.0 cm，10 号楼 4.0 cm，8 号楼 7.0 cm，7 号楼 7.0 cm，4 号楼 11.0 cm，七中 5.5 cm。望海楼建筑群的震陷值分别为：20 号楼 15.0 cm，17 号楼 24.0 cm，15 号楼 24.4 cm，7 号楼 14.4 cm，4 号楼 17.0 cm，3 号楼 14.0 cm。

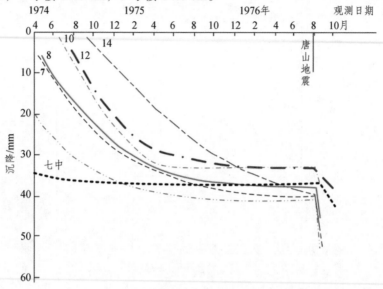

图 4.14　建港村沉降曲线（曲线上数字表示楼号）

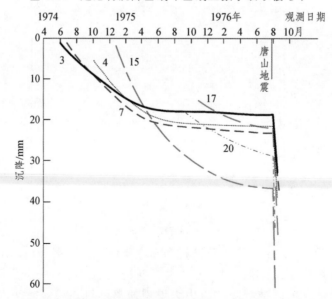

图 4.15　望海楼住宅沉降曲线（曲线上数字表示楼号）

表 4.3　天津建港村和望海楼建筑群震陷量分析

建筑物地点和名称	建筑物情况	地基情况	震前沉降/cm	震陷量/cm	备注
天津建港村					
4 号楼	三层，住宅，条基	软土，容许承载力 40~60 kPa	23	11	多数建筑物震前固结沉降未完成[6]
7 号楼			42	7	
8 号楼			39	7	
10 号楼			34	4	
12 号楼			34.5	5	
14 号楼			41	15	
七中			38	5.5	
天津望海楼建筑群	住宅				
3 号楼	三层，筏基，埋深 0.6 m	容许承载力为 55 kPa	20	14	引自文献[6]
4 号楼	三层，筏基，埋深 0.6 m		22	17	
7 号楼	三层，筏基，埋深 0.6 m		23	14.4	
15 号楼	四层，筏基，埋深 0.6 m	容许承载力为 60 kPa	38	24.4	
17 号楼	四层，筏基，埋深 0.6 m		23	24	
20 号楼	四层，筏基，埋深 0.6 m		30	15	

3. 软弱土地基中桩基震害情况

以新港海洋石油研究所轮机车间为例，简单介绍唐山地震中软弱土地基桩基震害情况。该车间位于两侧临海的狭长吹填土上，地处塘沽新港航道南侧，东距床坞坑约 50 m，北距港地约 100 m。

该厂地基属于滨海软土，地势低，原吹填土地面标高仅+2.03 m，设计地面标高要求达到+5.40 m，故填土直至标高位置。轮机车间地基土层性质如表 4.4 所列。

表 4.4 轮机车间地基土层性质（地面标高+2.03 m）

深度/m	标高/m	土质类别	描述
6.9	−4.87	淤泥质亚黏土	灰褐色，中下塑性
14.8	−12.67	黏土	灰褐色，中上塑性，少量粉砂，−4.87 ～ −6.77 m 为淤泥质黏土
16.3	−14.27	亚黏土	灰褐色，中下塑性，局部近于亚黏土
22.0	−19.97	亚黏土	灰褐色，中塑性，夹粉砂不均
23.5	−21.47	亚砂土	灰黄色，低塑性
25.0	−22.97	黏土	黄褐色，中上塑性
25.1	−23.07	粉砂	中密

该厂 1975 年年底动工，在唐山地震发生前桩基础基本完成施工。车间位置共 292 根桩，包含 57 根钻孔灌注桩和 235 根钢筋混凝土预制桩。灌注桩桩径 68 cm，桩长 26.5 m，桩上部沿圆周均布 8 根钢筋，钢筋 ϕ16，长 9 m，钢筋笼直径 58 cm；预制桩截面为 50 cm×50 cm，长 26.5 m，桩身主筋 $4\phi22+4\phi25$。为了解桩身的破坏情况，对几处有代表性的桩基进行开挖检查，开挖深度为 4 m。经检查发现桩破坏可主要分为以下三种情况：

（1）从桩顶往下到开挖深度，裂缝贯穿、数量多，裂缝平均宽度超过 2 mm，混凝土受压碎落，钢筋外露，桩体发生严重破坏。

（2）桩体破坏主要集中在桩顶 1 m 以内，1 m 以下破坏较轻，桩顶 2 m 以下基本无裂缝。

（3）桩体轻微破坏，裂缝细微、数量少。

桩基范围内的地表裂缝很多，特别是北面沿海岸区域，裂缝宽度一般小于 10 cm，最宽的为 20～30 cm。各承台在东北方向位移较大，向东最大位移达 1.3 m，向北的位移均超过 0.5 m，桩基承台倾斜高差值一般大于 10 cm，最大值达 21 cm，倾斜角度接近 4°，这说明厂区地基向东北方向产生了滑移，并由此造成桩基的破坏。

4.6.2 墨西哥地震

1985 年 9 月 19 日，在离墨西哥首都墨西哥市 400～500 km 的海域，发生了 8.1 级强烈地震；21 日又发生了 7.5 级强余震。这两次地震，给远离震中的墨西哥市造成了严重的震害和经济损失。这次震害主要是由软土地基引起的特殊震害，震害范围相当狭窄，完全属于软土地基造成的建筑物破坏，如图 4.16 所示为一路基破坏情况。

图 4.16　墨西哥地震中一路基破坏

据专家分析，直接由软土地基引起的灾害，包括：

（1）建筑物倾斜。

（2）建筑物下沉（某些区域甚至下沉一层）。

（3）建筑物翻倒，地桩拔出，在世界上实属罕见。

通过对市区的实地访问和考察，专家们发现受灾地区集中于市中心区，这些地区具有这些特性：中、高层建筑较为集中，地基松软，震前因排水开垦和过量抽取地下水，地面以平均每年 20 cm 的速率下沉。较为坚硬稳定的地层在 30 ~ 40 m 附近，但该地区建筑物很少将桩打入该深度，因而桩体属于负摩擦型桩，地表变形较大。而在拉特那、阿梅里卡纳塔地区，由于打了端承型桩，能够有效控制地基沉降，故能保持结构整体完好，而不被破坏。这也给软土地基建设提供了一条可取的保险措施，即打入端承桩对地基进行加固。

我国沿海不少地区的地基类似于墨西哥市，尽管不是高烈度区，但如果考虑到类似墨西哥市远达 400 ~ 500 km 的长距离震害效应，则它们大都面临潜在的震害威胁。因此有针对性地对这些地区开展地基抗震加固工作，应当作为保障沿海、沿江地区开放、开发顺利进行的一项重要工作。

1. 地震作用下场地表面运动

在 1985 年地震作用下，330 ~ 757 座建筑发生了严重破坏或倒塌。统计发现，13%的建筑破坏源于基础的不稳定性。尤其是，约 13.5%的 9 ~ 12 层建筑发生了严重损毁，而这些破坏基础大部分属于摩擦桩基础。土-结构相互作用引起基础摇晃，进而对建筑结构的破坏存在显著影响。基础的破坏和地基的破坏对结构整体性能有着重要影响。

初步研究（Resendiz 和 Roesset, 1987）表明，土-结构相互作用对建筑结构动力响应有显著影响，尤其是 7～15 层的建筑。大部分建筑破坏都是源于基础设计时安全系数偏低，引起地基发生大变形。

地震作用下交通运输部办公大楼的停车场，最大位移幅值为 21 cm。水管的破裂、人行道的破坏以及街道之下缆车轨道显露于地面并产生了弯曲，主要是因为土体和长型、刚性结构运动的不协调。

2. 地震作用下建筑结构基础破坏

（1）垫层基础破坏。

垫层基础上的大量建筑产生了大的差异沉降，导致结构倾斜，在一些实例中，由于地基承载力不足呈现出整体剪切破坏。由于地基发生剪切破坏，产生了过大沉降，三栋建筑被摧毁了（图 4.17），具体如下所述：

① 建筑 I a。建筑 I a 为 6 层楼结构，18.6 m 高，传递至土体中的平均净压力为 55 kPa。原始荷载分布均匀，荷载并不明显偏离中心。结构建造于 1950 年，基础为筏板基础，0.2 m 厚，埋深为人行道以下 1.2 m。

场地土层剖面表明 4 m 厚度表层土以下，32 m 深度软黏土含水量为 250%～380%，平均不排水剪切强度为 25 kPa。震后总的最大沉降为 1.57 m 和 0.92 m，朝东面总倾斜量为 5.2%。

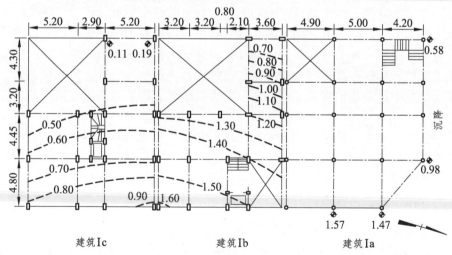

图 4.17 褥垫层基础上三栋建筑的沉降平面轮廓图（单位：m）

在固定荷载下抵抗剪切破坏的安全系数小于 2，预期均匀沉降为 0.95 m。承载力和沉降均未能满足建筑设计标准。周围开挖土体的抽水又加剧了建筑物的倾斜。

② 建筑 I b。由于垫层基础的强度不够，地震作用下建筑 I b 表现为整体剪切破坏。突然沉降 1.02 m，东部倾斜 6.3%，周围土体表面发生鼓胀。结构前人行道上浮约 0.2 m，混凝土人行道接缝处裂开 0.08～0.1 m 宽，这些运动引起的后果是结构底层几乎一半没入土体中（图 4.18）。

图 4.18　建筑 I b 沉降

公寓建筑结构采用加筋混凝土矩形柱、大块板和梁。基础包含筏板基础，其中筏板基础埋深 1.5 m，基底净压力为 99 kPa，合力向南偏心 0.2 m。在这么大的压力作用下导致前期沉降为 0.58 m。

在简单的承载力分析中，静载下安全系数为 1.1，这意味着地基处于剪切破坏临界状态。毫无疑问，在地震作用下，建筑结构发生了破坏。当地基沿滑动面发生整体滑动剪切破坏时，地震停止了。可以预测，若循环荷载作用时间延长，结构将发生整体坍塌。

（2）摩擦桩基础破坏。

对于中高层建筑结构（5～15 层），常采用摩擦桩。这种基础的建筑结构一般为长周期框架结构。在 1985 年地震中，摩擦桩上的基础受到的影响最大。摩擦桩上的基础在地震作用下产生瞬时差异沉降、倾斜，甚至整体破坏。

① 建筑Ⅳ。这栋办公大楼平面尺寸较大（620 m²），为加筋混凝土结构，建造于 1980 年左右，井式楼板和方形柱，坐落于混凝土箱型基础上，埋深 2.3 m（图 4.19），底下为 70 根圆形桩，28 m 长，桩径为 0.3～0.6 m。

SPT 研究结果表明上部黏土层剪切强度较低，天然含水率为 250%～350%。CPT 进一步证实了上部黏土层强度较低，如图 4.20 所示。

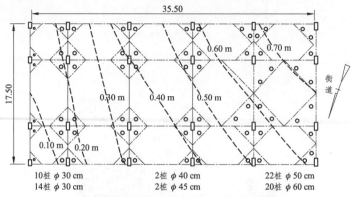

图 4.19 建筑Ⅳ基础平面和轮廓及其沉降（单位：m）

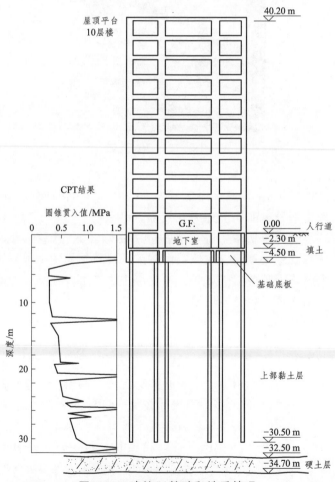

图 4.20 建筑Ⅳ基础和地质情况

　　作用于基底土层的平均压力为 131 kPa，最大值为 176 kPa，位于筏板基础的边缘，考虑永久荷载和活荷载之和。结构在震前未出现明显倾斜，1985年地震前估算街道一侧的沉降为 0.25 m。震后，沿横向倾斜 0.78 m，沿纵向倾斜 1.1 m，引起西南方向倾斜 3.3%。沉降分布情况见图 4.19。最大沉降（0.78 m）位于西南角；该区域突然沉降 0.5 m。上部结构遭受非常严重的破坏，混凝土柱子产生大变形。

　　考虑平板的承载力和土体的开挖，地基抗剪切破坏的安全系数为 2.2，计算得到长期沉降为 0.48 m。

　　② 建筑 V。该建筑在角落的结构覆盖了小而不规则的地区，面积为 160 m²；上部结构包含加筋混凝土梁和柱，增强（约束）砌体承力墙。基础为部分箱型补偿基础和摩擦桩的混合形式（图 4.21）。预制桩直径为 0.12 m。

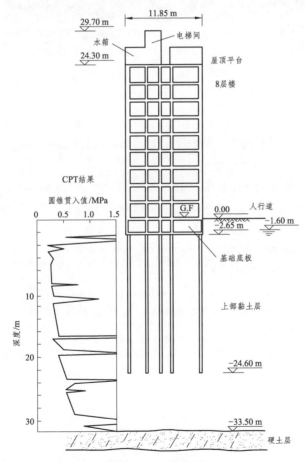

图 4.21　建筑 V 及其基础和土层分布

　　基础上平均应力为 144 kPa，桩顶和重力中心偏离 1.4 m。在地震过程中，上部结构和基础整体朝临街西南角方向翻转并倒坍（图 4.22）。部分桩体-箱型基础位于地面之上。在永久荷载作用下安全系数为 1.7。考虑模态分析和 1976 年墨西哥建筑规范的翻转弯矩，安全系数为 1.0。

图 4.22　建筑 V 倒塌图

参考文献

[1] TOKIMATSU K, SEED H B. Evaluation of settlements in sands due to earthquake shaking[J]. Journal of Geotechnical Engineering, 1987, 113(8): 861-878.

[2] SEED H B, SILVER M L. Settlement of dry sands during earthquakes[J]. Journal of Soil Mechanics & Foundations Div, 1972, 98(SM4).

[3] SEED H B, IDRISS I M. Simplified procedure for evaluating soil liquefaction potential[J]. Journal of Soil Mechanics & Foundations Div, 1971, 97(SM9): 1249-1273.

[4] SILVER M L, SEED H B. Volume changes in sands during cyclic loading[J]. Journal of Soil Mechanics & Foundations Div, 1971, 97(SM9): 1171-1182.

[5] PYKE R, SEED H B, CHAN C K. Settlement of sands under multidirectional shaking[J]. Journal of Geotechnical and Geoenvironmental Engineering, 1975, 101(GT4): 379-398.

[6] 刘恢先. 唐山大地震震害[M]. 北京：地震出版社，1986.

5 地基抗震加固措施

5.1 地基抗震加固措施概述

软弱黏性土、不均匀地基及易于液化的饱和松砂地基可能出现地基基础震害，以下针对不同土性的特点讨论地基的抗震加固措施。

1. 软弱黏性土地基

软黏土的特点是压缩性较大，抗剪强度小，承载力低。由这种类型的土构成的持力层在地震时引起的附加荷载与经常承受的荷载相比是相当可观的，容易超过容许承载力而使建筑物产生较大的附加沉降和不均匀沉降。宏观调查和勘察研究表明，地震时地基是否失效，与地基土的容许承载力的大小有一定关系。附加荷载过大，地基将发生剪切破坏，土体向基础两侧挤出，致使房屋下沉和倾斜。因此对于软土地基，设计时要合理地选择地基容许承载力，将地震时产生的附加应力限制在可以接受的范围以内，保证有足够的安全储备。

当建筑物地基主要受力层范围内存在较软黏性土时，应该综合基础和上部结构的特点，采取适当的抗震措施，例如：选择合适的基础埋深；调整基础面积，减少基础偏心，加强基础的整体性和刚性，为此可采用箱基、筏基或钢筋混凝土十字条形基础等有利的基础形式，加设基础圈梁、基础系梁等；增加和改善上部结构的整体刚度和均衡对称性，合理设置沉降缝，预留结构净空，避免采用对不均匀沉降敏感的结构形式，等。同时，也可以考虑采用桩基和其他有利于抗震的人工地基。这里所说的软弱黏性土是与地震烈度有关的。

2. 杂填土地基

杂填土地基一般是任意堆填而成的，在我国大多数古老城市中均有分布。由于其组成物质杂乱，堆填方法不同，结构疏松，厚薄不一，因此均匀性很差、强度低、压缩性高，而且一般均具有浸水湿陷性。杂填土作为建筑物基础的持力层时，往往会由于不均匀沉降导致上部结构开裂。遭遇地震后，破坏程度将进一步加重。因此，对地震区的杂填土地基，应该进行必要的处理。当杂填土土层较薄时，可全部挖除，用性能较好的土分层回填并碾压密实。当杂填土土层较厚时，应采取有效的地基加固方法加以处理。

3. 不均匀地基

不均匀地基一般位于有故河道、暗藏沟坑边缘、半挖半填的地带，以及土质明显不均匀的其他地段。不均匀地基在地震时容易引起基础失效，加剧上部结构的破坏。因此应尽量避免在不均匀地基上进行建设，无法规避时，应进行详细的勘察，根据具体情况采取相应的构造措施。例如在抗震设计时，应从上部结构和地基的共同作用条件出发，对建筑体型、设防烈度、荷载情况、结构类型和地质条件等进行综合分析，以采取合理布局和相应有效的结构、地基抗震措施。

4. 可液化地基

液化是造成地基失效的主要原因，为保证可液化场地上工程结构的安全及正常使用功能，从总体决策思路分析，可以有 3 种选择：

（1）改变工程选址：工程项目避开可液化场地或对有潜在场地液化威胁的部分项目重新规划。这种非工程结构性的举措，一般情况下难以实现。

（2）改变工程结构形式：采取改变原有工程结构形式或另增加其他结构类型，进而改变可液化场地的应力状态等措施，降低工程场地发生液化的可能性。

（3）改良场地条件：采取工程措施改良可液化土体性质、改善可液化土体内应力状态，消除场地液化的威胁。

改良场地条件应根据地基液化等级和结构特点选择不同的措施。目前常用的抗液化工程措施都是在总结大量震害经验的基础上产生的。地基液化等级的划分在第 4 章做过详细的讨论，下面重点介绍制定抗液化工程措施的某些背景情况和资料。

地基抗液化措施应综合考虑建筑物的重要性和地基的液化等级，再结合具体情况按表 5.1 选用适当的措施。

表 5.1　抗液化措施的选择原则

建筑类别	地基的液化等级		
	轻微	中等	严重
甲类	进行针对性研究，不宜低于乙类相应要求		
乙类	部分消除液化沉陷，或处理基础和上部结构	全部消除液化沉陷，或部分消除液化沉陷，且处理基础和上部结构	全部消除液化沉陷
丙类	基础和上部结构处理，亦可不采取措施	基础和上部结构处理，或更高要求的处理措施	全部消除液化沉陷，或部分消除液化沉陷，且处理基础和上部结构
丁类	可不采取措施	可不采取措施	基础和上部结构处理，或其他经济措施

表 5.1 中全部消除地基液化沉陷的措施应分别符合下述要求：

（1）采用桩基时，桩端深入液化深度以下稳定土层中的长度（不包括桩尖部分）应计算确定，对于碎石土、砾、粗中砂，坚硬黏性土和密实粉土不应小于 800 mm，其他非岩石土不应小于 1.5 m。

（2）采用深基础时，基础底面埋入液化深度以下稳定土层中的深度不应小于 500 mm。

（3）采用加密法（如振冲加密、砂桩挤密、强夯等）加固时，应处理至液化深度下界，且处理后土层的标准贯入锤击数实测值应大于相应的液化临界值。

（4）挖出全部液化土层，或增加上覆非液化土层的厚度。

表 5.1 中部分消除地基液化沉陷的措施宜符合下列各项要求：

（1）处理深度应使处理后的地基液化指数宜小于或等于 5；对大面积筏基、箱基的中心区域，经处理后液化指数宜小于或等于 4；对独立基础与条形基础，埋深应大于基础底面下液化土的特征深度和基础宽度的较大值。

（2）在处理深度范围内，应挖除液化土层或采用加密法加固，使处理后土层的标准贯入锤击数实测值大于相应的液化临界值。

此外，还应注意在河岸沟坑的边缘、边坡及故河道附近，由于易出现土体滑移和地裂，应采取相应的地基稳定措施。例如对现代河流的岸坡可采取护岸措施，对沟渠两侧宜加做适当的支挡等花费不多的间接性预防措施，并进行抗滑动验算。

当地基强度不足或压缩性很大，不能满足抗震设计要求时，对地基应进行加固处理。加固处理的目的是增加地基的强度和稳定性，控制地基变形。常用的简便易行的处理方法有换土垫层法、深层水泥搅拌法、预压法、压实法、夯实法、振冲法、深层挤密法和包裹碎石桩法等，接下来的几节将对这些方法一一进行介绍。

5.2 换土垫层法

换土垫层法是将基础底面下一定范围内的软弱土层挖去，换填其他无侵蚀性的低压缩性的散体材料，分层夯实作为基础的持力层。垫层的材料有中（粗）砂、碎（卵）石、灰土、素土等。垫层的作用是提高持力层的承载力，并通过垫层的应力扩散作用减小垫层下天然土层所承受的压力，这样就减少了基础的沉降量。此外，用透水性大的材料作垫层时，软土中的水分可以部分地通过它排出去，从而加速了软土的固结。实践表明，在合适的条件下，采用换土垫层法能有效地解决中小型工程的地基问题。由于垫层法能就地取材，而且施工简便，不需要特殊的机械设备，既能缩短工期，又能降低造价，因此得到了普遍的应用。

不同材料的垫层，其应力分布情况是有差别的，但从试验结果来看，其极限承载力还是比较接近的。此外，通过对沉降观测资料分析发现不同材料垫层上建筑物的沉降特点并无不同。所以，各种材料垫层可以近似地按砂垫层的计算方法进行计算。下面介绍应用最广的砂垫层的设计原理。

5.2.1 砂垫层厚度

砂垫层的厚度应根据垫层底部软弱土层的承载力来确定，即作用在砂垫层底部处土的自重应力之和应不大于软弱土层的容许承载力（图 5.1）：

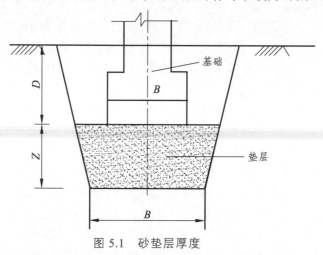

图 5.1 砂垫层厚度

$$\sigma_{\gamma z} + \sigma_z \leqslant R_{d+z} \tag{5.1}$$

式中　$\sigma_{\gamma z}$ ——垫层底面处土的自重应力（kPa）；

　　　σ_z ——垫层底面处的附加应力（kPa）；

　　　R_{d+z} ——垫层底面处修正后的地基承载力特征值（kPa）。

计算地基内附加应力 σ_z 时，可不考虑垫层对土中应力分布的影响。具体计算时，应先根据砂垫层地基的容许承载力定出基础宽度，然后按上述方法计算垫层的厚度。应该指出的是，砂垫层地基的容许承载力要合理拟定，如定得过高，则换砂厚度将很深，于施工不利，也不经济。一般当下卧层容许承载力为 60～80 kPa，换土厚度为 0.5～1.0 倍基础宽度时，砂垫层地基的容许承载力为 100～200 kPa。砂垫层的厚度一般不宜超过 3 m。

5.2.2　砂垫层宽度

砂垫层的宽度应根据垫层侧面土的容许承载力来决定，因为基础荷载在垫层中引起的应力使垫层有侧向挤出的趋势，如果垫层宽度不足，四周土又比较软弱，垫层就有可能被压溃而挤入四周软土中，使基础沉降增大。

垫层底面的宽度应满足基础底面应力扩散的要求，可通过下式确定：

$$B' \geqslant B + 2z\tan\theta \tag{5.2}$$

式中　B ——基础宽度（m）；

　　　B' ——砂垫层底部宽度（m）；

　　　z ——垫层厚度（m）；

　　　θ ——压力扩散角（°），按表 5.2 取值。

垫层顶面每边长宜超出基础底边至少 0.3 m。

表 5.2　垫层材料的压力扩散角 θ　　　单位：（°）

换填材料		中砂、粗砂、砾砂、圆砾、角砾、石屑、卵石、碎石、矿渣	粉质黏土、粉煤灰	灰土	一层加筋	二层及其以上加筋
z/B	≤0.25	20	6	28	25～30	28～38
	≥0.50	30	23			

注：（1）表中未列出的材料，必要时根据试验确定其取值，若无试验，则均取 $\theta = 0°$。

　　（2）$0.25 < z/B < 0.5$ 时，θ 值可用内插法求得。

5.3　深层水泥搅拌法

深层水泥搅拌法是指以水泥为固化主剂与软基土体就地强制搅拌，使其固化硬结的地基加固方法，简称为 CDM 工法（Cement Deep Mixing，有时也泛称 DMM 工法）。这种工法施工便捷、绿色环保、造价较低、对周围地基扰动小。这种方法形成的复合地基整体性好、强度高，目前常用于提高建（构）筑物地基承载力，或用于基坑围护，在北京、上海、浙江等具有深厚饱和软土的地区应用广泛。

水泥搅拌法加固地基与其他复合地基相比，在中、强地震中表现出较出色的稳定性和安全性。目前，美、日等国已将 CDM 工法列为地震设防烈度 9度及以下地区重点考虑的一种地基处理抗震措施。在 1995 年 Kobe 地震中，水泥土桩网有效减小了震害。Tokunaga 等（2015）评估了 2011 年 Tohoku 地震中由深层水泥搅拌法处理的 789 个场地，水泥搅拌形式包括块状、网状、墙体形式、桩形式，发现水泥土加固基础无明显破坏。

5.4　预压法

预压法包括堆载预压、真空预压或两者联合。堆载预压法中预压荷载应分级逐渐施加，保证每级荷载下地基的稳定性，而真空预压法可一次连续抽真空到最大压力。预压法适用于淤泥质土、淤泥、冲填土等饱和黏性土地基，对于塑性指数大于 25，且含水量大于 85% 的淤泥，应通过现场试验确定其适用性。若上覆厚度大于 5 m 的回填土或承载力较高的黏性土，则不宜采用真空预压法加固。

若建筑物设计以变形控制，则当塑料排水带或砂井等排水处理深度、竖井面以下受压土层预压所完成的变形量和平均固结度符合设计要求时，方可卸载。竖井宜穿透受压土层。若建筑物设计以地基承载力或抗滑稳定性控制，则当地基经预压处理的强度满足地基承载力或稳定性要求时，方可卸载。对于抗滑稳定性控制的工程，竖井深度应在最危险滑动面以下 2.0 ~ 3.0 m。

真空预压法必须设置排水竖井。对于深厚软黏土地基，应设置塑料排水带或砂井等排水竖井。仅当软土层厚度不大，或软土层含较多薄粉砂夹层，且地基固结速率满足工期需求时，方可不设置排水竖井。由太沙基的一维固结理论可知，在相同荷载和相同的排水条件下，黏土层达到同一固结度所需要的时间 t，与排水距离 D 的平方成正比。这就是说，如果有条件缩短排水

距离 D，就可以以平方关系加速土层的固结。因此，可以在软土层中按一定间距设置普通砂井、袋装砂井和塑料排水带，以大大改善软土层的排水条件，使土中孔隙水通过排水竖井、井上口的砂垫层、井下口的透水层排出。由于人为地增加排水途径，缩短了排水距离，从而加速了软土层在荷载作用下的固结和强度增长。

普通砂井直径可取为 0.3 ~ 0.5 m，袋装砂井直径可取为 0.07 ~ 0.12 m，塑料排水带的当量换算直径 d_p 可由下式得到：

$$d_p = \frac{2(b+\delta)}{\pi}$$

式中　b —— 塑料排水带的宽度（m）；

　　　δ —— 塑料排水带的厚度（m）。

排水竖井可采用等边三角形或正方形布置。当采用等边三角形布置时，竖井的有效排水直径 $d_e = 1.05l$，其中 l 为竖井间距；当采用正方形布置时，竖井的有效排水直径 $d_e = 1.13l$。竖井间距可根据井径比 n 选用：

$$n = d_e/d_w$$

式中　d_w —— 竖井直径（m），对于塑料排水带，取 $d_w = d_p$。

对于塑料排水带或袋装砂井，$n = 15 ~ 22$；对于普通砂井，$n = 6 ~ 8$。

5.5　压实法

压实填土包括分层压实和分层夯实这两种填土。碾压法适用于地下水位以上填土的压实，振动压实法用于非黏性土或黏粒含量少、透水性较好的松散填土地基，（重锤）夯实法主要适用于稍湿的杂填土、砂性土、砂土、碎石土、粗粒土、低饱和度细粒土、黏性土和湿陷性黄土等地基。

碾压法和振动压实法应综合考虑压实机械的压实能量、地基土的性质、压实系数和施工含水量等，选择适当的碾压分层厚度和碾压遍数。宜通过现场试验确定碾压分层厚度、碾压遍数、碾压范围和有效加固深度等施工参数。

宜通过试夯确定重锤夯实法的施工方案，试夯的层数不宜小于两层。重锤夯实法常采用锤质量 1.5 ~ 3.2 t，落距 2.5 ~ 4.5 m，夯打遍数为 6 ~ 10 遍。最后两遍的平均夯沉量对于黏性土和湿陷性黄土等类似材料一般小于或等于 1.0 cm，对砂性土等类似材料一般小于或等于 0.5 cm。

重锤夯实法的效果是经过夯打之后，地基表面形成一层比较密实的表层硬壳，从而提高了地基表层的强度，对于湿陷性黄土可减少表层土的湿陷性和减少杂填土的不均匀性。

重锤夯实的效果与夯锤的质量、锤底的直径、落距、夯实的遍数和土的含水量等有密切关系。只有合理选定上述参数和控制夯实的含水量，才能达到预期的夯实效果，否则会出现"橡皮土"等不良现象。因此在施工时，必须注意控制含水量。土的最优含水量是随着压实能量的大小而变化的。一般说来，增大锤击功（如提高落距）可以使土的密实度增大，但是当土的密实度增加到某一数值时，即使锤击功再增大，土的密实度也不再增大了，甚至反而有所降低。夯打的遍数也是这样，随着重锤夯打遍数的增加，土的每遍夯入量逐渐减小，当夯打到某一程度后，继续夯打的效果就不明显了。因此施工时应尽量保证最小夯实遍数。夯实功和夯打遍数一般通过现场试夯确定。当土的夯实效果达不到设计的密度和夯实影响深度时，应适当提高落距，增加夯击遍数，必要时增加锤的质量或锤底的面积，再行试夯。

宜采用击实试验确定压实填土的最大干密度和最优含水率。当无试验资料时，最大干密度可按下式计算：

$$\rho_{d\max} = \eta \frac{\rho_w d_s}{1 + 0.01 w_{op} d_s}$$

式中 $\rho_{d\max}$ ——分层压实填土的最大干密度（g/cm^3）；

η ——经验系数，粉质黏土取 0.96，粉土取 0.97；

ρ_w ——水密度（g/cm^3）；

d_s ——土粒的相对密度；

w_{op} ——填料的最优含水率。

当填料为卵石或碎石时，其最大干密度可取 2.2 g/cm^3。

压实填土的填料可选用粉质黏土、级配良好的砂土或碎石土、灰土、粉煤灰、土工合成材料，或质地坚硬、性能稳定、无腐蚀性和放射性危害的工业废料等。若填料为砾石、卵石或块石时，分层压实时其粒径不宜大于200 mm，分层夯实时其粒径不宜大于 400 mm；当填料为粉质黏土或粉土时，其含水量宜为最优含水率，最优含水率可通过击实试验确定；但不得使用淤泥、耕土、冻土、膨胀性土以及有机质含量大于 5%的土作为压实填料。

压实填土的质量以压实系数 λ_c 控制。压实系数根据结构类型和压实填土受力特征按表 5.3 确定。

表 5.3　压实填土的质量控制

结构类型	填土受力特征	压实系数 λ_c	控制含水量/%
砌体承重结构和框架结构	在地基主要受力层范围内	≥0.97	$w_{op} \pm 2$
	在地基主要受力层范围以下	≥0.95	
排架结构	在地基主要受力层范围内	≥0.96	
	在地基主要受力层范围以下	≥0.94	

注：对于基础底面标高以上和地坪垫层以下的压实填土，压实系数 λ_c≥0.94。

5.6　夯实法

夯实法是指强夯法或强夯置换法。强夯法适用于处理低饱和度的粉土、黏性土、湿陷性黄土、素填土、杂填土、碎石土以及砂土等地基。强夯置换法适用于对变形要求不严的工程，地基可为高饱和度的粉土与软塑—流塑的黏性土等。强夯和强夯置换法施工前，应开展试夯或试验性施工，确定这两种施工方法的适用性和处理效果。

夯击点位置可根据基底平面形状，常采用等边三角形、等腰三角形或正方形布置。第一遍夯击点间距可取夯锤直径的 2.5 ~ 3.5 倍，第二遍夯击点位于第一遍夯击点之间。以后各遍夯击点间距均适当减小。对于处理深度较深或单击夯击能较大的工程，第一遍夯击点间距宜适当增大。

强夯处理范围应大于基础范围，每边超出基础外缘一定宽度，该宽度宜取为基底下设计处理深度的 1/2 ~ 2/3，并大于 3 m。对于可液化地基，扩大范围大于可液化土层厚度的 1/2，并大于 5 m。

5.7　振冲法

振动水冲法（简称振冲法）是利用在地基中就地振制的砂石桩快速加固松软地基的方法。该法适宜加固易于液化的砂土及黏粒含量小于 10% 的粉土地基。所谓振冲法，是利用一个内装偏心块的钢管振冲器，通过其端部射水，同时将振冲器垂直地贯入土中，到达指定深度后，利用偏心块的旋转使钢管振动，从而使地基加密，并在振冲器周围形成缝隙，再用砾石、矿渣、砂等粗粒料填入缝隙的地基加固方法。对于可液化的砂土，该法的机理是以振冲器为点振源，使振冲孔附近一定范围内的土体经受周期性剪应力而产生超孔隙水压力，暂时处于液化状态，土颗粒得到重新排列而加密。此外，碎石桩还能起排水作用，有利于加速消散地震时在砂层中产生的超孔隙水压力，进一步消除液化潜势。

振冲法的优点为：机具较简单，价格不高；砂石桩的排水效果好，无须预压，不需排水固结时间；节约材料，工期较短。但振冲法射水产生的泥浆较多，需在施工现场挖沟排除。

5.8 深层挤密法

为了挤密较大深度范围内的地基土，常采用挤密桩的方法。该法先往土中打入桩管成孔，拔出桩管后向孔中填入砂或其他材料加以捣实。其作用主要是挤密桩周围的松散土层，使桩和挤密后的土共同组成基础下的持力层，从而提高地基的强度和减小地基变形。挤密桩所用填充材料有砾石、砂、石灰、灰土以及土等，适用于含砂砾、瓦屑的杂填土地基以及含砂量较多的松散土地基。砂桩还能有效地防止松砂地基的地震液化。但是砂桩挤密不适用于饱和软土。虽然砂桩与周围土体形成的复合地基在一定程度上提高了地基强度，但是由于软土的渗透性小、灵敏度高，靠砂桩挤密软土是困难的。相反，在砂桩预制过程中，软土的天然结构遭到破坏，强度有所降低，需要较长时间才能逐渐恢复。各种材料的挤密桩中，以砂桩应用较为普遍，下面重点介绍挤密砂桩的一些情况，其他类型的挤密桩也与砂桩类同。

砂桩挤密适用于加固处理深层松砂、杂填土及黏粒含量不高的粉土。挤密砂石桩的直径一般为 0.3 ~ 1.2 m，间距较小，一般为 1.3 ~ 3.0 m，通过振动、冲击和挤密作用，被加固土层的密实度增加，抗剪强度提高，沉降减小，并且其抗液化能力得到较大的增强。

2011 年日本太平洋东海岸发生 Mw 9.0 级大地震，浦安市入船一住宅区采用了挤密砂桩法（桩径 800 mm，桩长 10 m，桩间距 2 m）和砂井排水固结法（直径 400 mm，间距 1.8 m），在地震作用下无明显震害发生，而场地周边未经地基处理的道路则出现明显的液化沉陷。浦安市今川一住宅区也发现，经挤密砂桩法（桩长 10 m，桩间距 2 m）处理的地基仅在路面交接处有少量的喷砂冒水，而周边未经地基处理的公路及停车场等出现严重的喷砂冒水现象，最大喷砂堆积厚度可达 10 cm[1]。

5.9 包裹碎石桩法（加筋碎石桩法）

包裹碎石桩（又称加筋碎石桩）是在碎石桩外围裹土工材料套筒制作而成，常用于路基、堤坝和建筑等的地基处理。依据套筒长度可将包裹碎石桩分为全长包裹碎石桩和部分包裹碎石桩。全长包裹碎石桩的套筒长度与桩长一致，部分包裹碎石桩的套筒置于桩顶部一定深度范围内。套筒材料可根据需要选用合适的土工格栅或土工布。

包裹碎石桩相比碎石桩，轴向刚度和剪切刚度均得到提高；桩外套筒的反滤作用，保留并改善了碎石桩作为排水通道的功能；套筒的约束作用，限制了碎石挤入周围土体中，易于控制施工中的碎石用量。然而，相比碎石桩，包裹碎石桩的造价提高了，宜根据地基承载力和沉降需求，选择合适的套筒长度和套筒材料，以节约成本。

目前在研究包裹碎石桩承载力、变形和破坏模式、地震动响应等方面已取得了一系列新进展。本节统计分析了静力下包裹碎石桩承载力、桩土应力比和桩身变形等方面的研究，为其设计提供一定参考。有关包裹碎石桩的抗震性能见第 7 章内容。

5.9.1 承载力研究

静力下包裹碎石桩试验数据充足，统计了多个模型试验中包裹碎石桩的容许承载力和极限承载力[2-11]，如表 5.4 所列。为了使试验结果更具推广性，将包裹碎石桩的承载力与未加固地基、碎石桩复合地基对比，使结果转化为无量纲量。由表 5.4 可知：

（1）容许承载力比（包裹碎石桩/未加固地基）为 2.5 ~ 15.11，极限承载力比（包裹碎石桩/未加固地基）为 1.1 ~ 34.6，容许承载力比和极限承载力比较大值均出现在土体抗剪强度极低的情况下。

（2）包裹碎石桩的容许承载力约为碎石桩的 1.5 ~ 8.5 倍，包裹碎石桩的极限承载力约为碎石桩的 1.1 ~ 9.4 倍。在周围土体抗剪强度较低，或土工格栅套筒刚度较大时，包裹碎石桩相比碎石桩表现出更大的强度优势。这是因为碎石桩对周围土体强度较为敏感，当周围土体抗剪强度降低时，碎石桩的承载力减小，另外，土工格栅套筒刚度的增大将有效提高包裹碎石桩的强度。

（3）对包裹碎石桩复合地基承载力存在较大影响的因素主要有土工格栅套筒模量、套筒长度、桩体长径比、桩间距、土体抗剪强度和褥垫层厚度。

Murugesan 和 Rajagopal（2009）[9]指出，加载过程中碎石桩出现明显的应变软化现象，而包裹碎石桩无明显应变软化，即使超过极限荷载，且随套筒模量的增大，桩体刚度增大，复合地基承载力增大。Ouyang 等[4]发现包裹碎石桩强度随套筒长度的增大而增大，套筒长度为 $3d$ 时，包裹碎石桩相比碎石桩的承载力增大幅度较为显著[7]。Murugesan 和 Rajagopal（2009）[9]指出，随桩径的增大，套筒的加筋效果减弱，故包裹碎石桩性能反而降低。承载力随桩间距的减小而增大，在 $2.5d$ 桩间距下，承载力提高效果较好[6]。Debnath 和 Dey（2017）指出，褥垫层的最优厚度为 0.15 ~ 0.2 倍基础直径，此时，包裹碎石桩复合地基的承载力较大。

5.9.2　桩土应力比研究

桩土应力比反映了桩体和土体对荷载的分担作用，是复合地基设计时依据的重要参数。2015年以前包裹碎石桩模型试验中一般不考虑褥垫层，对桩土应力比研究较少，近几年逐渐开始研究路堤荷载作用下或布置褥垫层时复合地基的桩土应力比。

收集汇总包裹碎石桩复合地基桩土应力比如表5.5所列[2-4, 6, 8-10, 12-16]，考虑到试验结果有限，引入部分数值计算结果。桩土应力比取为加载过程中的稳定值，或容许荷载对应值。由表可知，包裹碎石桩复合地基中桩土应力比为0.48 ~ 31，桩土应力比较大值出现在周围土体抗剪强度较小的情况下；桩土应力比较小值出现在周围土体强度较高、桩体套筒模量较小或者桩体为悬浮桩的情况下。

通过整理资料发现桩土应力比与桩体强度、周围土体抗剪强度以及褥垫层厚度均有关。Fattah等[6]指出，随桩间距的减小，或随l/d的增大，桩土应力比增大。Ouyang等[4]指出，随套筒模量的增大，或随套筒长度的增大，桩体刚度增大，桩土应力比也相应增大。

5.9.3　桩身变形研究

限于试验中难以准确测得包裹碎石桩桩身变形值，竖向荷载作用下桩身变形研究较少。收集整理已有包裹碎石桩桩身变形研究结果[2, 4, 16-22]，如表5.6所列。桩体的变形率取为极限荷载下或静载试验中所加载的最后一级荷载下的对应值，变形率按以下公式取值：

$$\varepsilon = \frac{\Delta d}{d} \tag{5.3}$$

式中：d 为桩体直径；Δd 为桩体直径变化值。

表 5.4 包裹碎石桩处理地基承载力

序号	土体不排水剪切强度/kPa	套筒在5%伸长率下抗拉强度/(kN/m)	容许承载力比(碎石桩/未加固地基)	容许承载力比(包裹碎石桩/未加固地基)	极限承载力比(碎石桩/未加固地基)	极限承载力比(包裹碎石桩/未加固地基)	文献出处	备注
1	15	1	1.86	2.86	1.3	1.5	Mehrannia 等, 2018	$l = 350$ mm, $d = 60$ mm
2	10	8.75	1.5	3.33	1.8	3.6	Debnath 和 Dey, 2017	$l = 300$ mm, $d = 50$ mm, $s = 2.5d$
3	10	8.75	1.5	4	2.3	2.5	Debnath 和 Dey, 2017	$l = 300$ mm, $d = 50$ mm, $s = 2.5d$, 砂垫层厚度 20 mm
4	10	8.75	1.5	4.87	1.8	4.5	Debnath 和 Dey, 2017	$l = 300$ mm, $d = 50$ mm, $s = 2.5d$, 砂垫层厚度 30mm
5	10	8.75	1.5	5.33	3.3	3.5	Debnath 和 Dey, 2017	$l = 300$ mm, $d = 50$ mm, $s = 2.5d$, 砂垫层厚度 40 mm
6	10	8.75	1.5	5.77	1.8	5	Debnath 和 Dey, 2017	$l = 300$ mm, $d = 50$ mm, $s = 2.5d$, 砂垫层厚度 60 mm
7	10	8.75	1.5	6.1	4.3	4.5	Debnath 和 Dey, 2017	$l = 300$ mm, $d = 50$ mm, $s = 2.5d$, 砂垫层厚度 80 mm
8	10	8.75	1.5	7.67	4.3	10.5	Debnath 和 Dey, 2017	$l = 300$ mm, $d = 50$ mm, $s = 2.5d$, 加筋砂垫层厚度 30 mm
9	3.4	4.75	1.5	7	5.3	9.6	Ouyang 等, 2017	$d = 10$ cm, $l = 65$ cm
10	3.4	10	1.5	2.5	2.3	3.1	Ouyang 等, 2017	$d = 10$cm, $l = 65$ cm, $l_{esc} = 4d$
11	3.4	10	1.5	11	2.3	13.5	Ouyang 等, 2016	$d = 10$ cm, $l = 65$cm
12	12	24	—	—	4.1	5.7	Demir 和 Sarici, 2017	—
13	10	0.39	—	—	1.2	1.3	Fattah 等, 2016	$d = 70$ mm, $H_d = 200$ mm, $l/d = 5$, 悬浮桩, $s = 2.5d$

序号	土体不排水剪切强度/kPa	套筒在5%伸长率下抗拉强度/(kN/m)	容许承载力比(碎石桩/未加固地基)	容许承载力比(包裹碎石桩/未加固地基)	极限承载力比(碎石桩/未加固地基)	极限承载力比(包裹碎石桩/未加固地基)	文献出处	备注
14	10	0.39	—	—	1.1	1.2	Fattah 等, 2016	$d = 70$ mm，$H_d = 200$ mm，$l/d = 5$，悬浮桩，$s = 3d$
15	10	0.39	—	—	1	1.1	Fattah 等, 2016	$d = 70$ mm，$H_d = 200$ mm，$l/d = 5$，悬浮桩，$s = 4d$
16	10	0.39	—	—	1.2	1.4	Fattah 等, 2016	$d = 70$ mm，$H_d = 200$ mm，$l/d = 8$，端承桩，$s = 2.5d$
17	10	0.39	—	—	1.1	1.2	Fattah 等, 2016	$d = 70$ mm，$H_d = 200$ mm，$l/d = 8$，端承桩，$s = 3d$
18	10	0.39	—	—	1.1	1.2	Fattah 等, 2016	$d = 70$mm，$H_d = 200$mm，$l/d = 8$，端承桩，$s = 4d$
19	10	0.39	—	—	1.3	1.4	Fattah 等, 2016	$d = 70$ mm，$H_d = 250$ mm，$l/d = 5$，悬浮桩，$s = 2.5d$
20	10	0.39	—	—	1.3	1.3	Fattah 等, 2016	$d = 70$ mm，$H_d = 250$ mm，$l/d = 5$，悬浮桩，$s = 3d$
21	10	0.39	—	—	1.2	1.2	Fattah 等, 2016	$d = 70$ mm，$H_d = 250$ mm，$l/d = 5$，悬浮桩，$s = 4d$
22	10	0.39	—	—	1.4	1.6	Fattah 等, 2016	$d = 70$ mm，$H_d = 250$ mm，$l/d = 8$，端承桩，$s = 2.5d$
23	10	0.39	—	—	1.3	1.5	Fattah 等, 2016	$d = 70$ mm，$H_d = 250$ mm，$l/d = 8$，端承桩，$s = 3d$
24	10	0.39	—	—	1.2	1.3	Fattah 等, 2016	$d = 70$ mm，$H_d = 250$ mm，$l/d = 8$，端承桩，$s = 4d$
25	10	0.39	—	—	1.5	1.6	Fattah 等, 2016	$d = 70$ mm，$H_d = 300$ mm，$l/d = 5$，悬浮桩，$s = 2.5d$
26	10	0.39	—	—	1.4	1.6	Fattah 等, 2016	$d = 70$ mm，$H_d = 300$ mm，$l/d = 5$，悬浮桩，$s = 3d$
27	10	0.39	—	—	1.3	1.4	Fattah 等, 2016	$d = 70$ mm，$H_d = 300$ mm，$l/d = 5$，悬浮桩，$s = 4d$
28	10	0.39	—	—	1.7	1.8	Fattah 等, 2016	$d = 70$ mm，$H_d = 300$ mm，$l/d = 8$，端承桩，$s = 2.5d$

续表

序号	土体不排水剪切强度/kPa	套筒在5%伸长率下抗拉强度/(kN/m)	容许承载力比(碎石桩/未加固地基)	容许承载力比(包裹碎石桩/未加固地基)	极限承载力比(碎石桩/未加固地基)	极限承载力比(包裹碎石桩/未加固地基)	文献出处	备注
29	10	0.39	—	—	1.5	1.7	Fattah 等，2016	$d = 70$ mm，$H_d = 300$ mm，$l/d = 8$，端承桩，$s = 3d$
30	10	0.39	—	—	1.4	1.6	Fattah 等，2016	$d = 70$ mm，$H_d = 300$ mm，$l/d = 8$，端承桩，$s = 4d$
31	3.4	20	—	—	1.1	1.7	Gu 等，2015	$d = 200$ mm，$l_{esc} = 2d$，复合地基
32	3.4	20	—	—	3.8	6	赵明华等，2014	$d = 200$ mm，$l_{esc} = 2d$
33	2.5	0.3	1.78	15.11	2	18.8	Murugesan 和 Rajagopal，2009	$d = 50$ mm，$l = 600$ mm
34	2.5	0.3	2.22	9.11	2.5	12.4	Murugesan 和 Rajagopal，2009	$d = 75$ mm，$l = 600$ mm
35	2.5	0.3	2.44	7.11	3	9	Murugesan 和 Rajagopal，2009	$d = 100$ mm，$l = 600$ mm
36	2.5	0.75	1.78	12.67	2	18.8	Murugesan 和 Rajagopal，2009	$d = 50$ mm，$l = 600$ mm
37	2.5	0.75	2.22	9.11	2.5	13.4	Murugesan 和 Rajagopal，2009	$d = 75$ mm，$l = 600$ mm
38	2.5	0.75	2.44	6	3	11	Murugesan 和 Rajagopal，2009	$d = 100$ mm，$l = 600$ mm
39	2.5	0.1	2.22	5.91	2.5	7.6	Murugesan 和 Rajagopal，2009	$d = 75$ mm，$l = 600$ mm
40	2.5	0.2	2.22	7.11	2.5	9.2	Murugesan 和 Rajagopal，2009	$d = 75$ mm，$l = 600$ mm
41	2.5	0.3	2.22	9.11	2.5	12.4	Murugesan 和 Rajagopal，2009	$d = 75$ mm，$l = 600$ mm
42	2.5	0.75	2.22	9.11	2.5	13.4	Murugesan 和 Rajagopal，2009	$d = 75$ mm，$l = 600$ mm
43	5	4.8（2%应变下）	—	—	1.6	4.7	Joel Gniel 和 Abdelmalek Bouazza，2009	$l_{esc} = 75\% l$，$d = 51$ mm

续表

序号	土体不排水剪切强度 /kPa	套筒在5%伸长率下抗拉强度 /(kN/m)	容许承载力比(碎石桩/未加固地基)	容许承载力比(包裹碎石桩/未加固地基)	极限承载力比(碎石桩/未加固地基)	极限承载力比(包裹碎石桩/未加固地基)	文献出处	备注
44	2.5	0.77	—	—	5.7	34.6	Murugesan 和 Rajagopal, 2007	$d = 75$ mm，$l = 500$ mm，支承于坚硬土层上
45	2.5	0.57	—	—	5.7	25.1	Murugesan 和 Rajagopal, 2007	$d = 75$ mm，$l = 500$ mm，支承于坚硬土层上
46	2.5	0.18	—	—	5.7	21.4	Murugesan 和 Rajagopal, 2007	$d = 75$ mm，$l = 501$ mm，支承于坚硬土层上
47	2.5	0.09	—	—	5.7	18	Murugesan 和 Rajagopal, 2007	$d = 75$ mm，$l = 502$ mm，支承于坚硬土层上

表 5.5 包裹碎石桩复合地基桩土应力比

序号	土体不排水剪切强度 /kPa	套筒在5%伸长率下抗拉强度 /(kN/m)	碎石桩桩土应力比	包裹碎石桩桩土应力比	文献出处	备注
1	3.4	4.75	5	23	Ouyang 等, 2017	$l = 65$ cm，$d = 10$ cm
2	3.4	10	5	31	Ouyang 等, 2017	$l = 65$ cm，$d = 10$ cm
3	3.4	10	5	12	Ouyang 等, 2017	$l = 65$ cm，$d = 10$ cm，$l_{esc} = 4d$
4	10	8.75	2	3.2	Debnath 和 Dey, 2017	$l = 300$ mm，$d = 50$ mm，$s = 2.5d$
5	10	8.75	2	3.2	Debnath 和 Dey, 2017	$l = 300$ mm，$d = 50$ mm，$s = 2.5d$，砂垫层厚 40 mm
6	10	8.75	2	4	Debnath 和 Dey, 2017	$l = 300$ mm，$d = 50$ mm，$s = 2.5d$，加筋砂土垫层厚 30 mm
7	12	31	3～6	11～25	Miranda 等, 2016	—
8	10	0.39	—	0.94	Fattah 等, 2016	$d = 70$ mm，$l/d = 5$，$s = 2.5d$，$H_d = 200$ mm，悬浮桩
9	10	0.39	—	0.73	Fattah 等, 2016	$d = 70$ mm，$l/d = 5$，$s = 3d$，$H_d = 200$ mm，悬浮桩
10	10	0.39	—	0.48	Fattah 等, 2016	$d = 70$ mm，$l/d = 5$，$s = 4d$，$H_d = 200$ mm，悬浮桩
11	10	0.39	—	1.15	Fattah 等, 2016	$d = 70$ mm，$l/d = 8$，$s = 2.5d$，$H_d = 200$ mm，端承桩

续表

序号	土体不排水剪切强度 /kPa	套筒在5%伸长率下抗拉强度/（kN/m）	碎石桩桩土应力比	包裹碎石桩桩土应力比	文献出处	备注
12	10	0.39	—	0.9	Fattah 等，2016	$d=70$ mm，$l/d=8$，$s=3d$，$H_d=200$ mm，端承桩
13	10	0.39	—	0.6	Fattah 等，2016	$d=70$ mm，$l/d=8$，$s=4d$，$H_d=200$ mm，端承桩
14	10	0.39	—	1.47	Fattah 等，2016	$d=70$ mm，$l/d=5$，$s=2.5d$，$H_d=250$ mm，悬浮桩
15	10	0.39	—	1.15	Fattah 等，2016	$d=70$ mm，$l/d=5$，$s=3d$，$H_d=250$ mm，悬浮桩
16	10	0.39	—	0.65	Fattah 等，2016	$d=70$ mm，$l/d=5$，$s=4d$，$H_d=250$ mm，悬浮桩
17	10	0.39	—	2.2	Fattah 等，2016	$d=70$mm，$l/d=8$，$s=2.5d$，$H_d=250$ mm，端承桩
18	10	0.39	—	1.4	Fattah 等，2016	$d=70$mm，$l/d=8$，$s=3d$，$H_d=250$ mm，端承桩
19	10	0.39	—	1	Fattah 等，2016	$d=70$mm，$l/d=8$，$s=4d$，$H_d=250$ mm，端承桩
20	10	0.39	—	2.1	Fattah 等，2016	$d=70$mm，$l/d=5$，$s=2.5d$，$H_d=300$ mm，悬浮桩
21	10	0.39	—	1.5	Fattah 等，2016	$d=70$mm，$l/d=5$，$s=3d$，$H_d=300$ mm，悬浮桩
22	10	0.39	—	0.9	Fattah 等，2016	$d=70$ mm，$l/d=5$，$s=4d$，$H_d=300$ mm，悬浮桩
23	10	0.39	—	3.6	Fattah 等，2016	$d=70$ mm，$l/d=8$，$s=2.5d$，$H_d=300$ mm，端承桩
24	10	0.39	—	2	Fattah 等，2016	$d=70$ mm，$l/d=8$，$s=3d$，$H_d=300$ mm，端承桩
25	10	0.39	—	1.3	Fattah 等，2016	$d=70$ mm，$l/d=8$，$s=4d$，$H_d=300$ mm，端承桩
26	3.4	20	9	13	赵明华等，2014	$d=200$ mm，$l_{esc}=2d$
27	顶部黏土层 15 kPa	95	—	2.1	Almeida 等，2014	原位试验，$l=11$ m，$d=80$ cm，$s=2$ m，正方形模式布桩
28	6.04	0.2	4.36	4.62	段园煜，2012	—
29	2.5	0.75	2	4.8	Murugesan 和 Rajagopal，2009	$l=600$ mm，$d=50$ mm
30	2.5	0.6	2	4.8	Murugesan 和 Rajagopal，2009	$l=600$ mm，$d=50$ mm
31	5	4.8（2%应变下）	2～3	>10	Gniel 和 Bouazza，2009	$d=51$ mm，$l_{esc}=75\%l$
32	61	—	—	4.5	Lee 等，2008	原位模型，$d=0.8$ m，$l_{esc}=3d$

表 5.6　沿桩身最大径向变形

序号	土体不排水剪切强度 /kPa	5%伸长率下套筒拉力 /(kN/m)	桩体最大鼓胀所在位置 /d	碎石桩桩径最大变形率 /%	包裹碎石桩桩径变形率 /%	套筒抗拉强度 /(kN/m)	套筒破坏变形率 /%	破坏模式	文献出处	备注
1	3.4	4.75	2 ~ 3	14	7	11	22	向上刺入破坏	Ouyang 等，2017	$l = 65$ cm，$d = 10$ cm
2	3.4	10	2 ~ 4	14	4.4	43	25	向上刺入破坏	Ouyang 等，2017	$l = 65$ cm，$d = 10$ cm
3	3.4	10	4 ~ 5 （套筒之下）	14	4.4	43	25	套筒下鼓胀剪切破坏	Ouyang 等，2017	$l = 65$ cm，$d = 10$ cm，$l_{esc} = 4d$
4	10	8.75	2.84	14	8	12	24	鼓胀和挠曲变形	Debnath 和 Dey，2017	$l = 30$ cm，$d = 5$ cm，$s = 2.5d$
5	10	8.75	3.2	14	6	12	24	鼓胀和挠曲变形	Debnath 和 Dey，2017	$l = 30$ cm，$d = 5$ cm，$s = 2.5d$，砂垫层厚度 40 mm
6	10	8.75	3.68	14	3	12	24	鼓胀和挠曲变形	Debnath 和 Dey，2017	$l = 30$ cm，$d = 5$ cm，$s = 2.5d$，加筋砂垫层厚度 30 mm
7	<5	2.5	2		11.34	100	6	桩顶剪破	Alkhorshid，2017	$l = 40$ cm，$d = 15$ cm
8	<5	1.1	2	—	11.95	55	15	桩顶剪破	Alkhorshid，2017	$l = 40$ cm，$d = 15$ cm
9	<5	1	2	—	12.53	35	15	桩顶剪破	Alkhorshid，2017	$l = 40$ cm，$d = 15$ cm
10	—	25.4	—	—	6.5	40	10	剪切破坏	Gu 等，2017	单轴压缩
11	1.25 ~ 1.36	0.15	1.5	28.1	27.1	0.26	13	—	Hong 等，2016	$l = 25$ cm，$d = 5$ cm
12	1.25 ~ 1.36	0.3	1.5	28.1	15.8	0.75	45	—	Hong 等，2016	$l = 25$ cm，$d = 5$ cm
13	1.25 ~ 1.36	0.5	1.5	28.1	18.7	7.42	49	—	Hong 等，2016	$l = 25$ cm，$d = 5$ cm
14	1.25 ~ 1.36	0.025	1.5	28.1	29.1	0.05	25	—	Hong 等，2016	$l = 25$ cm，$d = 5$ cm
15	1.25 ~ 1.36	0.3	1.75	28.1	13.1	0.25	92	—	Hong 等，2016	$l = 25$ cm，$d = 5$ cm
16	5	—	0.8	—	27	2.45	—	—	Dash 和 Bora，2013	$l_{esc} = 1d$，悬浮桩
17	5	—	3.5	—	16	2.45	—	—	Dash 和 Bora，2013	$l_{esc} = 3d$，悬浮桩
18	61	—	3 ~ 4 （套筒之下）	—	1.16	100	—	套筒下鼓胀剪切破坏	Lee 等，2008	原位模型，$d = 80$ cm，$l_{esc} = 3d$

注：l——桩长；d——桩径；l_{esc}——套筒长度；s——桩间距；H_d——堤坝高度。

由表 5.6 可知：

（1）对于全长包裹碎石桩，沿桩身最大变形发生于（1.5~4）d 深度。随套筒模量的增大，沿桩身最大鼓胀位置呈现出下移的趋势。对于部分包裹碎石桩，沿桩身最大变形发生于套筒之下。

（2）在极限荷载下，碎石桩桩径最大径向变形一般大于包裹碎石桩的，甚至可达后者的 4.7 倍。定义套筒拉力余度为套筒破坏应变与桩体破坏时套筒发挥应变之比，注意应变与变形率在数值上相等。一般在套筒拉力余度较大的情况下，全长包裹碎石桩和碎石桩破坏时的径向变形差异大。

（3）对于部分包裹碎石桩，可能发生套筒下桩体鼓胀剪切破坏。对于全长包裹碎石桩，可能发生向上刺入破坏、鼓胀和挠曲变形或桩顶剪切破坏。

（4）当套筒拉力余度较大时，包裹碎石桩呈现出刚性桩的性质，表现为向上刺入破坏，或挠曲变形；而当套筒拉力余度较小时，包裹碎石桩可能发生鼓胀剪切破坏。然而，如何在尽可能提高包裹碎石桩复合地基承载力的基础上，减小套筒拉力余度，减小套筒刚度，节约工程造价，还有待进一步定量的探讨。

参考文献

[1] 黄雨, 于森, BHATTACHARYA SUBHAMOY. 2011 年日本东北地区太平洋近海地震地基液化灾害综述[J]. 岩土工程学报, 2013, 35（5）: 834-840.

[2] DEBNATH P, DEY A K. Bearing capacity of geogrid reinforced sand over encased stone columns in soft clay[J]. Geotextiles and Geomembranes, 2017, 45(6): 653-664.

[3] 欧阳芳, 张建经, 付晓, 等. 包裹碎石桩承载特性试验研究[J]. 岩土力学, 2016, 37（7）: 1929-1936.

[4] OUYANG FANG, ZHANG JIANJING, FU XIAO, et al. Experimental analysis of bearing behavior of geosynthetic encased stone columns[J]. Rock and Soil Mechanics, 2016, 37(7): 1929-1936.

[5] OUYANG F, ZHANG J J, LIAO W M, et al. Characteristics of the stress and deformation of geosynthetic-encased stone column composite ground based on large-scale model tests[J]. Geosynthetics International, 2016, 24(3): 242-254.

[6] DEMIR A, SARICI T. Bearing capacity of footing supported by geogrid encased stone columns on soft soil[J]. Geomechanics and Engineering, 2017, 12(3): 417-439.

[7] FATTAH M Y, ZABAR B S, HASSAN H A. Experimental analysis of embankment

on ordinary and encased stone columns[J]. International Journal of Geomechanics, 2016, 16(4): 04015102.

[8] GU M, ZHAO M, ZHANG L, et al. Effects of geogrid encasement on lateral and vertical deformations of stone columns in model tests[J]. Geosynthetic International, 2015, 23(2): 100-112.

[9] 赵明华, 顾美湘, 张玲, 等. 竖向土工加筋体对碎石桩承载变形影响的模型试验研究[J]. 岩土工程学报, 2014, 36(9): 1587-1593.

[10] ZHAO MINGHUA, GU MEIXIANG, ZHANG LING, et al. Model tests on influence of vertical geosynthetic- encasement on performance of stone columns[J]. Chinese Journal of Geotechnical Engineering, 2014, 36(9): 1587-1593.

[11] MURUGESAN S, RAJAGOPAL K. Studies on the behavior of single and group of geosynthetic encased stone columns[J]. Journal of Geotechnical and Geoenvironmental Engineering, 2009, 136(1): 129-139.

[12] GNIEL J, BOUAZZA A. Improvement of soft soils using geogrid encased stone columns[J]. Geotextiles and Geomembranes, 2009, 27: 167-175.

[13] MURUGESAN S, RAJAGOPAL K. Model tests on geosynthetic-encased stone columns[J]. Geosynthetics International, 2007, 14(6): 346–354.

[14] MEHRANNIA N, NAZARIAFSHAR J, KALANTARY F. Experimental investigation on the bearing capacity of stone columns with granular blankets[J]. Geotechnical and Geological Engineering, 2018, 36(1): 209-222.

[15] MIRANDA M, DA COSTA A. Laboratory analysis of encased stone columns[J]. Geotextiles and Geomembranes, 2016, 44(3): 269-277.

[16] ALMEIDA M S S, HOSSEINPOUR I, RICCIO M, et al. Behavior of geotextile-encased granular columns supporting test embankment on soft deposit[J]. Journal of Geotechnical and Geoenvironmental Engineering, 2014: 1-9.

[17] 段园煜. 土工袋装桩桩型复合地基受力变形特性研究[D]. 杭州：浙江大学, 2012.

[18] LEE D, YOO C, PARK S, et al. Field load tests of geogrid encased stone columns in soft ground[C]//Proceedings of Eighteenth International Offshore and Polar Engineering Conference, Vancouver, BC, Canada, 2008: 6-11.

[19] ALKHORSHID N R. Analysis of geosynthetic encased columns in very soft soil[D]. Brasilia: University of Brasilia Faculty of Technology, 2017.

[20] GU M, HAN J, ZHAO M. Three-dimensional discrete-element method analysis of stresses and deformations of a single geogrid-encased stone column[J]. International Journal of Geomechanics, 2017, 17(9): 04017070.

[21] HONG Y S, WU C S, YU Y S. Model tests on geotextile-encased granular columns under 1-g and undrained conditions[J]. Geotextiles and Geomembranes, 2016, 44(1): 13-27.

[22] DASH S K, BORA M C. Influence of geosynthetic encasement on the performance of stone columns floating in soft clay[J]. Canadian Geotechnical Journal, 2013, 50(7): 754-765.

6 深厚软土场地大型振动台模型试验研究

6.1 深厚软土场地概述

随着世界各国经济的迅猛发展，地球人口呈指数级增长，交通拥堵、环境恶化等问题日益突出。特别是在我国，人口基数大，人均可耕地面积少，且我国的城镇化水平刚超过 50%，目前正在迅速提升，城镇的发展与可耕地之间的矛盾更加突出。但工程技术水平的提高使人类能够向海洋要空间，在各沿海国家或地区各类近海工程 —— 海上人工岛、跨海大桥等如雨后春笋般涌现，例如我国香港国际机场人工岛和澳门国际机场人工岛、日本关西国际机场人工岛、世界著名的迪拜朱美拉棕榈岛等。

我国沿海地区的人工岛建设也进行得如火如荼，如具有代表性的港珠澳大桥工程。该工程包括三大板块 —— 海中桥隧、口岸、连接线，如图 6.1 所示。

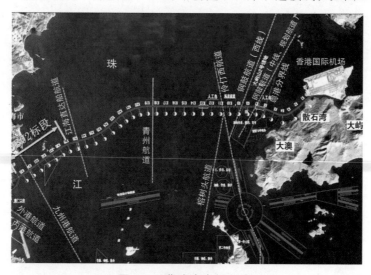

图 6.1　港珠澳大桥示意

6.1.1　海中桥隧

　　海中桥隧总长 35.6 km，工程起点位于香港大屿山，接香港口岸，穿过铜鼓、九洲等航道，终止于珠澳口岸人工岛。其可进一步分为主体工程和香港段。其中：主体工程从粤港分界线起，到珠澳口岸人工岛止，全长约 29.6 km；香港段自香港石散石湾起，终于粤港分界线，总长度约 6 km。

　　主体工程为桥隧组合方案，其中隧道段长约 6.7 km，如图 6.1 中虚线所示，剩余路段约 22.9 km，采用桥梁方案。为实现桥隧转换，隧道两端分别填筑一个海中人工岛，西侧人工岛东边缘距东侧人工岛西边缘约5.250 km。

　　西人工岛位于接近珠海一侧，东人工岛接近香港一侧。西人工岛的西侧与连接珠海和澳门的跨海桥梁相连，东侧通过隧道与东人工岛相接，东人工岛的东侧与通往香港的跨海大桥相连。西人工岛从空中看宛如一个"蚝贝"，长 625 m，最宽处 183 m，填筑岛区水深约 8.0 m。东人工岛平面形似椭圆，长 625 m，最宽处 215 m，岛域水深约 10.0 m。

　　两个人工岛均是先挖出部分海底淤泥质土，再用钢圆筒及副格插入持力层形成围闭岛体，钢圆筒直径 22.0 m，壁厚 16 mm，高 40.5～50.5 m 不等，单个质量达 500 多吨，西岛 61 个，东岛 59 个。岛外采用挤密砂桩进行软弱地基处理，用抛石形成斜坡堤作为岛壁，岛内和筒内吹填中粗砂至标高后进行陆上施打塑料排水板+降水井联合堆载预压方案对岛屿进行大超载比预压，再进行振冲密实处理，故岛体土层从上到下依次为基岩、淤泥质黏土层、中粗砂。一般情况下，在我国近海海域，淤泥质黏土层等软弱土层较厚，人工岛施工采用换填等完全挖除淤泥质土的方法将对海洋生态环境造成极大的破坏，同时工程量也是惊人的。一般的人工岛施工方法仅采用部分换填淤泥质土，因此就形成了人工岛场地的典型地层剖面——坚硬土层、淤泥质黏土层、中粗砂，本书统称其为"典型人工岛场地"，实际上其是一种软弱夹层场地，唯一不同的是典型人工岛场地是一种饱和软弱夹层场地。

6.1.2　口　岸

　　口岸为"三地三检"模式。香港口岸设在香港国际机场附近水域填海形成的人工岛上，面积约 1.3 km^2；珠海口岸和澳门设置在同一个人工岛上，该人工岛在澳门明珠点附近水域填海而成，总面积大约 2.08 km^2。

复合地基地震响应及抗震设计方法

6.1.3　连接线

港珠澳各方连接线,由各方自建,将港珠澳大桥工程与各方主干交通相连。

本章选取我国位于高烈度区的某人工岛工程,以其为工程原型,开展大型振动台试验研究。大型振动台试验研究的目的主要有 3 个:

一是研究典型人工岛场地在地震作用下的动力响应规律,从而为我国高烈度区深厚软弱土地基处理提供有益的参考。

二是研究典型人工岛场地在运行若干年后(地下水位上升后)有无震陷可能性,若有震陷可能性,则研究震陷量如何,在此基础上研究桥-岛、岛-隧连接处的变形协调问题,为提出桥、岛、隧之间过渡段的合理结构形式打下基础。

三是为今后振动台模型试验设计和数据处理提供一定参考。

6.2　振动台模型试验相似设计

理论分析、数值模拟和试验研究是人类探索未知的主要手段。试验研究又包括原型试验和模型试验,其中一些研究问题由于受诸多限制,其原型试验难以开展,这时就不得不采用模型试验。模型与原型相比,尺寸一般较小,有制作简单,拆装方便,节省资金、人力和时间等诸多优点。模型试验的目的是通过便于实现的模型试验结果来深入认识实际问题,这就要求模型与原型之间必须有一定的联系、满足一定的关系,从而使模型试验的结果能够推广至原型。此关系就是相似条件,该相似条件建立在模型相似三定理基础之上。

6.2.1　相似三定理

相似第一定律:相似现象的相似准则相等,相似指标等于1,且单值条件相似。

相似第一定理阐述了相似现象具有的性质。单值条件是指一种现象区别于同类其他现象的个性化特征,如表征物体形状和大小的几何条件、表征研究对象物理性质的物理条件、表征物体表面所受约束情况的边界条件以及表征研究对象起始时刻特征的初始条件。以二维场地地震反应分析为例,场地的形状和尺寸即为几何条件,场地土体的物理力学参数等是其物理条件,场地与周围土体的接触即为边界条件,而场地在其初始状态的加速度、速度等则是其初始条件。

相似第二定理(π定理):如果现象相似,则描述该现象的各种参量之间的关系可转换为相似准则之间的函数。

因为相似准则是无量纲量，故描述相似现象的相似方程：

$$f(a_1, a_2, a_3, \cdots, a_k, a_{k+1}, a_{k+2}, \cdots, a_n) = 0 \qquad (6.1)$$

可转换为无量纲的相似准则方程：

$$F(\pi_1, \pi_2, \cdots, \pi_{n-k}) = 0 \qquad (6.2)$$

式中：a_1、a_2、a_3、$\cdots$、a_k 是基本量；a_{k+1}、a_{k+2}、$\cdots$、a_n 是导出量。由此可见，相似准则有 $(n-k)$ 个。

相似第二定理实际上是模型试验结果推广至原型的理论依据。

相似第三定理：若两个现象能被相同文字的关系式所描述，且单值条件相似，同时由此单值条件所组成的相似准则相等，则这两个现象相似。

相似第一定理和第二定理阐述了相似现象具有的性质，并为相似模型试验结果的推广提供了依据。相似第三定理给出了两现象相似的条件，亦即什么情况下两现象才是相似的。模型与原型之间只有百分之百符合相似第三定理的要求，二者才可以说是相似的。但在实际运用中，做到这点是很困难的，甚至是不可能的。这就需要我们对研究对象的特征进行分析，明确哪些特征是对拟研究问题有重大影响的因素，哪些特征是对拟研究问题影响相对较小的因素，抓住主要矛盾，使其得以满足相似条件，这样做才能够保证主要因素间的相似关系，故其研究结果的精度一般可满足工程实际要求。因而，模型试验成功与否，关键在于影响因素的合理选取。

6.2.2　相似准则的推导方法

在进行模型试验相似设计以及试验结果整理推广时，均需求得所研究现象的相似准则。求导相似准则的方法很多，本节仅介绍最常用的 3 种。

6.2.2.1　方程分析法

方程分析法是推导相似准则较为常用的一种方法，其原理为基于研究对象的平衡方程等基本方程以及初始条件、边界条件、物理方程、几何方程等单值条件等来推导研究现象的相似准则。其基本步骤如下：

（1）列出描述现象的基本微分方程及全部单值条件。

（2）列出相似常数表达式。

（3）将相似常数表达式代入方程组，进而求得相似指标。

（4）把相似常数代入相似指标表达式，求得相似准则。

下面以地质力学模型试验相似关系的推导为例，来说明方程分析法的具体过程：

首先，列出描述研究对象的平衡方程及初始条件、边界条件、几何方程、物理方程等单值条件。本文 L 为长度，γ 为容重，δ 为位移，σ 为应力，ε 为应变，σ^{t} 为抗拉强度，σ^{c} 为抗压强度，c 为黏聚力，φ 为摩擦角，u 为泊松比，f 为摩擦系数，X 为体积力，$\bar{X}$ 为面力。

原型平衡方程：

$$
\begin{cases}
\left(\dfrac{\partial \sigma_x}{\partial x}\right)_p + \left(\dfrac{\partial \tau_{yx}}{\partial y}\right)_p + \left(\dfrac{\partial \tau_{zx}}{\partial z}\right)_p + X_p = 0 \\[3mm]
\left(\dfrac{\partial \sigma_y}{\partial y}\right)_p + \left(\dfrac{\partial \tau_{zy}}{\partial z}\right)_p + \left(\dfrac{\partial \tau_{xy}}{\partial x}\right)_p + Y_p = 0 \\[3mm]
\left(\dfrac{\partial \sigma_z}{\partial z}\right)_p + \left(\dfrac{\partial \tau_{xz}}{\partial x}\right)_p + \left(\dfrac{\partial \tau_{yz}}{\partial y}\right)_p + Z_p = 0
\end{cases}
\tag{6.3}
$$

模型平衡方程：

$$
\begin{cases}
\left(\dfrac{\partial \sigma_x}{\partial x}\right)_m + \left(\dfrac{\partial \tau_{yx}}{\partial y}\right)_m + \left(\dfrac{\partial \tau_{zx}}{\partial z}\right)_m + X_m = 0 \\[3mm]
\left(\dfrac{\partial \sigma_y}{\partial y}\right)_m + \left(\dfrac{\partial \tau_{zy}}{\partial z}\right)_m + \left(\dfrac{\partial \tau_{xy}}{\partial x}\right)_m + Y_m = 0 \\[3mm]
\left(\dfrac{\partial \sigma_z}{\partial z}\right)_m + \left(\dfrac{\partial \tau_{xz}}{\partial x}\right)_m + \left(\dfrac{\partial \tau_{yz}}{\partial y}\right)_m + Z_m = 0
\end{cases}
\tag{6.4}
$$

原型几何方程：

$$
\begin{cases}
(\varepsilon_x)_p = \left(\dfrac{\partial u}{\partial x}\right)_p \\[3mm]
(\varepsilon_y)_p = \left(\dfrac{\partial v}{\partial y}\right)_p \\[3mm]
(\varepsilon_z)_p = \left(\dfrac{\partial w}{\partial z}\right)_p \\[3mm]
(\gamma_{xy})_p = \left(\dfrac{\partial v}{\partial x}\right)_p + \left(\dfrac{\partial u}{\partial y}\right)_p \\[3mm]
(\gamma_{yz})_p = \left(\dfrac{\partial w}{\partial y}\right)_p + \left(\dfrac{\partial v}{\partial z}\right)_p \\[3mm]
(\gamma_{zx})_p = \left(\dfrac{\partial u}{\partial z}\right)_p + \left(\dfrac{\partial w}{\partial x}\right)_p
\end{cases}
\tag{6.5}
$$

模型几何方程：

$$\begin{cases} (\varepsilon_x)_m = \left(\dfrac{\partial u}{\partial x}\right)_m \\[2mm] (\varepsilon_y)_m = \left(\dfrac{\partial v}{\partial y}\right)_m \\[2mm] (\varepsilon_z)_m = \left(\dfrac{\partial w}{\partial z}\right)_m \\[2mm] (\gamma_{xy})_m = \left(\dfrac{\partial u}{\partial y}\right)_m + \left(\dfrac{\partial v}{\partial x}\right)_m \\[2mm] (\gamma_{yz})_m = \left(\dfrac{\partial v}{\partial z}\right)_m + \left(\dfrac{\partial w}{\partial y}\right)_m \\[2mm] (\gamma_{zx})_m = \left(\dfrac{\partial u}{\partial z}\right)_m + \left(\dfrac{\partial w}{\partial x}\right)_m \end{cases} \qquad (6.6)$$

原型物理力学方程：

$$\begin{cases} (\varepsilon_x)_p = \dfrac{1}{E_p}[\sigma_x - u(\sigma_y + \sigma_z)]_p \\[2mm] (\varepsilon_y)_p = \dfrac{1}{E_p}[\sigma_y - u(\sigma_x + \sigma_z)]_p \\[2mm] (\varepsilon_z)_p = \dfrac{1}{E_p}[\sigma_z - u(\sigma_x + \sigma_y)]_p \\[2mm] (\gamma_{yz})_p = \left(\dfrac{2(1+u)}{E}\tau_{yz}\right)_p \\[2mm] (\gamma_{zx})_p = \left(\dfrac{2(1+u)}{E}\tau_{zx}\right)_p \\[2mm] (\gamma_{xy})_p = \left(\dfrac{2(1+u)}{E}\tau_{xy}\right)_p \end{cases} \qquad (6.7)$$

模型物理力学方程：

$$
\begin{cases}
(\varepsilon_x)_m = \dfrac{1}{E_m}[\sigma_x - u(\sigma_y + \sigma_z)]_m \\[2mm]
(\varepsilon_y)_m = \dfrac{1}{E_m}[\sigma_y - u(\sigma_x + \sigma_z)]_m \\[2mm]
(\varepsilon_z)_m = \dfrac{1}{E_m}[\sigma_z - u(\sigma_x + \sigma_y)]_m \\[2mm]
(\gamma_{yz})_m = \left(\dfrac{2(1+u)}{E}\tau_{yz}\right)_m \\[2mm]
(\gamma_{zx})_m = \left(\dfrac{2(1+u)}{E}\tau_{zx}\right)_m \\[2mm]
(\gamma_{xy})_m = \left(\dfrac{2(1+u)}{E}\tau_{xy}\right)_m
\end{cases}
\tag{6.8}
$$

其次，列出相似常数表达式，相似常数即为原型（p）的某一物理量除以模型（m）相对应物理量所得的商，用符号 C 表示。则相似常数表达式如下：

几何相似常数：$C_L = \dfrac{\delta_p}{\delta_m} = \dfrac{L_p}{L_m}$

应力相似常数：$C_\sigma = \dfrac{(\sigma^t)_p}{(\sigma^t)_m} = \dfrac{(\sigma^c)_p}{(\sigma^c)_m} = \dfrac{c_p}{c_m}$

应变相似常数：$C_\varepsilon = \dfrac{\varepsilon_p}{\varepsilon_m}$

位移相似常数：$C_\delta = \dfrac{\delta_p}{\delta_m} = \dfrac{L_p}{L_m}$

弹性模量相似常数：$C_E = \dfrac{E_p}{E_m}$

泊松比相似常数：$C_u = \dfrac{u_p}{u_m}$

边界面力相似常数：$C_{\overline{X}} = \dfrac{\overline{X}_p}{\overline{X}_m}$

体积力相似常数：$C_X = \dfrac{X_p}{X_m}$

材料容重相似常数：$C_\gamma = \dfrac{\gamma_p}{\gamma_m}$

摩擦系数相似常数：$C_f = \dfrac{f_p}{f_m}$

摩擦角相似常数：$C_\varphi = \dfrac{\varphi_p}{\varphi_m}$

再次，将相似常数表达式代入方程组，进而求得相似指标。

代入模型平衡方程（6.4）得：

$$\begin{cases} \left(\dfrac{\partial \sigma_x}{\partial x}\right)_m + \left(\dfrac{\partial \tau_{yx}}{\partial y}\right)_m + \left(\dfrac{\partial \tau_{zx}}{\partial z}\right)_m + \dfrac{C_\gamma C_L}{C_\sigma} X_m = 0 \\[2mm] \left(\dfrac{\partial \sigma_y}{\partial y}\right)_m + \left(\dfrac{\partial \tau_{zy}}{\partial z}\right)_m + \left(\dfrac{\partial \tau_{xy}}{\partial x}\right)_m + \dfrac{C_\gamma C_L}{C_\sigma} Y_m = 0 \\[2mm] \left(\dfrac{\partial \sigma_z}{\partial z}\right)_m + \left(\dfrac{\partial \tau_{xz}}{\partial x}\right)_m + \left(\dfrac{\partial \tau_{yz}}{\partial y}\right)_m + \dfrac{C_\gamma C_L}{C_\sigma} Z_m = 0 \end{cases} \quad (6.9)$$

与原型平衡方程（6.3）相比，可得相似指标：

$$\frac{C_\gamma C_L}{C_\sigma} = 1$$

代入模型几何方程（6.6）得：

$$\begin{cases} (\varepsilon_x)_m \dfrac{C_\varepsilon C_L}{C_\sigma} = \left(\dfrac{\partial u}{\partial x}\right)_m \\[2mm] (\varepsilon_y)_m \dfrac{C_\varepsilon C_L}{C_\sigma} = \left(\dfrac{\partial v}{\partial y}\right)_m \\[2mm] (\varepsilon_z)_m \dfrac{C_\varepsilon C_L}{C_\sigma} = \left(\dfrac{\partial w}{\partial z}\right)_m \\[2mm] (\gamma_{xy})_m \dfrac{C_\varepsilon C_L}{C_\sigma} = \left(\dfrac{\partial u}{\partial y}\right)_m + \left(\dfrac{\partial v}{\partial x}\right)_m \\[2mm] (\gamma_{yz})_m \dfrac{C_\varepsilon C_L}{C_\sigma} = \left(\dfrac{\partial v}{\partial z}\right)_m + \left(\dfrac{\partial w}{\partial y}\right)_m \\[2mm] (\gamma_{zx})_m \dfrac{C_\varepsilon C_L}{C_\sigma} = \left(\dfrac{\partial u}{\partial z}\right)_m + \left(\dfrac{\partial w}{\partial x}\right)_m \end{cases} \quad (6.10)$$

与原型几何方程（6.5）相比，可得相似指标：

$$\frac{C_\varepsilon C_L}{C_\sigma} = 1$$

代入模型物理力学方程（6.8），得：

$$\begin{cases} (\varepsilon_x)_m = \dfrac{C_\sigma}{C_\varepsilon C_E} \dfrac{1}{E_m}[\sigma_x - u(\sigma_y + \sigma_z)]_m \\[2mm] (\varepsilon_y)_m = \dfrac{C_\sigma}{C_\varepsilon C_E} \dfrac{1}{E_m}[\sigma_y - u(\sigma_x + \sigma_z)]_m \\[2mm] (\varepsilon_z)_m = \dfrac{C_\sigma}{C_\varepsilon C_E} \dfrac{1}{E_m}[\sigma_z - u(\sigma_x + \sigma_y)]_m \\[2mm] (\gamma_{yz})_m = \dfrac{C_\sigma}{C_\varepsilon C_E}\left(\dfrac{2(1+u)}{E}\tau_{yz}\right)_m \\[2mm] (\gamma_{zx})_m = \dfrac{C_\sigma}{C_\varepsilon C_E}\left(\dfrac{2(1+u)}{E}\tau_{zx}\right)_m \\[2mm] (\gamma_{xy})_m = \dfrac{C_\sigma}{C_\varepsilon C_E}\left(\dfrac{2(1+u)}{E}\tau_{xy}\right)_m \end{cases} \qquad (6.11)$$

与原型物理力学方程（6.7）相比，可得相似指标：

$$\frac{C_\sigma}{C_\varepsilon C_E} = 1$$

$$C_u = 1$$

最后，把相似常数代入相似指标表达式，可得相似准则。相似准则为一无量纲量，原型与模型的相似准则恒等。需要指出的是，无量纲量本身即为相似准则，故相似准则如下：

$$\pi_1 = \frac{\gamma L}{\sigma}$$

$$\pi_2 = \frac{\varepsilon L}{\delta}$$

$$\pi_3 = \frac{\sigma}{E\varepsilon}$$

$$\pi_4 = u$$

$$\pi_5 = \varepsilon$$

$$\pi_6 = f$$

$$\pi_7 = \varphi$$

6.2.2.2 量纲分析法

运用方程分析法推导相似准则的前提条件是研究对象的微分方程组已

知。但在实际工程中，遇到的问题有时十分复杂，人们对这些问题的认识还未到能够用数学方程组准确表达出来的程度。在这种情况下，方程分析法就无能为力了，这时常用量纲分析法。

量纲是代表物理量性质的符号。量纲和物理量单位既有联系也有区别：量纲是物理量性质的广义度量；而单位除表明物理量性之外，还表示物理量的尺寸和大小。例如[L]是表示长度的量纲，而不管长度的单位是"米""厘米"还是"毫米"。

量纲包括两种类型：一种是基本量纲，另一种是导出量纲。基本量纲是其本身就可以表达某些物理量的量纲，而导出量纲则是指由基本量纲通过数学表达式导出的量纲。工程中常用的基本量纲系统有两种，一种是 MLT 系统，另一种是 FLT 系统，前者将质量[M]作为基本量纲，而后者将力[F]作为基本量纲。主要物理力学物理量的量纲见表 6.1。量纲分析法推导相似准则的理论基础是 π 定理。该定理也可表达为：若一现象可以用含有 n 个变量（其中有 k 个基本量纲）的齐次方程表示，则此方程可以转换为由 $n-k$ 个无量纲量组成的表达式。根据该定理，不必明确此现象各因素间的确切函数关系，就可以用量纲分析法求得该现象的相似准则。但运用该法推导相似准则的核心在于影响因素的确定，必须明确哪些因素与拟研究现象相关，而哪些与拟研究现象无关。否则就有可能出现两种情况：一种是将那些与拟研究问题无关的因素考虑了进来，其后果是使分析过程复杂化，且会造成最后求出的由无量纲量组成的表达式中有多余项出现；另一种是漏掉了某些对拟研究问题有影响的因素，这样便会导致不完整甚至错误的分析结果。

表 6.1　常用物理量量纲

物 理 量	量 纲	物 理 量	量 纲
质量 m	M	内摩擦角 φ	1
长度 L	L	频率 w	1/T
时间 t	T	线位移 δ	L
密度 ρ	M/L^3	角位移 θ	1
弹性模量 E	M/LT^2	速度 v	L/T
剪切模量 G	M/LT^2	加速度 a	L/T^2
泊松比 μ	1	阻尼 ζ	M/T
应力 σ	M/LT^2	黏聚力 c	M/LT^2
应变 ε	1		

这里仅用单摆运动周期的推导过程作为示范，展示运用该法推导相似准则的具体步骤。

（1）找出与研究现象有关的影响因素（变量）以及量纲，得出现象的函数表达式。

影响单摆周期 T 的因素有摆球质量 m、摆线长度 l、重力加速度 g，列出各个因素的量纲如下：

$$
\begin{aligned}
[T] &= M^0 L^0 T^1 \\
[m] &= M^1 L^0 T^0 \\
[l] &= M^0 L^1 T^0 \\
[g] &= M^0 L^1 T^{-2}
\end{aligned}
\tag{6.12}
$$

设备变量之间的一般函数表达式为：

$$
f(T, m, l, g) = 0 \tag{6.13}
$$

根据相似第二定理，上式可表达为含有一个无量纲量（相似准则）的表达式：

$$
F(\pi) = 0 \tag{6.14}
$$

（2）写出相似准则的一般表达式：

$$
T^{y_1} m^{y_2} l^{y_3} g^{y_4} = \pi \tag{6.15}
$$

（3）将各个参数的量纲代入式（6.15），可得相似准则一般表达式的量纲式：

$$
M^{y_2} L^{y_3 + y_4} T^{y_1 - 2y_4} = M^0 L^0 T^0 \tag{6.16}
$$

（4）确定参数指数间关系：

$$
\begin{cases}
y_2 = 0 \\
y_3 + y_4 = 0 \\
y_1 - 2y_4 = 0
\end{cases}
\tag{6.17}
$$

（5）求各影响因素的指数：

$$
y = \begin{pmatrix} y_1 \\ y_2 \\ y_3 \\ y_4 \end{pmatrix} = \begin{pmatrix} 1 \\ 0 \\ -\dfrac{1}{2} \\ \dfrac{1}{2} \end{pmatrix} \tag{6.18}
$$

即：

$$\pi = Tl^{-\frac{1}{2}}g^{\frac{1}{2}}$$

$$T = \lambda\sqrt{\frac{l}{g}}$$ （6.19）

6.2.2.3 矩阵分析法

用矩阵分析法求相似准则本质上即为引入矩阵原理的量纲分析法。引入矩阵原理后，分析过程得以简化，特别是研究现象的影响因素较多时，更是如此。下面举实例说明用矩阵分析法推导相似准则的具体步骤。

如图 6.2 所示是栓系小船的浮筒示意，图中省去了连接浮筒和船锚的锚链，试确定系杆角度和风力的关系。

（1）影响上述关系的因素有：

水的密度 ρ_w，$[\rho_w] = [ML^{-3}]$

空气的密度 ρ_a，$[\rho_a] = [ML^{-3}]$

风速 v，$[v] = [LT^{-1}]$

重力加速度 g，$[g] = [LT^{-2}]$

浮筒的密度 ρ_c，$[\rho_c] = [ML^{-3}]$

系杆的长度 l，$[l] = [L]$

系杆角度 θ，$[\theta] = [1]$

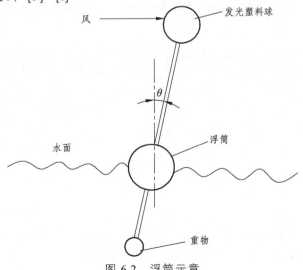

图 6.2　浮筒示意

故可以得出各因素之间的一般表达式：

$$f(\rho_w, \rho_a, v, g, \rho_c, l, \theta) = 0 \tag{6.20}$$

上述因素中，角度 θ 本身就是无量纲量，也就是它本身就是一个相似准则，所以有：

$$\pi_1 = \theta \tag{6.21}$$

（2）写出相似准则的一般表达式：

$$\pi = \rho_w^a \rho_a^b v^c g^d \rho_c^e l^f \tag{6.22}$$

将各个变量的量纲表达式代入式（6.22）可得：

$$[\pi] = [ML^{-3}]^a [ML^{-3}]^b [LT^{-1}]^c [LT^{-2}]^d [ML^{-3}]^e [L]^f = [M^0 L^0 T^0] \tag{6.23}$$

（3）求解线性方程组：

$$\begin{bmatrix} 1 & 1 & 0 & 0 & 1 & 0 \\ -3 & -3 & 1 & 1 & -3 & 1 \\ 0 & 0 & -1 & -2 & 0 & 0 \end{bmatrix} \begin{bmatrix} a \\ b \\ c \\ d \\ e \\ f \end{bmatrix} = \begin{bmatrix} 0 \\ 0 \\ 0 \end{bmatrix} \tag{6.24}$$

上述系数矩阵可以等价变换为：

$$\begin{bmatrix} 1 & 0 & 0 & 0 & -1 & 0 \\ 0 & 1 & 0 & 0 & -1 & 0 \\ 0 & 0 & 1 & -\dfrac{1}{2} & 0 & -\dfrac{1}{2} \end{bmatrix}$$

上述矩阵的秩为 3，由线性方程组的解的性质可知，线性方程组的解中有 $6 - 3 = 3$ 个基底向量。可得线性方程组解的集合为：

$$\begin{bmatrix} a \\ b \\ c \\ d \\ e \\ f \end{bmatrix} = \begin{bmatrix} 1 \\ 0 \\ 0 \\ 0 \\ -1 \\ 0 \end{bmatrix} a + \begin{bmatrix} 0 \\ 1 \\ 0 \\ 0 \\ -1 \\ 0 \end{bmatrix} b + \begin{bmatrix} 0 \\ 0 \\ 1 \\ -\dfrac{1}{2} \\ 0 \\ \dfrac{1}{2} \end{bmatrix} c \tag{6.25}$$

（4）求得相似准则，分别取 $[a \quad b \quad c] = [1 \quad 0 \quad 0]$、$[0 \quad 1 \quad 0]$ 和 $[0 \quad 0 \quad 1]$ 可得线性方程组的 3 个特解，代入相似准则一般方程，可得该研究现象的 3 个相似准则：

$$\pi_2 = \frac{\rho_\mathrm{w}}{\rho_\mathrm{c}}, \ \pi_3 = \frac{\rho_\mathrm{a}}{\rho_\mathrm{c}}, \ \pi_4 = \frac{v}{\rho^{\frac{1}{2}} l^{\frac{1}{2}}}$$

6.2.3 相似准则的推导过程

本节运用矩阵分析法推导相似指标和相似准则。

（1）分析研究对象 —— 地震反应（加速度 A、速度 V、位移 S、应力 σ、应变 ε）的影响因素：

① 几何尺寸：l。

② 材料特性：密度 ρ、弹性模量 E、泊松比 v、黏聚力 c、内摩擦角 φ、阻尼 ζ。

③ 输入地震动参数：峰值加速度 a、持时 t、卓越频率 ω。

写出上述各因素的量纲表达式：

加速度 A，$[A] = [\mathrm{LT}^{-2}]$

速度 V，$[V] = [\mathrm{LT}^{-1}]$

位移 S，$[S] = [\mathrm{L}]$

应力 σ，$[\sigma] = [\mathrm{ML}^{-1}\mathrm{T}^{-2}]$

应变 ε，$[\varepsilon] = [1]$

几何尺寸 l，$[l] = [\mathrm{L}]$

密度 ρ，$[\rho] = [\mathrm{ML}^{-3}]$

弹性模量 E，$[E] = [\mathrm{ML}^{-1}\mathrm{T}^{-2}]$

泊松比 v，$[v] = [1]$

黏聚力 c，$[c] = [\mathrm{ML}^{-1}\mathrm{T}^{-2}]$

内摩擦角 φ，$[\varphi] = [1]$

阻尼 ζ，$[\zeta] = [\mathrm{MT}^{-1}]$

峰值加速度 a，$[a] = [\mathrm{LT}^{-2}]$

持时 t，$[t] = [\mathrm{T}]$

卓越频率 ω，$[\omega] = [\mathrm{T}^{-1}]$

（2）写出相似准则的一般表达式。

$$[A]^{x_1}[V]^{x_2}[S]^{x_3}[\sigma]^{x_4}[l]^{x_5}[\rho]^{x_6}[E]^{x_7}[c]^{x_8}[\zeta]^{x_9}[a]^{x_{10}}[t]^{x_{11}}[\omega]^{x_{12}} = \pi \quad (6.26)$$

无量纲量本身即为相似准则，即：

$$[\varepsilon] = \pi_1$$
$$[\nu] = \pi_2 \quad\quad (6.27)$$
$$[\varphi] = \pi_3$$

将各变量的量纲表达式代入式（6.26）得：

$$[LT^{-2}]^{x_1}[LT^{-1}]^{x_2}[L]^{x_3}[ML^{-1}T^{-2}]^{x_4}[L]^{x_5}[ML^{-3}]^{x_6}[ML^{-1}T^{-2}]^{x_7}$$
$$[ML^{-1}T^{-2}]^{x_8}[MT^{-1}]^{x_9}[LT^{-2}]^{x_{10}}[T]^{x_{11}}[T^{-1}]^{x_{12}} \quad (6.28)$$
$$= M^0L^0T^0$$

（3）求解线性方程组：

$$\begin{bmatrix} 0 & 0 & 0 & 1 & 0 & 1 & 1 & 1 & 1 & 0 & 0 & 0 \\ 1 & 1 & 1 & -1 & 1 & -3 & -1 & -1 & 0 & 1 & 0 & 0 \\ -2 & -1 & 0 & -2 & 0 & 0 & -2 & -2 & -1 & -2 & 1 & -1 \end{bmatrix}\bar{x} = 0 \quad (6.29)$$

易知上述系数矩阵的秩为 3，故该线性方程组解集的基为 12 − 3 = 9 个，其组成的列向量如下所示：

$$\bar{x} = \begin{bmatrix} 1 & 1 & 0 & 0 & 0 & 2 & -1 & 1 & -1 \\ -2 & -2 & 2 & 0 & 0 & -3 & 0 & -1 & 1 \\ 1 & 0 & 0 & 0 & 0 & 0 & 0 & 0 & 0 \\ 0 & 0 & -1 & -1 & -1 & -1 & 0 & 0 & 0 \\ 0 & 1 & 0 & 0 & 0 & 0 & 0 & 0 & 0 \\ 0 & 0 & 1 & 0 & 0 & 0 & 0 & 0 & 0 \\ 0 & 0 & 0 & 1 & 0 & 0 & 0 & 0 & 0 \\ 0 & 0 & 0 & 0 & 1 & 0 & 0 & 0 & 0 \\ 0 & 0 & 0 & 0 & 0 & 1 & 0 & 0 & 0 \\ 0 & 0 & 0 & 0 & 0 & 0 & 1 & 0 & 0 \\ 0 & 0 & 0 & 0 & 0 & 0 & 0 & 1 & 0 \\ 0 & 0 & 0 & 0 & 0 & 0 & 0 & 0 & 1 \end{bmatrix}$$

（4）求得相似准则，将上述列向量分别代入相似准则一般方程，可得该研究现象的相似准则：

$$AV^{-2}S = \pi_4$$
$$AV^{-2}L = \pi_5$$
$$V^2\sigma^{-1}\rho = \pi_6$$
$$\sigma^{-1}E = \pi_7$$
$$\sigma^{-1}c = \pi_8$$

$$A^2V^{-3}\sigma^{-1}\zeta = \pi_9$$
$$A^{-1}a = \pi_{10}$$
$$AV^{-1}t = \pi_{11}$$
$$A^{-1}V\omega = \pi_{12}$$

进而可得相似指标：

$$\frac{C_A C_S}{C_V^2} = 1$$
$$\frac{C_A C_L}{C_V^2} = 1$$
$$\frac{C_V C_\rho}{C_\sigma} = 1$$
$$\frac{C_E}{C_\sigma} = 1$$
$$\frac{C_c}{C_\sigma} = 1$$

$$\frac{C_A^2 C_\zeta}{C_V^2 C_\sigma} = 1$$
$$\frac{C_a}{C_A} = 1$$
$$\frac{C_A C_t}{C_V} = 1$$
$$\frac{C_V C_\omega}{C_A} = 1$$

取集合相似比为 10，即 $C_L = 10$，其中 $C_A = C_a = 1$，则相似常数见表 6.2。

用矩阵分析法推导本例振动台试验的相似指标，结合客观条件，进一步确定了相似常数，为后续振动台试验的顺利开展奠定了理论基础，最终确定的相似常数如表 6.2 所列。

表 6.2　相似常数

类型	物理量	量纲	相似条件	相似常数	备注
几何特性	长度	L	C_L	10.0	控制参数
材料特性	密度	M/L^3	C_ρ	1.0	控制参数
	弹性模量	M/LT^2	$C_L C_\rho$	10.0	—
	剪切模量	M/LT^2	$C_L C_\rho$	10.0	—
	泊松比	1	1	1.0	—
	应力	M/LT^2	$C_L C_\rho$	10.0	—
	应变	1	1	1.0	—
	黏聚力	M/LT^2	$C_L C_\rho$	10.0	—
	内摩擦角	1	1	1.0	—

续表

类型	物理量	量纲	相似条件	相似常数	备注
动力特性	时间	T	$C_L^{1/2}$	3.16	—
	频率	1/T	$C_L^{-1/2}$	0.3	—
	速度	L/T	$C_L^{1/2}$	3.16	—
	加速度	L/T^2	1	1.0	控制参数
	阻尼	M/T	$C_L^2 C_\rho$	100	—

6.3 振动台试验设计

6.3.1 试验仪器设备简介

6.3.1.1 激振系统

本次振动台试验在招商局重庆交通科研设计院有限公司桥梁工程结构动力学国家重点实验室进行。该实验室的振动台系统为三向六自由度，由一固定台和一移动台组成（图 6.3），具有三种工作模式：两台独立工作模式、两台同步工作模式和两台做关联运动的台阵工作模式。本次试验仅使用移动台，振动台的主要技术指标如表 6.3 所示。地震模拟试验台阵系统如图 6.3 所示。

图 6.3 地震模拟试验台阵系统

表 6.3　振动台的主要技术指标

技术参数	台阵 A	台阵 B
台面尺寸/m	3×6	3×6
最大试件重量/kN	350	350
最大倾覆力矩/(kN·m)	700	700
最大回转力矩/(kN·m)	350	350
工作频率范围/Hz	0.1～50	0.1～50
x 方向可移动距离/m	0.0（固定台）	2.0～22.0（可移动台）
最大位移/mm	X、Y：±150；Z：±100	X、Y：±150；Z：±100
最大速度/(mm·s^{-1})	X、Y：±800；Z：±600	X、Y：±800；Z：±600
最大加速度/(×g)	X、Y、Z：±1.0	X、Y、Z：±1.0

6.3.1.2　模型箱

实际场地是一半无限空间，但在振动台试验中，由于振动台的各种技术参数的限制，必须采用有限的模型来模拟半无限的场地，这就要求必须有一个容器来盛土，即模型箱。

土体在模型箱中不可避免地将受到模型箱壁的制约，这就相当于人为地增加了边界，边界对土体运动和变形的制约以及对地震波的反射都会对试验结果有一定影响，即所谓的"模型箱效应"，同时原状土在实际地震作用下近似作剪切变形。故在振动台试验中，模型箱必须满足两个条件：① 合理处理土体的边界，以尽可能减小边界效应的影响；② 正确模拟土的剪切变形。由于土体本身的不均匀性和地震波在土中传播的复杂性，完全模拟土体边界条件几乎是不可能的。合理的做法是通过一定的措施将模型边界对模型地震反应的影响降到最小，从而使模型在模型箱中的地震响应能够尽可能地接近其自由场反应。

本次试验所用模型箱为叠层剪切箱，该类型模型箱最早被用于进行饱和砂土的振动台试验，而后由于其诸多优势，使其成为目前国内外最常用的模型箱形式。叠层剪切箱由多层刚性框架堆叠而成，上下两层框架之间借助刚性滚珠来实现层间剪切运动，如图 6.4 所示，同时为限制其垂直向变形及扭转变形，在与振动方向垂直的前后两个侧面通过螺栓各固定一块钢板，因此，叠层剪切箱一般仅允许一个方向（振动方向）的剪切变形。叠层剪切箱的优点是其对土体的剪切变形几乎没有约束，因此能够较好地反映土体的剪切变形，同时最大限度地降低边界对波的反射效应，且由于其具有刚性框架，故其对土体有较好的侧向约束，避免了土体向外膨胀。本次试验所用模型箱，如图 6.5 所示，其净长、宽、高尺寸分别为 2.990 m×1.790 m×1.945 m。为进一步削弱边界效应的影响，在模型箱内壁四周衬垫塑料泡沫板。

图 6.4　叠层剪切箱层间钢珠

图 6.5　叠层剪切箱实物

6.3.1.3　传感器

本次振动台试验主要量测加速度、位移、孔隙水压力等物理量，故用到的传感器有加速度传感器、激光位移计、拉线式位移计和孔隙水压力计等。

加速度计为三向电容式加速度传感器，其主要技术参数见表 6.4。

表 6.4　三向电容式加速度传感器主要技术参数

频率范围/Hz（±3 dB）			量程（m·s⁻²）	非线性度	横向灵敏度	外形尺寸
X 轴	Y 轴	Z 轴				
0～350	0～350	0～150	±60	±1%FSO	<5%	13 mm×15 mm×8 mm

激光位移计能够十分精准地测量物体的位移，常用于模型表面位移的精

确测量。激光位移计根据其测量原理划分为两类：三角法激光位移计和回波法激光位移计。本实验所用激光位移计为三角法激光位移计，其测量原理示意如图 6.6 所示。首先，激光发射器通过发射激光束，激光束直线传播到达被测物体表面后发生反射，反射激光束通过接收器被激光位移计内部 CCD 感光片接收。CCD 感光片识别反射光束的角度因距离的不同而不同，数字信号处理器能够根据这个角度及其他已知参数精确地给出激光位移计到被测物体的直线距离。激光位移计主要技术参数见表 6.5。

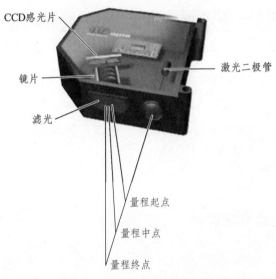

图 6.6　激光三角测量法示意

表 6.5　激光位移计主要技术参数

测量距离	分辨率	线性误差	波长	光束直径
100 ~ 500 mm	<0.5 mm	± 1.5 mm	675 nm	2 mm

拉线式传感器在本实验中用于测量模型内部位移，其主要技术参数见表 6.6。

表 6.6　拉线式位移计主要技术参数

测量距离	线性精度	使用寿命	工作温度	直接输出模拟信号
100 ~ 500 mm	±0.1%	≥500 万次	− 20 ~ +120 ℃	4 ~ 20 mA,0 ~ 10 V DC

本实验所用孔力计为 DYS-3 型（ϕ19 mm × 30 mm）电阻应变式渗压计，用于孔压、扬压力的静态或动态测定，也可用于管道中水压、油压、气压

的静态或动态的测定。渗压计是在电阻应变式传感器的结构中，将电阻应变片贴在传感器的变形膜上，当变形膜受力变形时，电阻应变片能够迅速感知这一变化，使其电阻值根据变形膜的变形值发生一定量的变化，并将其微应变值显示在电阻应变仪上。使用时，按照出厂标定的"压力-微应变值"关系方程，就能换算出施加在该渗压计上的压力值。其主要技术参数见表6.7。

表6.7　电阻应变式渗压计技术参数

量程	分辨率	综合误差	外径×长度	特点
0.05～1 MPa	≤0.1%F.S	≤0.8%F.S	$\phi 19\ mm \times 30\ mm$	埋入式

6.3.1.4　数据采集系统

该试验系统拥有国际上最先进的数控系统和数采系统，其中128通道动态数据采集及振动测试分析系统功能齐全、技术先进。该系统的硬件由美国惠普公司供应，软件由比利时 LMS 公司提供，系统具有数据采集、存储、处理与分析等功能。

6.3.2　模型试验方案设计

本试验以某人工岛工程为原型,通过对该人工岛的现场勘探和室内试验，按地质时代、成因等因素，对勘探深度范围内的岩土层进行划分，自上而下可划分为5个大层，见表6.8。

表6.8　地质划分一览

土层编号	时代、成因	主要岩性
	全新世海相沉积	流塑状淤泥、流塑—软塑状淤泥质黏土
②	晚更新世晚期陆相沉积物	可塑状粉质黏土，局部呈软塑状
③	晚更新世中期海陆过渡相沉积物	可塑—硬塑状粉质黏土夹砂，可塑—硬塑状粉质黏土，夹有稍密—中密状粉细砂、细砂透夹层
④	晚更新世早期河流冲击相物	稍密—中密状粉细砂、密实状为主，局部中密状中砂和粗砾砂
⑦	震旦纪	全、强、中风化混合片岩

该人工岛施工时，先挖出海床表面约 8 m 厚的部分淤泥层，而后施打 61 个钢圆筒至海床下部坚硬持力层，从而形成围闭岛体，然后在岛外先采用挤密砂桩对岛体四周软弱地基进行处理，再抛石堆砌斜坡堤形成岛壁；在岛内和筒内首先回填中粗砂至设计标高，然后再进行陆上施打塑料排水板，并结合降水井，对岛体进行大超载比预压，排水固结后再进行振冲密实处理。

为了便于试验研究，对该人工岛施工完成后的地层模型进行概化处理，将其地层模型简化为 3 层，从下到上依次为粗砾砂、淤泥质黏土、中粗砂，本章称其为"典型人工岛场地"，各层厚度分别约为 3.2 m、6.4 m、6.4 m，其上修筑 3.0 m 高的路堤。虽然在施工的过程中，对岛内淤泥进行了降水处理，使岛内水位低于海平面（人工岛顶面高程高于海平面约 1.2 m），但是在该人工岛运行的过程中，由于岛内外存在水头差，岛内地下水位不可避免地会逐渐上升，并最终接近海平面，故认为岛内地下水位已上升，模型底部粗砂层、中部淤泥质黏土层做饱和处理，顶部细砂层一部分做饱和处理。该模型箱内部尺寸为 2.990 m（长）×1.790 m（宽）×1.945 m（高），按照几何相似比进行换算，可得模型几何参数，见表 6.9。

表 6.9　模型几何参数

土　类	标高/m	层厚/m
路堤	0.045～0.345	0.30
中粗砂（中砂）	0.345～0.985	0.64
淤泥质黏土	0.985～1.625	0.64
粗砾砂（粗砂）	1.625～1.945	0.32

路堤的走向为模型箱的宽度方向，其高 300 mm、顶面宽 200 mm，路基两侧的坡度为 1:1，则路基底部整体宽度为 800 mm，两个路堤底部边缘距离模型箱两侧边界均为 300 mm，路堤长度与模型箱同宽，即为 1 790 mm。另外，在一个路堤的下方做包裹碎石桩复合地基，桩身直径为 40 mm，取桩间距（圆心距）为 4 倍桩径，即为 160 mm×160 mm，包裹碎石桩埋深为 1 300 mm，即桩端进入持力层 20 mm，而另一路堤则不设桩以进行对比。模型剖面图和平面图分别见图 6.7 和图 6.8。

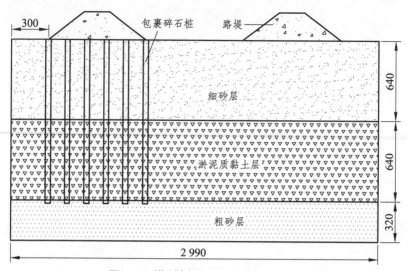

图 6.7　模型剖面图（单位：mm）

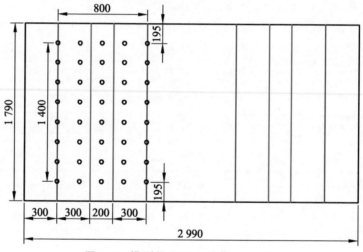

图 6.8　模型平面图（单位：mm）

6.3.3　试验材料

根据前文推导的相似体系，将现场土体的物理力学参数进行调整，得到本次试验所需材料的岩土体力学参数，见表 6.10。值得注意的是：中粗砂、粗砾砂可以直接获得，故选用原状土；对于淤泥质黏土则需要进行配土试验，然后进行密度试验、剪切试验和含水率试验以测定其物理力学参数。各土层目标参数见表 6.10。

表 6.10 岩土体的物理力学参数

土性	密度/（g/cm³）	弹性模量/MPa	黏聚力/kPa	内摩擦角/°	含水率/%
细砂	2.05	35.68	8.5	35.5	15.3
淤泥质黏土	1.68	5.12	10.9	14.4	48.6
粗砾砂	2.05	41.13	5	35.8	17.3
桩身	按相似比进行强度折减之后，用 PVC 管模拟包裹碎石桩				

6.3.4 模型制作

6.3.4.1 防水处理

因为本实验需要对粗砂层、淤泥质黏土层和部分细砂层做饱和处理，为了保证台阵系统的绝对安全，必须对模型箱进行多道防水处理。

第一道防水处理是在模型箱内部衬垫约 5 mm 厚的橡胶套垫，如图 6.9 所示，套垫上口固定于模型箱上缘。为检验套垫防水性能，模型箱放置于振动台前，向模型箱内部灌水，静置 24 h。

图 6.9 防水橡胶套垫

第二道防水措施是对螺孔的防水处理，因为振动台台面有多个按一定间距分布的螺孔，其中一些螺孔直通振动台台面箱体内部，故为防止突破第一道防水措施的水分沿这些螺孔进入台面箱体内部，必须对其进行防水处理。对于本次试验用不到的闲置螺孔用防水胶皮直接封死，如图 6.10 所示；对于需要插入螺钉的螺孔则是在其相应螺钉上加两层胶皮垫,在模型箱的重压下,该橡皮垫能封死螺帽与台面之间的间隙,从而能够避免自由水分沿螺帽与台面的间隙以及螺钉与螺孔的间隙而进入台面箱体内部。

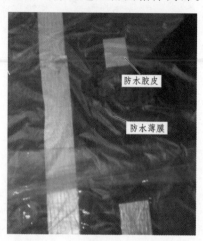

图 6.10　防水胶皮

第三道防水措施是为了防止突破第一道防水措施的自由水分沿振动台台面边缘外溢。首先在整个振动台台面铺设防水薄膜,而后沿振动台台面边缘在薄膜下面放置泡沫条,使台面薄膜四周隆起形成一"盆地",从而使模型箱内溢出水分汇集于台面防水薄膜形成的"盆地"中部,避免了其沿台面边缘流入震坑,如图 6.11 和图 6.12 所示。

图 6.11　泡沫条

图 6.12   泡沫条局部

加速度传感器本身不防水，因实验中加速度计要埋置于含水率较高的土体中，故必须对其进行防水处理。首先用防水结构胶对传感器防水薄弱部位进行涂抹，而后再包裹两道防水薄膜，如图 6.13 所示。为检验该防水处理措施的效果，将防水处理后的加速度传感器放于 1 m 深的水中静置 24 h，而后检测其各项指标，检测结果表明与浸水前各项指标完全相同，证明了本防水措施的有效性。

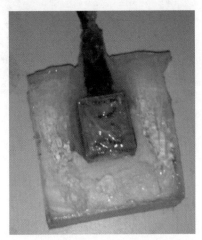

（a）第一道防水措施   （b）第二道防水措施

图 6.13   加速度传感器防水处理

6.3.4.2　边界处理

在振动台试验中，常在模型箱内壁衬垫塑料泡沫板、海绵等柔性材料，用以吸收边界的反射波，最大限度地降低边界效应对模型地震反应的影响，且经过实践的检验，这是一种行之有效的方法。汪幼江等[1]在进行砂和粉土的液化振动台试验时，为了克服端墙刚性的影响，在距端墙15 cm处设置了一道乳胶膜制作成的隔墙，并在空腔部分填以泡沫塑料。凌贤长等[2]在进行振动台试验时，在与振动方向垂直的模型箱两侧内壁分别衬垫一层厚度约为10 cm的海绵垫，来减轻边界效应。陈文化等在进行振动台试验时，采用刚性模型箱，同样亦在模型箱两端内壁分别衬垫海绵垫，使得箱体内土体可以变形。楼梦麟等[3]通过模型试验，并结合数值手段，深入研究了土层边界处橡胶垫层对模型地震响应的影响，研究表明在与振动方向垂直的模型箱内壁合理衬垫橡胶垫，能有效降低模型边界带来的误差。本次试验中，在模型箱四周满铺一层聚苯乙烯泡沫塑料板，用以吸收边界的反射波，减小"模型箱效应"，如图6.14所示。

图 6.14　聚苯乙烯泡沫塑料板

6.3.4.3　制　作

制作模型所需材料严格按照室内土工试验确定的配比进行拌置，并用酒精燃烧法现场实时测定土样含水率。各土层划分为80 mm厚的子层，分层摊铺，分层压实至设计标高，而后在土层表面中部及靠近4角部位分别用环刀取样，测定其密度，作为施工控制指标。模型制作过程如图6.15所示。

（a）细砂层施工

（b）细砂层饱和

（c）淤泥层施工

（d）中粗砂层施工

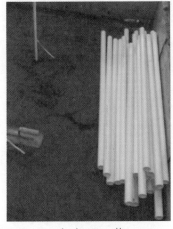

（e）PVC 管

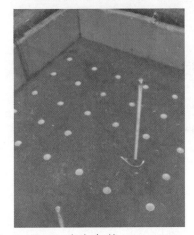

（f）打桩

图 6.15　模型制作过程

　　模型中加速度传感器、激光位移计、拉线式位移计、孔隙水压力计分别用字母 A、J、L、P 为代号，传感器编码规则为"传感器代号+编号"。本次振动台试验共用加速度传感器 16 个（模型内部 15 个、台面 1 个）、激光位移计 12 个、拉线式位移计 8 个、孔隙水压力计 14 个，其中加速度传感器为双向，表面位移计的布置如图 6.16 所示，内部位移计的布置如图 6.17，加速度计和孔隙水压力计的布置分别如图 6.18 和图 6.19。布设传感器之后的模型全貌如图 6.20，激光位移计和拉线式位移计实物图如图 6.21。

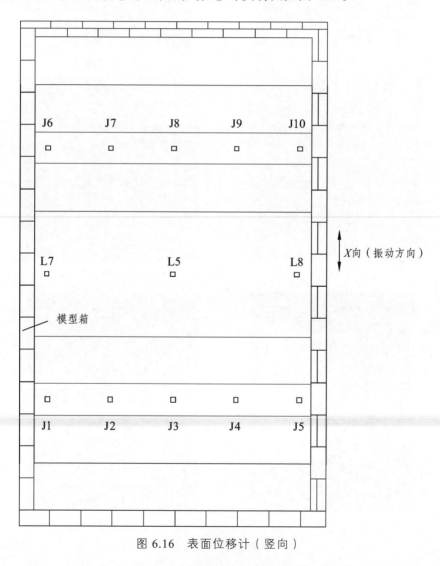

图 6.16　表面位移计（竖向）

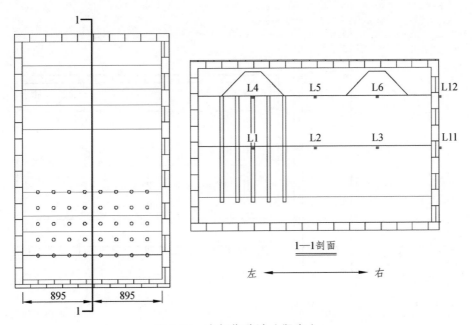

图 6.17　内部位移计（竖向）

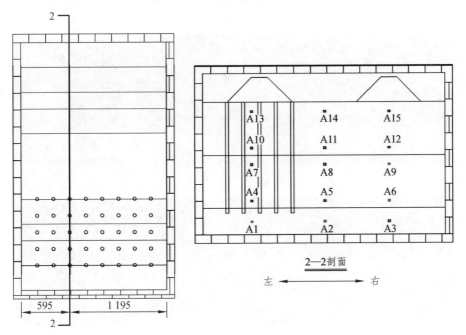

图 6.18　加速度计（两向）

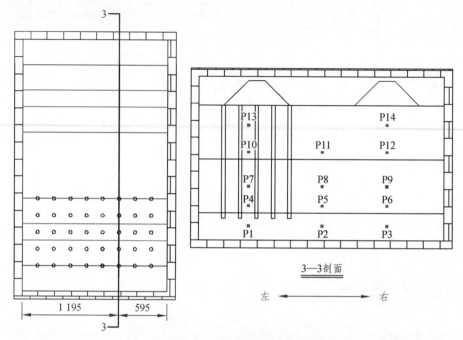

图 6.19　孔隙水压力计

图 6.20　模型全貌

（a）激光位移计　　　　　　　　（b）拉线式位移计

图 6.21　位移计

6.3.5 地震波输入及试验加载制度

6.3.5.1 输入地震波

根据现场勘查及工程场地地震安全性评价结果，选择汶川波、EL Centro 波、Kobe 波以及人工波水平向和竖向加速度记录振动台 X、Z 向输入地震波，并按时间相似律对原地震波进行压缩和峰值归一化（峰值调整为 $1.0g$）处理，处理后的地震波时程曲线及频谱见图 6.22 ~ 图 6.25。

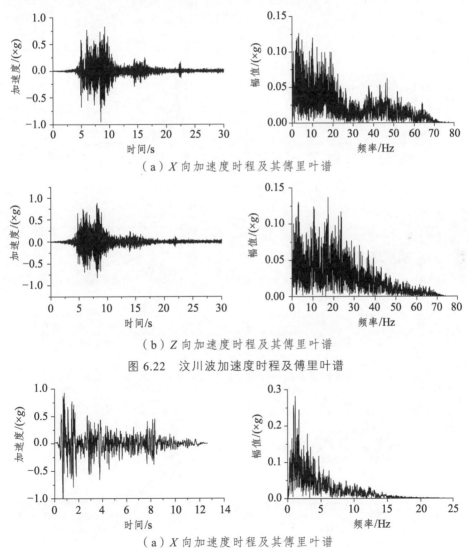

（a）X 向加速度时程及其傅里叶谱

（b）Z 向加速度时程及其傅里叶谱

图 6.22　汶川波加速度时程及傅里叶谱

（a）X 向加速度时程及其傅里叶谱

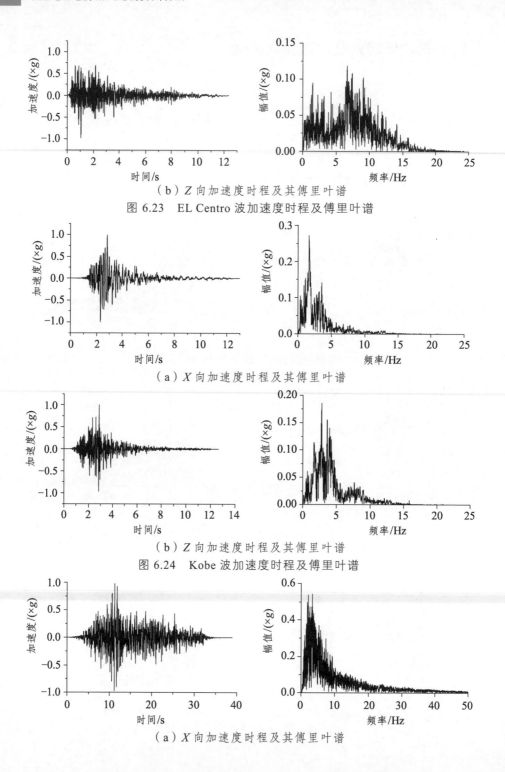

（b）Z 向加速度时程及其傅里叶谱

图 6.23　EL Centro 波加速度时程及傅里叶谱

（a）X 向加速度时程及其傅里叶谱

（b）Z 向加速度时程及其傅里叶谱

图 6.24　Kobe 波加速度时程及傅里叶谱

（a）X 向加速度时程及其傅里叶谱

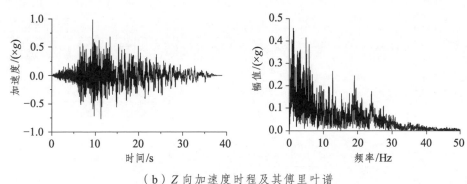

（b）Z 向加速度时程及其傅里叶谱

图 6.25　人工波 DP 波加速度时程及傅里叶谱

6.3.5.2　试验加载制度

振动台模型试验加载制度如表 6.11 所示，所有工况 X、Z 幅值比均为 3∶2。在每次加载前后均用白噪声扫描，以方便分析模型动力特性的变化情况。白噪声均采用双向输入。

表 6.11　加载工况

工况序号	地震激励波	峰值加速度值/（×g）
1	白噪声	0.05
2	depart_new	XZ0.1
3	EL Centro	XZ0.1
4	汶川	XZ0.1
5	Kobe	XZ0.1
6	白噪声	0.05
7	depart_new	XZ0.2
8	EL Centro	XZ0.2
9	汶川	XZ0.2
10	Kobe	XZ0.2
11	白噪声	0.05
12	depart_new	XZ0.4
13	EL Centro	XZ0.4
14	汶川	XZ0.4
15	Kobe	XZ0.4
16	白噪声	0.05

续表

工况序号	地震激励波	峰值加速度值/（×g）
17	depart_new	XZ0.6
18	EL Centro	XZ0.6
19	汶川	XZ0.6
20	Kobe	XZ0.6
21	白噪声	0.05
22	depart_new	XZ0.9
23	EL Centro	XZ0.9
24	WenChuan	XZ0.9
25	Kobe	XZ0.9
26	白噪声	0.05

6.4　振动信号处理

　　振动测试中，受主客观等各种因素的影响，所得到的信号必然夹杂着一些虚假成分，这使得信号与真实信号间存在一些差别，若未经修正、处理而直接使用，则不可避免地会产生一定的误差，甚至得出错误的结论，因此必须在对振动信号作分析前进行信号预处理，只有经过预处理的信号才能用于进一步的分析。而后通过分析经过预处理的信号，才能得出正确反映被测物体的结论。

　　振动信号处理大致有振动信号预处理、时域分析、频域分析等环节。振动信号预处理的目的主要是对测试信号进行初步处理，去除信号中的虚假干扰成分，为后续时域分析和频域分析提供可靠数据源；信号时域分析和频域分析的目的是通过一定的变换手段，提取出信号背后的能够反映被测物体本身的一些本质的东西。通常振动信号预处理又包含标定变换、消除趋势项、数字滤波、异点剔除等环节。

6.4.1　标定变换

　　标定变换主要是将传感器所直接测得的信号转换为所测物理量值，例如对于电压数字量的数据，传感器直接测得量为电压值，将该电压值直接乘以

传感器的标定值，即传感器的物理量与输出电压的比值，即可得到所测物理
量的值，标定变换即可完成。

6.4.2 消除趋势项

趋势项是振动信号中的一个线性的或随时间变化的趋势误差，其往往是
振动信号中的低频成分，其周期甚至比整个振动信号的采样长度还要长。趋
势项产生的原因多种多样，主要有以下 4 种[4]：

（1）采样过程中没有对初始信号进行初步处理，使得测试信号中夹杂着
频率低于被测物体正常振动频率范围的超低频成分。

（2）由于仪器的零点漂移或基础运动等而产生的趋势项。

（3）由于主观原因，如未调整零点，采集到的振动信号中会含有一常数
项，该常数项经一次或二次积分变换后会成为一线性或二次变化项。

（4）截取记录的样本长度选择不当。

趋势项的存在，会对后续的振动信号分析产生不利的影响，使得分析结
果存在较大误差，甚至得出错误结论，因此在振动信号预处理环节必须消除
趋势项。消除趋势项的方法较多，如最小二乘拟合法、小波法、经验模态分
解法、滑动平均法、滤波法、模型法等。现仅就其中较为常用的方法进行简
要介绍。

6.4.2.1 最小二乘法（Least-Squares-Fit Method）

最小二乘法是广泛应用于工程实际的一种方法。运用该方法，首先是
假设趋势项多项式，再基于最小二乘法原理得到一系列系数方程，而后便
将问题转化为求解方程组。对于高阶趋势项多项式系数的求解，一般运用
矩阵法并结合 MATLAB 等数学软件可方便地解出趋势项多项式的系数矩
阵，从而得到趋势项方程表达式。最后从原始信号中减去趋势项即为消除
趋势项后的有用信号。它不但能够消除线性趋势项，还可以消除高阶多项
式趋势项。

设数据采用序列 $\{u_n\}(n=1,2,\cdots,N)$，采样时间间隔为 Δt，现用 K 阶多项
式 U_n 来拟合其趋势项。设 U_n 表达式如下[5]：

$$U_n = \sum_{k=0}^{K} b_k (n\Delta t)^k \, (n=1,2,\cdots,N) \qquad (6.30)$$

式中：b_k 为多项式系数。

根据最小二乘法原理，设 $\{U_n\}$ 对 $\{u_n\}$ 的估计误差为 $E(\Delta t)$，$E(\Delta t)$ 即为估计值与真实值之间的误差：

$$E\Delta t = \sum_{n=1}^{N} (u_n - U_n)^2$$

将式（6.30）代入上式可得：

$$E\Delta t = \sum_{n=1}^{N} \left[u_n - \sum_{k=0}^{K} b_k (n\Delta t)^k \right]^2 \qquad (6.31)$$

求 $E(\Delta t)$ 的极小值，令式（6.31）对 b_j 的偏导数为 0：

$$\frac{\partial F}{\partial b_j} = \sum_{n=1}^{N} 2 \left[u_n - \sum_{k=0}^{K} b_k (n\Delta t)^k \right] [-(n\Delta t)^j] = 0 \qquad (6.32)$$

整理后可得：

$$\sum_{n=1}^{N} u_n (n\Delta t)^j = \sum_{k=0}^{K} b_k \sum_{n=1}^{N} (n\Delta t)^{k+j} \quad j = 1, 2, \cdots, K \qquad (6.33)$$

求解式（6.33）便可得到趋势项表达式的系数。在工程实践中，如果拟合多项式的阶数较高，即 K 值较大，按照一般的代数方法求解式（6.33）比较困难，也很容易出错，此时，往往结合 MATLAB 程序，采用矩阵法，可大大简化趋势项方程的求解过程。

令 $\sum = \sum_{n-1}^{n}$，则：

当 $K = 0$ 时，可得趋势项系数矩阵：

$$b_0 = \frac{u_n}{N} \qquad (6.34)$$

当 $K = 1$ 时，可得趋势项系数矩阵：

$$\begin{bmatrix} b_0 \\ b_1 \end{bmatrix} = \begin{bmatrix} N & \sum n\Delta t \\ \sum n & \sum n^2 \Delta t \end{bmatrix}^{-1} \begin{bmatrix} \sum u_n \\ \sum n u_n \end{bmatrix} \qquad (6.35)$$

当 $K = 2$ 时，可得趋势项系数矩阵：

$$\begin{bmatrix} b_0 \\ b_1 \\ b_2 \end{bmatrix} = \begin{bmatrix} N & \sum n\Delta t & \sum n^2 \Delta t^2 \\ \sum n & \sum n\Delta t^2 & \sum n^2 \Delta t^3 \\ \sum n^2 & \sum n\Delta t^3 & \sum n\Delta t^4 \end{bmatrix}^{-1} \begin{bmatrix} \sum u_n \\ \sum n u_n \\ \sum n^2 u_n \end{bmatrix} \qquad (6.36)$$

以此类推，当 $K = s$ 时，可得趋势项系数矩阵：

$$\begin{bmatrix} b_0 \\ b_1 \\ b_2 \\ \vdots \\ b_n \end{bmatrix} = \begin{bmatrix} N & \sum n\Delta t & \sum n^2 \Delta t^2 & ... & \sum n^s \Delta t^s \\ \sum n & \sum n^2 \Delta t & \sum n^3 \Delta t^2 & ... & \sum n^{s+1} \Delta t^s \\ \sum n^2 & \sum n^3 \Delta t & \sum n^4 \Delta t^2 & ... & \sum n^{s+2} \Delta t^s \\ \vdots & \vdots & \vdots & ... & \vdots \\ \sum n^s & \sum n^{s+1} \Delta t & \sum n^{s+2} \Delta t^2 & ... & \sum n^{s+s} \Delta t^s \end{bmatrix}^{-1} \begin{bmatrix} \sum u_n \\ \sum n u_n \\ \sum n^2 u_n \\ \vdots \\ \sum n^s u_n \end{bmatrix} \quad (6.37)$$

式（6.37）即为趋势项的系数矩阵，将其代入式（6.30）即可得到趋势项多项式的一般表达式。

6.4.2.2 小波法（Wavelet Method）

将信号 $f(t)$ 表示为小波级数，形式如下[6]：

$$f(t) = \sum_{j=-\infty}^{\infty} \sum_{k=-\infty}^{\infty} (f, \psi_{j,k}) \psi_{j,k}(t) = \sum_{j=-\infty}^{\infty} d_{j,k} \psi_{j,k}(t) \quad (6.38)$$

式中：$\psi_{j,k}(t)$ 为小波函数，$\psi_{j,k}(t) = \psi(2^j t - k)$；$d_{j,k}$ 为小波系数，$d_{j,k} = (f, \psi_{j,k})$。

将其与加窗傅里叶变换的"时间-频率窗"进行相似分析，能够得出小波变换的"时间-频率窗"笛卡儿积：

$$[b + at^* - a\Delta_\psi, b + at^* + a\Delta_\psi] \times \left[\frac{\omega^*}{a} - \frac{1}{a}\Delta^\cap, \frac{\omega^*}{a} + \frac{1}{a}\Delta^\cap \right] \quad (6.39)$$

上式中 $a = 2^j$，时间窗宽度为 $2a\Delta_\psi$，时间窗宽度随频率的增大而变窄，反之亦然。根据这一特点，只要不同时检测高频与低频信息，就可满足高频与低频的时间局部化问题。根据实测数据的时间测量间隔 Δt，最高能检测到的频率为奈奎斯特频率，该频率等于 $f_s/2$，其中 f_s 为采样频率。在最高频率水平选择最窄"时间-频率窗"宽度，识别初始信号中的最高频率成分，而后将这些频率成分从初始信号中抽离，储存于 W_{N-1} 空间，而将抽离最高频率信号后的所有剩余信号存放于另一空间 V_{N-1} 中。然后，增大"时间-频率窗"宽度，再次识别 V_{N-1} 中的高频成分，用同样的方法将这些信号从 V_{N-1} 中抽离，存放于 W_{N-2} 空间，再次将抽离高频信号后的所有剩余成分存放在 V_{N-2} 中。重复这一过程，最终实现信号中各频率分量的分离。从这一分解过程可以看出，该过程要求有 2 个互相联系的空间：

$$V_N = V_{N-1} + W_{N-1} = V_{N-2} + W_{N-2} + W_{N-1}$$
$$= \cdots = \cdots + W_0 + W_1 + W_2 + W_3 + \cdots + W_{N-2} + W_{N-1} \qquad N \in \mathbf{Z}$$

（6.40）

通过选择合适的小波基，便可将信号的不同频率成分提取出来。所谓趋势项实际上是随机信号中的低频部分。从上述小波法的原理可知，运用小波法可以较为容易地从任何一个随机振动信号中提取出其低频成分，并将其从中剥离，实现信号中的低频与高频成分的分离，从而达到剔除趋势项的目的。

6.4.2.3 经验模态分解法（EMD Method）

EMD 法由华裔科学家 Huang N. E.[7]提出，是目前应用极为广泛的一种信号分析方法。该方法不需要事先假定基函数，仅基于随机振动信号本身的时间尺度特征便能对信号进行分解。基于此特点，EMD 法在理论上适用于任何信号类型。EMD 法假定任何信号均可等效为几个固有模式函数 IMF 的叠加。其详细步骤如下：

设 $x(t)$ 为原始信号，第一步为识别出 $x(t)$ 的所有极值点，然后用 3 次样条曲线串联所有极大值点形成 $x(t)$ 的上包络线，再串联所有极小值点形成下包络线。设上、下包络线均值为 m_1，则 $x(t)$ 与 m_1 的差用 $h_1^1 = x(t) - m_1$ 表示。若 h_1^1 满足：① 极值点总数与零点总数相等或最多差 1；② 在任一点处，上下包络线均值都为零。则 h_1^1 便是首个 IMF。若 h_1^1 不满足上述两个条件，那就需要进一步对 h_1^1 重复进行上述筛选过程。假设 k 次筛选后的 h_1^k 满足上述两个条件，则其即为该信号的首个 IMF，记作 $C_1 = h_1^k$。再对 $x(t)$ 与 C_1 的差 $r(t) = x(t) - C_1$ 进行如上同样的过程，从而能够推出第二个 IMF 分量 C_2。直到特定的终止条件得到满足，整个分解过程才能停止。终止条件一般为 IMF 分量或余量 r_n 小于某预先设定的值，或者是余量 r_n 成为单调函数。经过这一过程后，$x(t)$ 便能够用 n 个 IMF 及余量 r_n 的和来表示：

$$x(t) = \sum_{j=1}^{N} [C_j(t) + r_n(t)]$$

（6.41）

第一个 IMF 分量包含有初始信号中的最高频成分，IMF 阶数越高，其包含的频率成分越低，故原始信号中的最低频率成分则包含于余量 r_n 当中，鉴于 EMD 分解具有收敛性，故 r_n 即为趋势项。

6.4.2.4 滑动平均法（Sliding Average Method）

滑动平均法是一种原理相对较为简单的方法。该方法不需预先假定趋势项函数的形式，也不需要求解趋势项的表达式，便于工程应用。

滑动平均法的基本计算公式为[8]：

$$y_i = \sum_{n=-N}^{N} h_n x_{i-n} \ (i = 1, 2, 3, \cdots, m)$$ （6.42）

式中　x ——采样数据；

　　　y ——处理后数据；

　　　m ——数据点高数；

　　　$2N+1$ ——平均点数；

　　　h ——加权平均因子，加权平均因子必须满足其和等于 1。

对于简单滑动平均法，其加权因子为：

$$h_n = \frac{1}{2N+1} (n = 0, 1, 2, \cdots, N)$$ （6.43）

对应的基本表达式为：

$$y_i = \frac{1}{2N+1} \sum_{n=-N}^{N} x_{i-n}$$ （6.44）

对于加权平均法，若作五点加权平均（$N = 2$），可取：

$$\{h\} = \{h_{-2}, h_{-1}, h_0, h_1, h_2\} = \frac{1}{9} \{1, 2, 3, 2, 1\}$$

根据最小二乘法原理，对振动信号进行线性滑动平均的方法即为直线滑动平均法，五点滑动平均（$N = 2$）的计算公式为：

$$\begin{cases} y_1 = \frac{1}{5}(3x_1 + 2x_2 + x_3 - x_4) \\ y_2 = \frac{1}{10}(4x_1 + 3x_2 + 2x_3 + x_4) \\ \quad \cdots \\ y_i = \frac{1}{5}(x_{i-2} + x_{i-1} + x_i + x_{i+1} + x_{i+2}) \ (i = 3, 4, \cdots, m-2) \\ \quad \cdots \\ y_{m-1} = \frac{1}{10}(x_{m-3} + 2x_{m-2} + 3x_{m-1} + 4x_m) \\ y_m = \frac{1}{5}(-x_{m-3} + x_{m-2} + 2x_{m-1} + 3x_4) \end{cases}$$ （6.45）

本小节基于 MATLAB 软件，根据滑动平均法的基本理论编制相关计算程序，提取振动台信号的趋势项，进而将其剔除。部分代码如下：

```
clear all
clc
A=dir('*.txt');
filenum=length(A);
for i=1:filenum
    data=load(A(i).name);
    [c,r]=size(data);
    t=data(1:c,1);
    x=data(1:c,2);
    %%%%%%%%%%%%%%%%%%%%    消除趋势项(核心部分)
    l=30;                            %滑动阶数
    m=100;                           %平滑次数
    b1=ones(l,1);
    a1=[b1*x(1); x; b1*x(c)];
    b2=a1;
    for k=1:m
        for j=l+1:l+c
            b2(j)=mean(a1(j-l:j+l));
        end
        a1=b2;                       %趋势项
    end
    y=x(1:c)-a1(1+l:c+l);            %消除趋势项
    ……
```

采用五点滑动平均法进行平滑处理，平滑 20 次。对采样数据进行基线校正、平滑处理前后的加速度时程曲线如图 6.26 所示。由图 6.26 可知，采集数据经过基线校正、平滑处理后，可有效提高原始波的信噪比，矫正地震波的零点漂移。此外，由于该法对地震波存在一定的滤波作用，所以地震波的幅值略有减小。

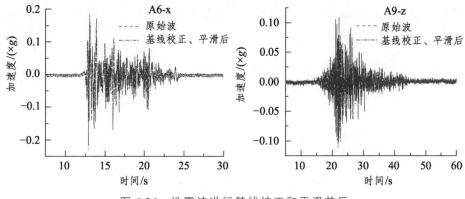

图 6.26　地震波进行基线校正和平滑前后

6.4.3　数字滤波

振动台试验直接采集到的振动信号，往往含有噪声等干扰成分。这些成分会对后续信号的分析产生不良的影响，必须通过一定的技术手段，将这些噪声信号从原始信号中剥离，其中一种经受了实践检验的方法便是运用数字滤波器。这种方法是首先按照一定的技术指标设计数字滤波器，而后用该滤波器对原始振型信号进行滤波。

滤波器可分为高通滤波器（HPF）、低通滤波器（LPF）、带阻滤波器（BSF）、带通滤波器（BPF）和梳状滤波器。根据不同的数学运算方式，数字滤波可分为频域滤波方法和时域滤波方法。

根据滤波定义，有下式成立：

$$Y(z) = H(z)X(z) \tag{6.46}$$

式中：$X(z)$ 为输入信号；$Y(z)$ 为输出信号。

数字滤波器用传递函数表示即为：

$$H(z) = \frac{Y(z)}{X(z)} \tag{6.47}$$

6.4.3.1　数字滤波的频域方法

数字滤波的频域方法为基于快速傅里叶变换的一种滤波方法。运用该方法，首先对输入信号进行离散傅里叶变换，将其由时域变换到频域，而后根据滤波要求，将需要剔除的频带直接设置为零，或加窗后设置成零；其次对滤波后数据进行离散傅里叶逆变换，将其恢复到时域，即完成了数据的滤波过程。数字滤波的频域方法的表达式为：

$$y(r) = \sum_{k=0}^{N-1} H(k)X(k)e^{2k\pi jr/N} \qquad (6.48)$$

式中：X 为输入信号；H 为频响函数。

设 f_u 为上限截止频率，f_d 为下限截止频率，Δf 为频率分辨率，在理想情况下，低通滤波器的频响函数为：

$$H(k) = \begin{cases} 1 & k\Delta f \leqslant f_u \\ 0 & \text{其他} \end{cases} \qquad (6.49)$$

高通滤波器的频响函数为：

$$H(k) = \begin{cases} 1 & k\Delta f \geqslant f_d \\ 0 & \text{其他} \end{cases} \qquad (6.50)$$

带通滤波器的频响函数为：

$$H(k) = \begin{cases} 1 & f_d \leqslant k\Delta f \leqslant f_u \\ 0 & \text{其他} \end{cases} \qquad (6.51)$$

带阻滤波器的频响函数为：

$$H(k) = \begin{cases} 1 & k\Delta f \leqslant f_d, \, k\Delta f \geqslant f_u \\ 0 & \text{其他} \end{cases} \qquad (6.52)$$

6.4.3.2 数字滤波的时域方法

数字滤波的时域方法是基于差分运算的一种滤波方法。其实现方法主要有两种：IIR 数字滤波器（无限长冲激响应滤波器）和 FIR 数字滤波器（有限长冲激响应滤波器）。

1. IIR 数字滤波器

IIR 数字滤波器（Infinite Impuloe Response Digital Filter），即为无限长冲激响应滤波器，它的显著特点是冲激响应能够不中断地一直延续下去。其滤波表达式为：

$$y(n) = \sum_{k=0}^{M} a_k x(n-k) - \sum_{k=1}^{N} b_k y(n-k) \qquad (6.53)$$

上式是一个差分方程。式中：$x(n)$ 为输入时域信号序列；$y(n)$ 为输出时域信号序列；a_k、b_k 为滤波系数。其传递函数如下：

$$H(z) = \frac{\sum_{k=0}^{M} a_k z^{-k}}{1 + \sum_{k=1}^{N} b_k z^{-k}} \qquad (6.54)$$

式中 N —— 滤波器阶数；

M —— 滤波器传递函数零点数；

a_k、b_k —— 权函数系数。

IIR 数字滤波器的设计往往基于模拟滤波器原型，常用的模拟低通滤波器原型有以下几种：贝塞尔滤波器原型、椭圆滤波器原型、切比雪夫 I 型和 II 型滤波器原型、巴特沃斯滤波器原型等。

IIR 数字滤波器的设计步骤如下：

（1）首先明确滤波的目的，根据滤波的目的确定数字滤波器的技术参数，然后根据特定规则，把这些参数等效转化为相应模拟低通滤波器的技术参数。

（2）基于上步得到的模拟低通滤波器的技术参数，设计模拟低通滤波器 $H(s)$。

（3）按一定规则，将模拟滤波器 $H(s)$ 转换成数字滤波器 $H(z)$。

（4）若要设计高通、带通或带阻滤波器，首先将高通、带通或带阻的技术参数转化为低通模拟滤波器的技术参数，然后按一定规则设计出低通滤波器 $H(s)$，再将 $H(s)$ 转换成 $H(z)$。

如采用带通滤波，通带截止频率为 1～30 Hz，阻带截止频率为 0.1～100 Hz，时域上带通滤波核心程序如下所列。相应的滤波器频率响应图如图 6.27 所示。

```
fs=1000;                      % fs 为采样频率
ftype='bandpass';            % 采用带通滤波
Wp=[1 30]/(sf/2);            % 频率通带
Ws=[0.1 100]/(sf/2);        % 频率阻带
Rp=2;
Rs=40;                       % Rp 和 Rs 分别为通带最大衰减和阻带最大衰减
% 巴特沃斯滤波器
[n, Wn]=buttord (Wp, Ws, Rp, Rs);
[b, a]=butter(n, Wn, ftype);
```

z= filter (b, a, y);   % y 为待处理数据

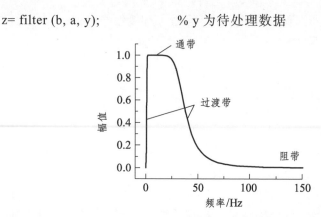

图 6.27　滤波器频率响应

图 6.28 所示为进行 IIR 数字滤波前后测点的频谱分布情况。由图 6.28 可知，经过时域滤波，低频成分被进一步抑制，高频成分也被进一步削弱，而 1 ~ 30 Hz 频带之间频率基本没有变化。

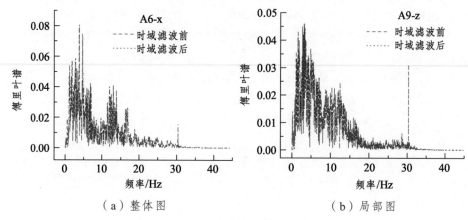

（a）整体图　　　　　　　　　　　（b）局部图

图 6.28　滤波前后傅里叶谱

2. FIR 数字滤波器

FIR 数字滤波器（Finite Impuloe Response Digital Filter），即为有限长冲激响应滤波器，其特征为冲激响应仅仅持续有限时间，在工程实际中一般采用非递归算法来实现。用差分方程来描述该类型滤波器的滤波表达式如下：

$$y(n) = \sum_{k=0}^{N-1} b_k x(n-k) \qquad (6.55)$$

式中：$x(n)$ 为输入信号；$y(n)$ 为输出信号；b_k 为滤波系数。

系统传递函数的表达式如下：

$$H(z) = b_0 + b_1 z^{-1} + \cdots + b_{N-1} z^{1-N} = \sum_{n=0}^{N-1} b_n z^{-n} \qquad (6.56)$$

则其冲激响应为：

$$h(n) = \begin{cases} b_n & 0 \leqslant n \leqslant N \\ 0 & \text{其他} \end{cases}$$

FIR 数字滤波器的设计有多种方法，目前较为常用的是窗函数法和频率采样法，其中窗函数法是应用最广泛的一种。下面将对窗函数法的原理进行简单的介绍。一个理想数字滤波器的频响函数可表示为：

$$H_{\mathrm{d}}(\mathrm{e}^{\mathrm{j}\omega}) = \sum_{n=-\infty}^{\infty} h_{\mathrm{d}}(n) \mathrm{e}^{-\mathrm{j}\omega n} \qquad (6.57)$$

式中：$h_{\mathrm{d}}(n)$ 为冲激响应序列。

由傅里叶逆变换可得：

$$h_{\mathrm{d}}(n) = \frac{1}{2\pi} \int_{-\pi}^{\pi} H(\mathrm{e}^{\mathrm{j}\omega}) \mathrm{e}^{\mathrm{j}\omega n} \mathrm{d}\omega \qquad (6.58)$$

由于 $h_{\mathrm{d}}(n)$ 是非因果性的，且 $h_{\mathrm{d}}(n)$ 的持续时间为 $(-\infty, +\infty)$，物理上也无法实现，故最常用的手段是将该冲激响应序列截断，再构造一个新的有限长冲激响应序列，用该新的有限序列去逼近。新构造的有限长冲激响应序列如下：

$$h(n) = \begin{cases} h_{\mathrm{d}}(n) & 0 \leqslant n \leqslant M \\ 0 & \text{其他} \end{cases}$$

上式 $h(n)$ 可认为是理想冲激响应序列与一有限长窗函数的乘积，即：

$$h(n) = h_{\mathrm{d}}(n)\omega(n) \qquad (6.59)$$

式中：$\omega(n)$ 为简单截取所构成的矩形窗函数。$\omega(n)$ 定义为：

$$\omega(n) = \begin{cases} 1 & 0 \leqslant n \leqslant M \\ 0 & \text{其他} \end{cases}$$

利用复卷积定理，可得：

$$H(\mathrm{e}^{\mathrm{j}\omega}) = \frac{1}{2\pi} \int_{-\pi}^{\pi} H_{\mathrm{d}}(\mathrm{e}^{\mathrm{j}\theta}) W(\mathrm{e}^{\mathrm{j}(\omega-\theta)}) \mathrm{d}\theta \qquad (6.60)$$

由有限长度离散傅里叶变换的特性可知，矩形窗使序列被突然截断会造成谱泄漏，产生吉布斯现象。为了减小吉布斯现象的影响，可以选择一个适当的窗函数，使截断不是突然发生的，而是逐步衰减过渡到零。在工程实际中，常用的窗函数有汉宁窗、矩形窗、布莱克曼窗、巴特利特窗、海明窗、凯泽窗等。

6.4.4　异点剔除

测试系统在数据采集的过程中，由于各种各样的原因会导致一些失真无效数据点的产生，即所谓的异点。这些异点可能会对后续数据的分析造成一定的影响，故在预处理环节应该采用一定的数据处理方法将这些异点识别出来，进而将其剔除。国内外学者针对该问题做了较多工作，但由于该问题的复杂性，目前仍然没有一个普遍适用的方法可以解决这一问题。下面基于目前的研究成果，简要介绍异点剔除技术的基本思想。

异点剔除技术首先假设在理想状态下采集的振动信号是"平滑"的，但含有异点的振动信号却不是"平滑"的，其在异点处是"突变"的。基于这样的假设，异点剔除的第一步便是运用低通滤波、"中位数"均值、滑动平均法等信号处理技术，提取实际采样序列的平滑估计。第二步是根据实际采样数据的统计特性，合理估计各个时间点上的正常值范围。第三步便是剔除处理，将各个时间点上的实际采样数据点与该时间点上数据的正常值范围相对比，若采样点不在正常范围内，则将其剔除，并将该时间点上采样数据用内插值或外推值代替，同时必须控制内插或外推的次数。

6.4.5　振动信号的时域分析

振动信号的时域处理又称为波形分析，主要是在时域内对信号进行分析处理，如滤波、最值、概率密度函数、相关函数、微积分等等，这些均是振动信号时域分析的范畴。

地震信号是一种典型的随机振动。在随机振动的处理分析中，通常将某随机振动的一条信号记录称为一个样本函数，无限多的样本函数构成随机振动信号的集合。如果对一随机振动所有样本函数，取某一时刻的集合平均与其他任一时刻的集合平均都是相同的，则该随机振动称为平稳随机振动。如果一平稳随机振动的集合平均与任一样本函数的时间平均相等，则称其为各态历经的随机振动。

实际工程的随机振动信号很多是通过假设为各态历经来处理分析的。根据大量统计来看，大多数的随机振动近似满足各态历经的假设。但是，即使是各态历经的平稳随机振动，由于单个样本函数的点数仍需无限长，所以在实际工作中做起来也是不可能的。通常仅能取有限长的点数来计算，所计算出的统计特性不是此随机信号的真正值，仅是接近真正值的一种估计值。以下给出的随机振动信号处理方法均为平稳随机振动信号取时间坐标上有限长度做出的估计。

6.4.5.1 概率分布函数和概率分布密度

1. 概率分布函数

随机振动信号的概率分布函数是指一随机振动是 N 个样本函数的集合 $X\{x(n)\}$，其中在 t_1 时刻有 N_1 个样本的函数值不大于特定值 x，那么其概率分布函数为：

$$P(X \leqslant x, t_1) = \lim_{N \to \infty} \frac{N_1}{N} \qquad (6.61)$$

瞬时值概率分布函数为 0 ~ 1 的实数，是变量 x 的非递减函数。必须指出的是只有当样本函数个数足够大时，$\dfrac{N_1}{N}$ 才趋向一个稳定值，即概率。

2. 概率分布密度

概率分布函数对变量 x 的一阶导数即为概率分布函数，其物理意义为采样数据点位于某一范围的概率，其表达式为：

$$p(x) = \frac{N_x}{N \Delta x} \qquad (6.62)$$

式中：Δx 是以 x 为中心的区间；N_x 为 $\{x(n)\}$ 数组中数值落在 $x \pm \dfrac{\Delta x}{2}$ 范围中的数据个数；N 为总的数据个数。

6.4.5.2 均值、均方值和方差

1. 均　值

随机振动信号的均值是离散信号数据点 $x(k)(k = 1, 2, \cdots, N)$ 的平均值。随机振动信号均值的估计值为：

$$u_x = \frac{1}{N}\sum_{k=1}^{N} x(k) \tag{6.63}$$

2. 均方值

随机振动信号的均方值是离散信号数据点 $x(k)(k=1,2,\cdots,N)$ 的平方的平均值。其估计如下：

$$\psi_x^2 = \frac{1}{N}\sum_{k=1}^{N} x^2(k) \tag{6.64}$$

3. 方　差

显然方差的定义是去除了均值后的均方值。离散随机振动信号方差的表达式为：

$$\sigma_x^2 = \frac{1}{N}\sum_{k=1}^{N} [x(k)-u_x]^2 \tag{6.65}$$

6.4.5.3　相关函数

相关函数表示时间序列间的相似程度，分为自相关函数和互相关函数。

1. 自相关函数

自相关函数为同一时间序列不同瞬时间的相似关系。离散随机振动信号的自相关函数表达式为：

$$R_{xx}(k) = \frac{1}{N}\sum_{i=1}^{N-k} x(i)x(i+k) \quad (k=0,1,2,\cdots,N-1) \tag{6.66}$$

式中：$x(i)$ 是随机振动信号的样本函数。

2. 互相关函数

互相关函数表示两个不同的时间序列间的相似关系，其大小代表两个不同信号之间的波形相似程度。离散随机振动信号的互相关函数表达式为：

$$R_{xy}(k) = \frac{1}{N-k}\sum_{i=1}^{N-k} x(i)y(i+k) \quad (k=0,1,2,\cdots,N-1) \tag{6.67}$$

6.4.6　振动信号的频域分析

频域处理首先基于傅里叶变换将时域信号变换为以频率为自变量的频域信

号。傅里叶谱、频响函数、相干函数、反应谱等均为振动信号频域分析的范畴。

6.4.6.1 功率谱密度函数

1. 自功率谱密度函数

单个信号的功率谱密度函数叫作自功率谱密度函数。其为该随机振动信号的自相关函数的傅里叶变换，表达式如下：

$$S_{xx}(k) = \frac{1}{N}\sum_{r=0}^{N-1} R_{xx}(r)\mathrm{e}^{-2\pi\mathrm{j}kr/N} \tag{6.68}$$

2. 互功率谱密度函数

两个信号的功率谱密度函数称为互功率谱密度函数。其为两振动信号互相关函数的傅里叶变换，表达式如下：

$$S_{xy}(k) = \frac{1}{N}\sum_{r=0}^{N-1} R_{xy}(r)\mathrm{e}^{-2\pi\mathrm{j}kr/N} \tag{6.69}$$

6.4.6.2 频响函数

频响函数为互功率谱密度函数与自功率谱密度函数之比。

$$H(k) = \frac{S_{xy}(k)}{S_{xx}(k)} \tag{6.70}$$

频响函数反映的是输入信号在被测系统中的频域传递特性。

6.4.6.3 相干函数

相干函数为互功率谱密度函数模的平方除以输入和输出自谱乘积所得到的商，表达式如下：

$$C_{xy}(k) = \frac{\left|S_{xy}(k)\right|^2}{S_{xx}(k)S_{yy}(k)} \tag{6.71}$$

实际上，相干函数常常作为评判频响函数的标准，相干函数的值越大，频响函数的估计就越好。一般认为其值大于 0.8 时，频响函数的估计结果比较准确可靠。

数据采集系统直接采集到的振动信号数据，往往不可避免地含有一些干扰成分，因此，数据分析前的振动信号预处理就显得格外重要，预处理工作的好坏，直接影响后面对数据的分析以及结论的得出。因此，首先本节对振动信号处理的各个环节进行了详细的介绍，从标定变化的简单介绍，到振动信号的趋势项消除，详细阐述了消除趋势项的几种常用方法，然后又大致介绍了数字信号滤波的时频域方法，最后详细阐明了振动信号时频域分析的具体内容，并在此基础上进行了振动信号的处理，为下节"模型动力响应规律分析"提供优质数据源。

6.5　模型动力响应规律分析

由物理学领域"系统"的概念可知，系统的反应（输出信号）是由输入信号和系统本身的特性共同决定的，输出信号"身上"有输入信号和系统二者本身的某些"印记"。把输入信号输入系统后，其本身的一部分特性被保留，另一部分被滤除或修正，而系统在对输入信号进行"加工"的过程中，也"不知不觉"地留下了自己的"痕迹"，二者的结晶——输出信号也就同时继承了二者的某些"基因"。

这一关于系统的"遗传"思想用于地震工程领域也是可行的，具体到该工程场地，输入信号便是加载的地震波，系统便是该人工岛成层场地，输出信号即为场地的地震响应。对于三部分的特性在地震工程领域常用不同的参数来表征：

（1）输入地震波特性：峰值、频谱特性（包括傅里叶谱、反应谱、功率谱）以及持时等。

（2）成层场地特性：动剪切模量比和阻尼比与剪应变幅值的关系、剪切波速、卓越周期、土层结构、土层几何参数、土层物性参数等。

（3）地震响应特性：加速度峰值、加速度反应谱以及加速度、速度、位移时程等。

对于本试验，系统是一定的，目的之一便是研究该给定系统在不同特性输入地震波作用下的响应特性。

6.5.1　加速度峰值（PGA）放大系数变化规律

地表加速度峰值（Peak Ground Acceleration，PGA）是抗震设计的重要参数，研究该人工岛场地 PGA 的变化规律将为后续人工岛协调设计提供技术参数。在实际应用中，常用 PGA 放大系数来表征场地对加速度的放大（衰减）

效应。这里首先定义"绝对 PGA 放大系数"与"相对 PGA 放大系数"的概念。某测点的绝对 PGA 放大系数是指该测点的加速度响应峰值与模型底部（振动台台面）的加速度响应峰值之比，而一点的相对 PGA 放大系数是指该测点的加速度响应峰值与其所在土层底部的加速度响应峰值之比。二者的区别仅仅在于其各自的"参考系"不同：绝对 PGA 放大系数的"参考系"为整个模型的底部，表征一点相对于输入的放大（衰减）效应；相对 PGA 放大系数的"参考系"为该点所在土层的底部，表征单一土层的放大（衰减）效应。

6.5.1.1 绝对 PGA 放大系数随高程的变化

在模型中部选取 3 个高程依次增加的测点 A2、A8、A14 为研究对象，从下到上，3 个测点可近似认为分别位于粗砂层顶部（高程 0.22 m）、淤泥层顶部（高程 0.86 m）和细砂层顶部（高程 1.5 m）（详见图 6.18）。用同样的方法，分别在模型的左侧（A1、A7、A13）和右侧（A3、A9、A15）各选取 3 个测点作为研究对象，用于研究模型在人工波（DP 波）、EL Centro 波（EL 波）、汶川波（WC 波）以及 Kobe 波（KB 波）作用下，X 向绝对 PGA 放大系数随高程的变化规律，如图 6.29 ~ 图 6.32 所示。

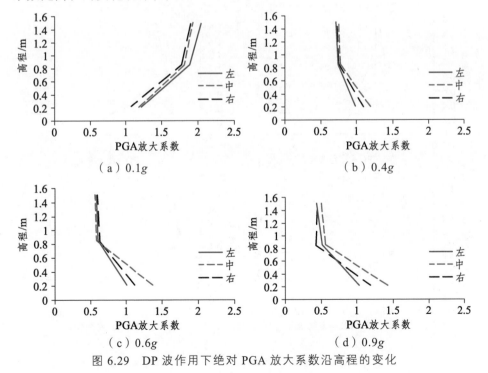

图 6.29 DP 波作用下绝对 PGA 放大系数沿高程的变化

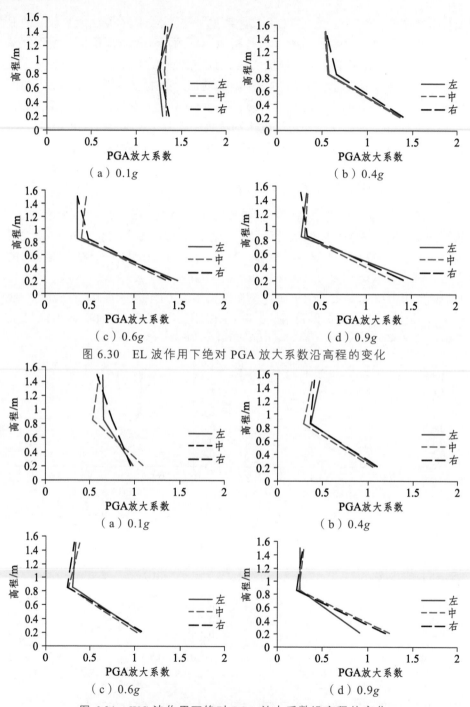

（a）0.1g （b）0.4g

（c）0.6g （d）0.9g

图6.30 EL波作用下绝对PGA放大系数沿高程的变化

（a）0.1g （b）0.4g

（c）0.6g （d）0.9g

图6.31 WC波作用下绝对PGA放大系数沿高程的变化

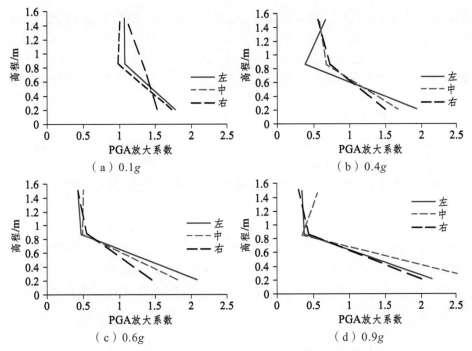

图 6.32　KB 波作用下绝对 PGA 放大系数沿高程的变化

由图 6.29 到图 6.32 可知，随着高程的增大，绝对 PGA 放大系数总体呈现逐渐减小的趋势，且加载峰值越大，绝对 PGA 放大系数随高程减小幅度越大；仅当 DP 波加载峰值为 0.1g 和 0.2g 时，绝对 PGA 放大系数随高程而有所增大。

在底部粗砂层中，绝对 PGA 放大系数总体上大于 1，说明在粗砂层中加速度有一定的放大，且加载峰值越大，该放大效应越明显。

地震波进入中部淤泥质黏土层后，绝对 PGA 放大系数大幅度减小，甚至小于 1，说明在淤泥层中，加速度有一定的衰减，且加载峰值越大，该衰减效应越明显，这与倪克闯[9]的试验结果完全一致。

地震波从中部淤泥质黏土层进入顶部细砂层后，绝对 PGA 放大系数变化相对不大，但仍小于 1，说明在细砂层中加速度相对输入值有一定的衰减。

总之，由上述分析可以得出，饱和的淤泥质黏土层对地震波能量具有较为明显的吸收作用，地震波穿透淤泥质黏土层后，峰值有较大的衰减。

这可能是由淤泥质黏土等软弱土层的触变性和强非线性引起的。在地震荷载的作用下，软土结构会遭到一定程度的破坏，导致土层刚度下降，传力性能减弱，剪应变增大，同时出现剪切模量降低、阻尼升高等强非线性效应，高程放大效应弱于因土层结构遭到一定破坏和非线性效应导致的地震波峰值衰减。

因此在淤泥质黏土层中,绝对 PGA 放大系数急剧减小。由于加载峰值越大,中部软弱土层结构破坏越严重,非线性效应也越强,因此软土对地震波的衰减效应也更明显。考虑到地震波加载顺序和软土触变的不可逆性,加载峰值较小的 DP 波时绝对 PGA 放大系数随高程有所增大的现象由此可以得到合理的解释。

6.5.1.2　加载峰值对 PGA 放大系数的影响

同样选取模型中部测点 A2、A8、A14,左侧测点 A1、A7、A13 和右侧测点 A3、A9、A15 为研究对象。

首先,为了揭示不同土性的土层对 PGA 的放大效应,故分别探讨了各个测点在不同地震波作用下(DP 波、EL 波、WC 波和 KB 波)的相对 PGA 放大系数随加载峰值(0.1g、0.2g、0.4g、0.6g、0.9g)的变化规律,DP 波作用下粗砂层层顶测点的相对 PGA 放大系数随加载峰值的变化见图 6.33,各个地震波作用下饱和淤泥质黏土层层顶测点的相对 PGA 放大系数随加载峰值的变化见图 6.34,WC 波作用下细砂层层顶测点的相对 PGA 放大系数随加载峰值的变化见图 6.35。

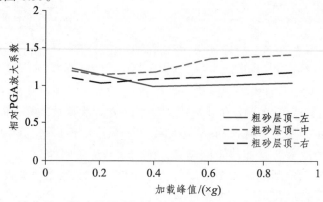

图 6.33　DP 波作用下粗砂层层顶测点的相对 PGA 放大系数随加载峰值的变化

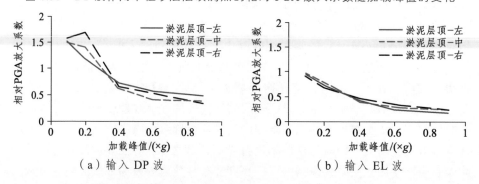

（a）输入 DP 波　　　　　　　　　　（b）输入 EL 波

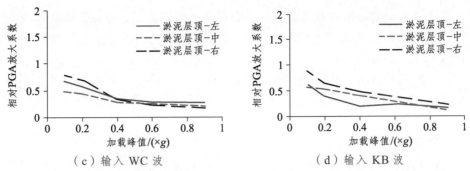

（c）输入 WC 波   （d）输入 KB 波

图 6.34　各个地震波作用下淤泥层层顶测点的相对 PGA 放大系数随加载峰值的变化

其次，为了揭示整个模型即软土夹层场地的 PGA 放大效应，又探讨了 EL 波作用下模型地表测点的绝对 PGA 放大系数随加载峰值的变化，见图 6.36。

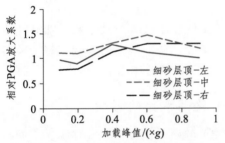

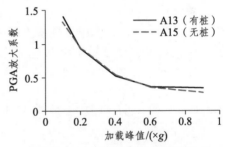

图 6.35　WC 波作用下细砂层层顶测点的
相对 PGA 放大系数随加载峰值的变化

图 6.36　EL 波作用下地表测点的
绝对 PGA 放大系数随加载峰值的变化

由图 6.33 粗砂层层顶测点在 DP 波作用下的相对 PGA 放大系数随加载峰值的变化情况可知，其相对 PGA 放大系数总体上大于 1，粗砂层对地震波峰值有一定放大作用。这是由于粗砂层整体结构稳定，刚度较大，传力性能良好，故存在一定的高程放大效应，这与前述分析一致。另外，在 EL 波、WC 波和 KB 波作用下，也有类似的规律，限于篇幅，此处不再一一列举。

图 6.34（a）中，淤泥层层顶测点相对于淤泥层层底测点的相对 PGA 放大系数，随着加载峰值的增大由大于 1 逐步减小，当加载峰值为 0.4g 时，其值开始小于 1，而后随着加载峰值的进一步增大，该值又进一步减小。这种现象说明单一土层对加速度峰值的放大抑或是衰减[峰值放大（衰减）效应]，是高程放大效应和土体非线性效应两种相反影响效应综合作用的结果，二者分别对应峰值放大效应和峰值衰减效应。

对淤泥质黏土层而言，在加载峰值较小（0.1g、0.2g）时，其相对放大系数大于 1，即表现为峰值放大效应，说明此时土层非线性较弱，而高程放大效应占优；随着加载峰值的增大，高程放大效应不变，而软土非线性效应却逐渐增强；二者的综合作用表现为峰值放大效应的逐渐减弱，因此相对PGA放大系数逐渐下降。

当加载峰值达到 0.4g 时，软土非线性效应开始占优，峰值衰减效应开始呈现，表现为相对 PGA 放大系数减小到小于 1 的值；随着加载峰值的进一步增大，非线性效应的优势地位也进一步增强，峰值衰减更加明显，相对 PGA 放大系数进一步减小。

图 6.34（b）、（c）和（d）中也同样有如上所述变化规律，唯一不同的是（b）、（c）和（d）中曲线始终低于 1，这是由加载顺序和输入波的频谱特性这两方面的原因造成的。

图 6.35 显示，细砂层层顶测点的相对 PGA 放大系数与粗砂层层顶测点存在类似的变化规律，另外，在其他 3 条地震波 DP 波、EL 波和 KB 波作用下，该结论也成立。

图 6.36 为 EL 波作用下模型土层顶测点的绝对 PGA 放大系数随加载峰值的变化。可见，由于模型中部饱和淤泥质黏土层强非线性的影响，整个模型土层亦表现出强烈的非线性特性，在其他 3 条地震波作用下，结论也是如此。

6.5.1.3 加载波的频谱特性对 PGA 放大系数的影响

通过对图 6.34（a）、（b）、（c）和（d）的横向比较，发现其明显不同是图 6.34（a）中曲线从大于 1 开始逐渐降低，而（b）、（c）和（d）中曲线始终低于 1，初步推测该现象主要是由两方面的原因造成的：一方面是输入地震波的频谱特性，另一方面是地震波加载顺序。

首先来分析第一个原因，由于该人工岛场地为软土场地，其自振周期较长，故很有可能是 DP 波的卓越周期明显长于其余 3 条加载波，从而导致了仅在 DP 波作用下模型有共振现象的发生，进而引起图 6.34 中 DP 作用下 PGA 放大系数明显高于其余 3 条地震波加载时值的现象。下面观察各个加载地震波的反应谱，如图 6.37 所示，DP 波的卓越周期果然明显长于其余 3 条加载波，分别为 DP 波 0.3s（按时间相似比压缩后的值，下同）、EL 波 0.04 s、WC 波 0.02 s 和 KB 波 0.08 s，从而印证了上述推测。

其次来分析第二个原因，DP 波（0.1g）为首次加载的地震波，淤泥质软土层结构在首次加载后即有部分破坏，亦即发生一定程度的受震触变，之后依次加载 EL 波、WC 波和 KB 波时，即使其峰值较小，由软土触变的不可逆性导致淤泥质黏土层刚度降低、阻尼比增大，非线性效应始终强于高程放大效应，因此加速度峰值呈现衰减效应，PGA 放大系数均小于 1。

但两种诱因并非处于同等地位，前者亦即加载波频谱特性的影响为主要原因，后者则起次要作用。

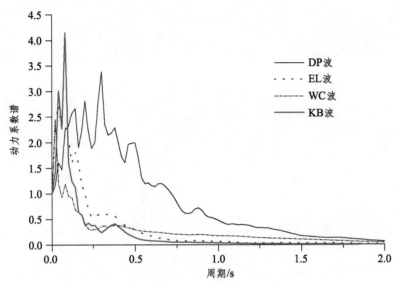

图 6.37　输入地震波的加速度反应谱

6.5.2　加速度傅里叶谱（AFS）变化规律

6.5.2.1　土性对 AFS 的影响

选取模型中部的淤泥层底部和淤泥层顶部 2 个测点 A5、A8，探究淤泥层对加速度傅里叶谱（Acceleration Fourier Spectrum，AFS）的影响；同样，选取模型中部细砂层底部和细砂层顶部 2 个测点 A11、A14，探究细砂层对 AFS 的影响。均以加载 DP 波为例，分别见图 6.38 ~ 图 6.41 和图 6.42 ~ 图 6.45。

1. 淤泥层的影响

由图 6.38 ~ 图 6.41 可知，地震波经过软土层后其频谱特性发生了较为明显的变化，具体表现如下：淤泥层对低频成分（0 ~ 5 Hz）有放大作用（150% ~ 400%），但该放大作用随着加载峰值的增大而有所减弱；淤泥层对高频成分（大于 5 Hz）有较大的抑制作用，且该抑制作用随着加载峰值的增大而逐渐增强。

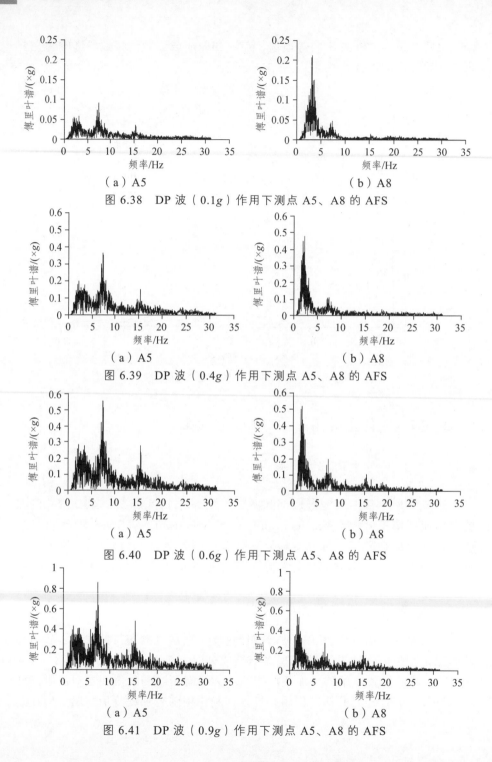

（a）A5　　　　　　　　　　　（b）A8

图 6.38　DP 波（0.1g）作用下测点 A5、A8 的 AFS

（a）A5　　　　　　　　　　　（b）A8

图 6.39　DP 波（0.4g）作用下测点 A5、A8 的 AFS

（a）A5　　　　　　　　　　　（b）A8

图 6.40　DP 波（0.6g）作用下测点 A5、A8 的 AFS

（a）A5　　　　　　　　　　　（b）A8

图 6.41　DP 波（0.9g）作用下测点 A5、A8 的 AFS

总而言之，软土层具有明显的滤波作用，呈放大低频、抑制高频规律。这是由软土层自身的动力特性决定的。土层的卓越频率 f，可用下式近似表示：

$$f = \frac{V_s}{4H} \tag{6.72}$$

式中：V_s 为土层剪切波速（m/s）；H 为土层厚度（m）。

由于淤泥质黏土等软土层的剪切波速较小（一般小于 100 m/s），故由式（6.72）可知，软土层的卓越频率较低，将与地震波中的低频成分发生共振，从而使低频成分得以放大，而高频成分被抑制，呈现出选择放大效应。

另外，对于淤泥质黏土层的强非线性效应，随着加载峰值的增大，其剪应变幅值将逐渐增大，动剪切模量将逐渐降低，导致其剪切波速 $V_s = \sqrt{G/\rho}$ 也将逐渐降低，从而引起软土层卓越频率的进一步减小，被放大的频率成分也将随之有所减小。这一点可以从图 6.38 ~ 图 6.41 中低频峰值的逐渐左移看出。

2. 细砂层的影响

DP 波（0.1g、0.4g、0.6g、0.9g）作用下测点 A11、A14 的 AFS 如图 6.42 ~ 图 6.45 所示。

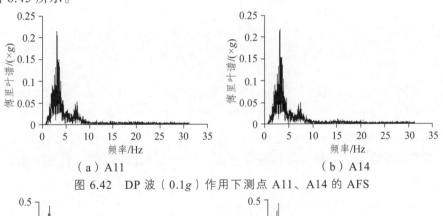

（a）A11　　　　　　　　　（b）A14

图 6.42　DP 波（0.1g）作用下测点 A11、A14 的 AFS

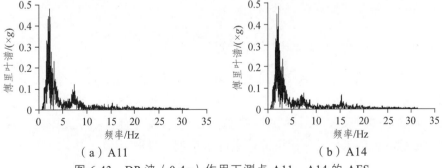

（a）A11　　　　　　　　　（b）A14

图 6.43　DP 波（0.4g）作用下测点 A11、A14 的 AFS

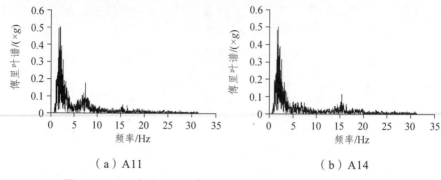

（a）A11　　　　　　　　　　（b）A14

图 6.44　DP 波（0.6g）作用下测点 A11、A14 的 AFS

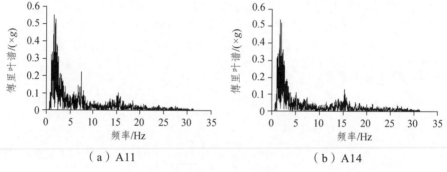

（a）A11　　　　　　　　　　（b）A14

图 6.45　DP 波（0.9g）作用下测点 A11、A14 的 AFS

由图 6.42～图 6.45 可知细砂层对频谱的影响：细砂层对 5～10 Hz 频带有一定的抑制作用，且随着加载峰值的增大，该抑制作用增强；而对频率在 15 Hz 左右的高频成分有一定的放大作用。总之，细砂层总体呈现出抑制某些低频成分而放大一些高频成分的现象，这是由于细砂层的剪切波速相对于中部的软土层较大，其卓越频率也较高，因此会出现对某些高频成分有所放大的现象，这与前述规律一致。

6.5.2.2　加载峰值对 AFS 的影响

为研究加载峰值对 AFS 的影响，取模型右侧粗砂层层顶、淤泥层层顶和细砂层层顶各 1 个测点，即共 3 个测点 A3、A9 和 A15 来研究，分别研究其在不同峰值的地震波作用下 AFS 的变化情况。以右侧粗砂层层顶测点 A3 在不同加载峰值的 KB 波作用下的傅里叶谱为例，见图 6.46。

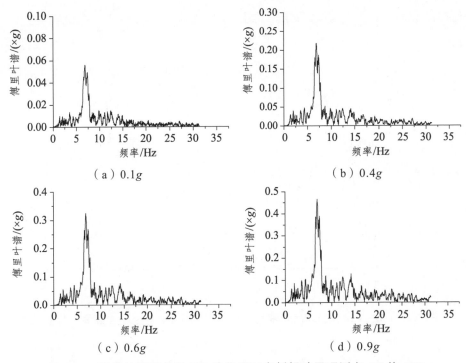

图 6.46　不同加载峰值的 KB 波作用下右侧粗砂层顶测点 A3 的 AFS

由图 6.46 可知，随着加载峰值的增大，粗砂层层顶测点频谱峰值逐渐增大。用同样的方法对淤泥层和细砂层进行研究，发现细砂层和淤泥层中测点也有类似规律。

6.5.3　加速度反应谱（ARS）变化规律

为研究加载峰值对绝对加速度反应谱（Acceleration Response Spectrum，ARS）的影响，选取地表中部自由场测点 A14，探究其在不同加载峰值（0.1g、0.4g、0.6g 和 0.9g）的 DP 波作用下 ARS 的变化规律，分别如图 6.47 和图 6.48 所示。

如图 6.47 所示，地表绝对加速度反应谱随加载峰值的增大而增大，且其波形由单峰逐渐变化为多峰。

图 6.48 中所示为 DP 波作用下地表中部自由场测点的动力系数谱随加载峰值的变化情况。动力系数 β 谱是由地表绝对加速度反应谱除以相应的加载波峰值得到的放大系数谱。从图中可知，随加载峰值的增大，动力系数 β 谱

值逐渐减小，这是由场地的强非线性引起的。

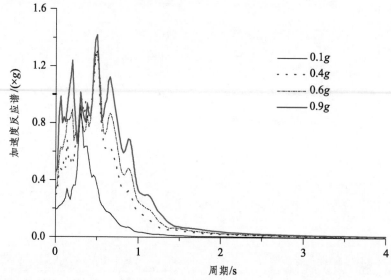

图 6.47　DP 波作用下地表中部自由场测点 A14 的 ARS 随加载峰值的变化

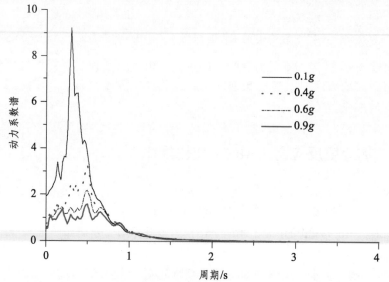

图 6.48　DP 波作用下地表中部自由场测点 A14 的动力系数谱随加载峰值的变化

6.5.4　超静孔隙水压力动力响应规律

孔隙水压力是土力学中的最基本概念之一，饱和土体的有效应力原理和渗流固结理论都建立在这一概念的基础之上。在实际应用中，孔隙水压力常常有两层意思：一种是指静孔隙水压力，静孔隙水压力指位于静止的水中或稳定渗流场中的土体，其中的孔隙水压力即为静止孔隙水压力；另外一种是指超静孔隙水压力，超静孔隙水压力是指由于外部作用或者边界条件变化在土体中引起的、不同于（高于或低于）静孔隙水压力的那部分孔隙水压力。超静孔隙水压力有明显的产生、发展和消散的过程，土体渗透性能不同，超静孔隙水压力产生和消散速度也就随之不同，在排水条件较好的情况下，超静孔隙水压力消散较快，反之较慢，且超静孔隙水压力在消散过程中会伴随着土体体积的变化。下面将探讨在地震荷载作用下超静孔隙水压力的变化规律。

6.5.4.1 加载峰值对超静孔隙水压力的影响

首先研究加载峰值对超静孔隙水压力发展模式的影响，分别以底部粗砂层、中部淤泥质黏土层和顶部细砂层为研究对象，探讨 3 种不同的土层在不同加载峰值的 DP 波作用下的超静孔隙水压力变化规律，如图 6.49～图 6.51 所示。

图 6.49～图 6.51 分别为模型底部粗砂层、中部淤泥质黏土层和顶部细砂层中超静孔隙水压力在加载峰值分别为 0.1g、0.4g、0.6g 和 0.9g 的 DP 波作用下的变化规律。由图可得超静孔隙水压力的产生、发展和消散过程：在地震波作用的初始阶段，土层中逐渐产生超静孔隙水压力；随着加载地震波峰值的临近，超静孔隙水压力不断攀升；加载峰值到来的时刻，超静孔隙水压力也达到最大；加载地震波峰值过后，超静孔隙水压力开始逐渐消散，并最终完全消散至零（时间足够长）。

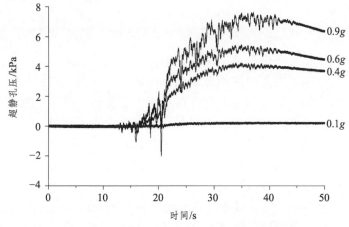

图 6.49　粗砂层超静孔隙水压力随加载峰值变化规律

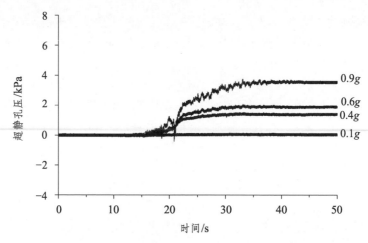

图 6.50　淤泥质黏土层超静孔隙水压力随加载峰值变化规律

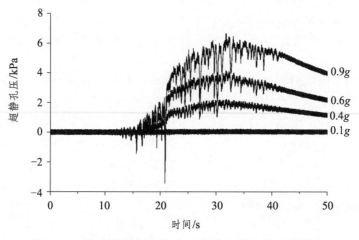

图 6.51　细砂层超静孔隙水压力随加载峰值变化规律

超静孔隙水压力产生上述变化过程的根本原因是土体中总应力的变化和有效应力与孔隙水压力之间的动态消长。在地震波作用的初始阶段，土体中的总应力有所增加，其有效应力和孔隙水压力也将相应增加，超静孔隙水压力也由此产生。随着时间的延长，加载地震波的强度逐渐增长，一方面，总应力的进一步增加，将不可避免地引起超静孔隙水压力的上升；另一方面，由于地震波波峰的临近，土体骨架在某种程度上将遭受一定的破坏，造成原本由土体骨架承担的部分有效应力向孔隙水压力转移，从而引起超静孔隙水压力的进一步升高。在地震波峰值到来的时刻，超静孔隙水压力值达到最大。波峰过后，总应力逐渐降低，超静孔隙水压力也将随之消散，土体颗粒重新排列形成新的稳定骨架结构，超静孔隙水压力又"逆转"为有效应力，直至超静孔隙水压力消散殆尽。

从图 6.49 ~ 图 6.51 还可明显看出，加载峰值对超静孔隙水压力有较大的影响，加载峰值越大，土层中产生的超静孔隙水压力也就越大。图 6.52 表明，超静孔压峰值随加载地震波峰值的变化基本呈线性模式，但增长速率从粗砂层、细砂层到淤泥层依次递减，初步推测这可能与土体透水性、土层边界排水条件、土层地震响应程度等有关。

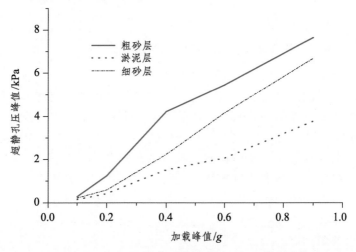

图 6.52　DP 波作用下超静孔压峰值随加载地震波峰值的变化

6.5.4.2　土性对超静孔隙水压力的影响

图 6.53 所示分别为各个地震波（0.9g）作用下粗砂层、淤泥质黏土层和细砂层中超静孔隙水压力的产生、发展和消散过程。在同样的地震荷载作用下，超静孔隙水压力的大小为粗砂层>细砂层>淤泥层，但 EL 波例外。

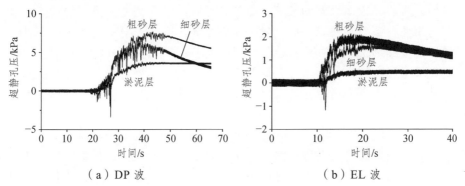

（a）DP 波　　　　　　　　　　　（b）EL 波

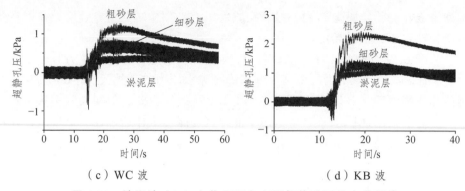

（c）WC 波　　　　　　　　　　　（d）KB 波

图 6.53　地震波（0.9g）作用下各土层超静孔压的变化规律

对于本章中的场地模型，细砂层中超静孔隙水压力的产生和消散最快，粗砂层次之，淤泥质黏土层最慢。这是由于粗砂层和细砂层透水性要强于淤泥质黏土层，所以超静孔隙水压力在前者中产生和消散要明显快于后者。

土层地震反应越强烈、边界排水条件越差、透水性越好，其超静孔隙水压力往往越大，反之，其超静孔隙水压力也就越小。

土层地震反应越强烈，对于特定土层而言，其总应力的增幅也就越大，相应的超静孔隙水压力也会有所上升。另外，地震反应越强烈，土体骨架破坏越严重，有效应力向孔隙水压力的转移也就越明显。两方面因素导致超静孔隙水压力的增大。

在土层边界排水条件较好的情况下，虽然地震作用时间较短，但在孔隙水压力较高的情况下，仍会有排水现象发生，这会在一定程度上削平超静孔隙水压力峰值；反之，若土层排水条件较差，则会增加超静孔隙水压力峰值，比如本章中的地层模型，粗砂层位于模型最下部，其上部为淤泥质黏土层，相当于阻水层，导致粗砂层几乎无排水可能，故其排水条件最差，因此粗砂层的存在有助于"孕育"超静孔隙水压力的排水条件。

如前所述，土体骨架的破坏会引起超静孔隙水压力的上升，但由于土体的不均匀性，该破坏并非大面积发生，而是先产生各个分散的局部破坏，如果地震强度继续增强，各个分散局部破坏将会继续扩大并最终形成成片破坏。因此如果土层有较好的透水性，局部土体骨架的破坏引起局部超静孔隙水压力上升，这将更容易通过孔隙水向整体传递，从而更易于土体中整体超静孔隙水压力的上升。

结合 6.5.1.1 节所述在 0.9g 地震波作用下，粗砂层地震响应最为强烈，此外粗砂层的边界排水条件最差、透水性最好，三方面的"优势"使其中发展了最大的超静孔隙水压力。细砂层和淤泥层相比，地震反应强度相当，排水条件也相当，但细砂层在透水性方面"遥遥领先"于淤泥层，故细砂层中超静孔隙水压力仅次于粗砂层，而淤泥层中超静孔隙水压力值最低。

如上所述分析也同样解释了 6.5.4.1 节图 6.52 中增长速率从粗砂层、细砂层到淤泥层依次递减的现象。

6.5.4.3　加载地震波形对超静孔隙水压力的影响

通过观察易知，超静孔隙水压力的时程曲线因加载地震波的不同而呈现出明显不同的振荡模式，故超静孔隙水压力与加载地震波之间必然存在一定的内在联系。下面运用"滑动平均法"，将超静孔隙水压力时程分解为"基线"和"振荡"两部分，图 6.54（a）所示为 0.9g 的 DP 波作用下粗砂层中测点 P3 的超静孔隙水压力时程曲线（部分），其可分解为基线[图 6.54（b）]和振荡[图 6.54（c）]。图 6.54（d）为与测点 P3 关于 X 轴（模型长边即水平振动方向，也为 X 轴）对称的测点 A3 的 X 向位移时程曲线（部分），该位移曲线由 A3 直接测得的加速度时程在频域内积分所得，因为两点位置对称且其他条件相同，故可近似认为两点有相同的地震反应。用同样的方法可得 P3 在 0.9g 的 EL、WC、KB 波作用下超静孔隙水压力时程分解，如图 6.55～图 6.57 所示。

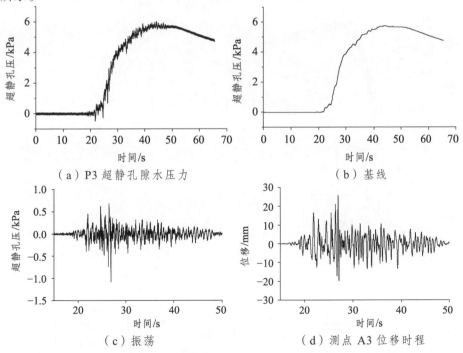

图 6.54　DP 波（0.9g）作用下测点 P3 超静孔隙水压力分解

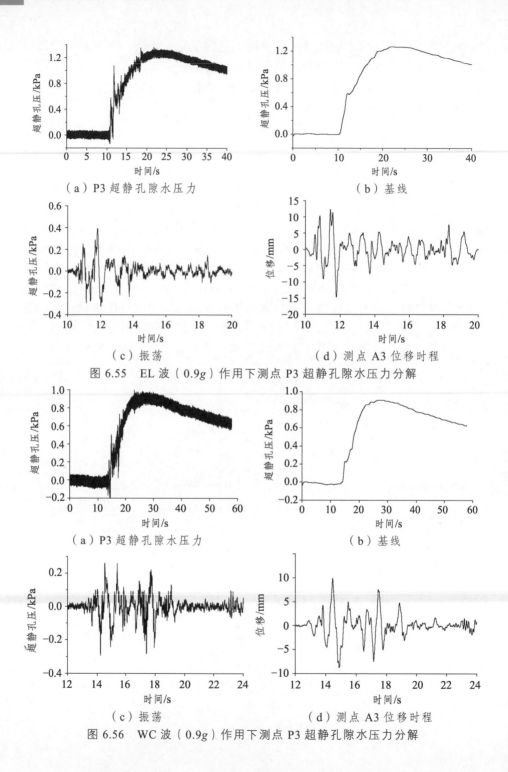

（a）P3 超静孔隙水压力

（b）基线

（c）振荡

（d）测点 A3 位移时程

图 6.55　EL 波（0.9g）作用下测点 P3 超静孔隙水压力分解

（a）P3 超静孔隙水压力

（b）基线

（c）振荡

（d）测点 A3 位移时程

图 6.56　WC 波（0.9g）作用下测点 P3 超静孔隙水压力分解

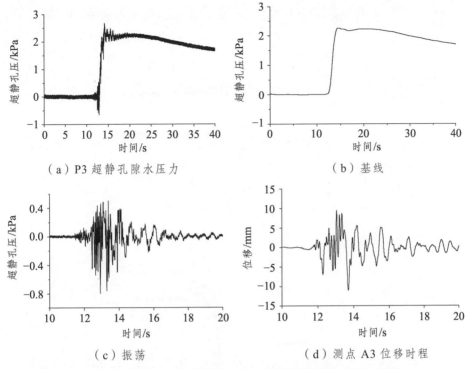

（a）P3 超静孔隙水压力

（b）基线

（c）振荡

（d）测点 A3 位移时程

图 6.57　KB 波（0.9g）作用下 P3 测点超静孔隙水压力分解

由图 6.54～图 6.57 可知，在各个地震作用下的饱和砂土中，任一点的超静孔隙水压力时程曲线分解后的振荡曲线，与该点的位移时程曲线具有类似的波形，故推断饱和土体中某一点的超静孔隙水压力与该点的位移具有某种直接或间接的内在关系，该内在关系的揭示则需要进一步的研究。

6.5.4.4　高程对超静孔隙水压力的影响

饱和土体中的超静孔隙水压力，除了受加载地震波、加载峰值、土性等的影响外，还受高程的影响。选取 KB 波作用下，位于同一土层（淤泥质黏土层）中不同高程处的两个测点 P5、P8，两点分别位于距模型底部 420 mm、640 mm 处。在 0.4g 和 0.9g 的 KB 波作用下，两点的超静孔隙水压力对比图分别如图 6.58（a）和图 6.58（b）所示。

从图 6.58 可明显看出，超静孔隙水压力随高程的增大而明显下降，究其原因，可能是不同高程处土体总应力的变化幅度不同，在 X（模型长边方向）、Z（竖直方向）双向加载下，特别是 Z 向地震波的作用，高程越高，土体中一点的上覆土层厚度越小，Z 向地震惯性力引起的总应力增幅也就越小，从而导致相对较小的超静孔隙水压力，超静孔隙水压力呈现随高程的增大而有所下降的规律。

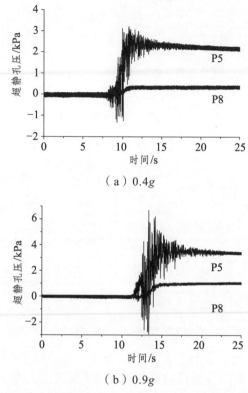

（a）0.4g

（b）0.9g

图 6.58　KB 波作用下 P5、P8 超静孔隙水压力对比

6.6　抗震协调设计研究

6.6.1　土层震陷规律

这里先引入"绝对沉降"和"相对沉降"的概念。所谓相对沉降，笔者定义其为某一工况加载完成后产生的相对前一工况的新的震陷量（沉降值），该沉降值是相对于上一工况的增量，是一相对值，其"参考物"为模型在上一加载工况完成后的状态。与相对沉降对应的就是绝对沉降，绝对沉降的"参考物"为模型制作完成而未进行任何加载的初始状态。

所用工况加载完成后，模型有明显的震陷发生，如图 6.59 和图 6.60 所示，各图中黑线均为原模型顶面。在模型淤泥质黏土层顶部和细砂层顶部从左到右分别布置有 3 个拉线式位移计，用于测定土层分层位移。图 6.61 所示为 WC（0.4g）波作用下细砂层顶中部测点 L5 的竖向位移时程。图中最后偏离零点的稳定值即为此次加载后的土层顶面相对沉降值。各个工况加载后的淤泥质黏土层与细砂层顶面新产生的沉降值即相对沉降值（增量），见表 6.12。

图 6.59　模型中部沉降

图 6.60　模型顶端沉降

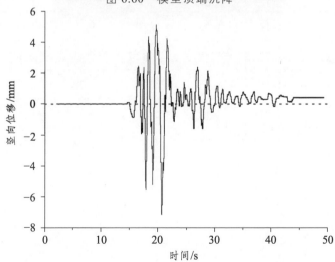

图 6.61　WC（0.4g）波作用下测点 L5 的竖向位移时程

表 6.12 各工况加载后的土层相对沉降值   单位：mm

加载波		L1	L2	L3	L4	L5	L6
				测点			
DP	0.1g	− 0.03	− 0.05	− 0.46	0.00	− 0.11	− 0.12
	0.2g	− 0.73	− 1.00	− 1.34	− 1.35	− 1.24	− 3.40
	0.4g	− 3.10	− 3.27	− 4.81	− 4.10	− 1.64	− 5.00
	0.6g	− 4.63	− 3.75	− 6.17	− 4.41	− 2.41	− 6.09
	0.9g	− 7.73	− 2.21	− 10.94	− 7.57	− 3.54	− 10.72
EL	0.1g	− 0.01	− 0.01	− 0.06	− 0.01	− 0.09	− 0.10
	0.2g	− 0.09	− 0.20	− 0.07	− 0.23	− 0.20	− 0.24
	0.4g	− 0.31	− 0.50	− 0.83	− 0.52	− 0.50	− 0.53
	0.6g	− 0.53	− 0.74	− 1.24	− 0.84	− 0.86	− 0.93
	0.9g	− 1.06	− 1.05	− 2.43	− 2.06	− 1.76	− 3.20
WC	0.1g	− 0.01	− 0.11	0.19	0.00	− 0.04	0.05
	0.2g	0.01	− 0.04	− 0.14	0.06	− 0.01	− 0.12
	0.4g	− 0.14	− 0.08	− 0.10	− 0.39	− 0.40	− 0.33
	0.6g	− 0.37	− 0.49	− 0.82	− 0.43	− 0.64	− 0.26
	0.9g	− 0.68	− 0.95	− 0.97	− 0.78	− 1.31	− 1.98
KB	0.1g	− 0.21	− 0.12	0.06	0.00	− 0.17	− 0.11
	0.2g	− 0.30	− 0.15	− 0.11	− 0.28	− 0.45	− 0.25
	0.4g	− 0.70	− 0.14	− 0.64	− 0.57	− 0.56	− 0.72
	0.6g	− 1.32	− 0.40	− 1.39	− 1.23	− 0.70	− 1.91
	0.9g	− 1.15	0.15	− 1.61	− 1.11	− 0.56	− 1.79
汇总		− 23.09	− 15.10	− 33.87	− 25.85	− 17.16	− 37.74

模型底部粗砂层为持力层，故可近似认为该层无沉降发生。表 6.12 中测点 L1、L2、L3 位于模型中部土层 —— 淤泥质黏土层顶面，从左到右对称布置，表 6.12 中其汇总值即为该层最终总沉降值。表中测点 L4、L5、L6 位于模型顶部土层 —— 细砂层顶部，同样从左到右对称布置，表 6.12 中与其对应的汇总值为淤泥质黏土层与细砂层沉降值之和，故该汇总值减去淤泥质黏土层沉降值方为细砂层单层最终总沉降值。定义残余应变为土层震陷量与土层原始厚度的比值，负值代表土层震陷，淤泥质黏土层和细砂层的单层残余应变值见图 6.62。

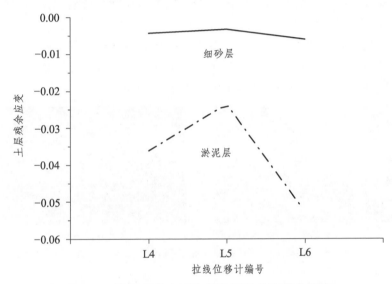

图 6.62　淤泥质黏土层和细砂层的单层残余应变

从图 6.62 中可明显看出，所有地震波加载完成后，细砂层残余应变较小，最大值不超过 1%，远小于淤泥质黏土层的残余应变，故对于类似的人工岛场地，软基处理的重点应该在淤泥质黏土层。

对于淤泥层，淤泥质黏土层右侧测点 L3 处的残余应变最大，左侧测点 L1 处残余应变次之，中间测点 L2 最小。呈现该模式的原因是淤泥层右侧上方有路堤结构，故该处土层在地震作用下，会有较大的残余应变；虽然淤泥层左侧上方也有路堤结构物，但该处有包裹碎石桩复合地基存在，因此该处淤泥层残余应变小于右侧；淤泥层中部测点上方无路堤存在，故该处淤泥层残余应变最小。细砂层沉降亦有类似的规律。

6.6.2 路堤震陷规律

6.6.2.1 路堤相对沉降规律

在各个工况均加载完成后，模型左右两侧路堤也有明显的沉降变形，如图 6.63 所示。为了测量路基顶面各点 Z 向位移时程，在两路堤顶面分别沿纵向等间距布设 5 个激光位移计，测点 J1、J2、J3、J4、J5 分别位于左侧路堤（有桩）顶面，沿左路堤纵向等间距分布，测点 J6、J7、J8、J9、J10 分别位于右侧路堤（无桩）顶面，沿右路堤纵向等间距分布，具体布设见 6.3 节所述。以加载 0.4g 的 EL 波这一工况为例，该工况加载完成后，左侧路堤中部测点 J3 的竖向位移时程曲线如图 6.64 所示，图中 25 s 之后偏离零点的稳定值即为此次加载后的相对沉降值。各个工况加载后新产生的沉降值即相对沉降值（增量），见表 6.13。所有工况加载完成后，左右路堤各个测点的最终总沉降曲线如图 6.65 所示，路堤凹陷实物图如图 6.66 所示。

（a）局部 （b）全貌

图 6.63 路堤沉降

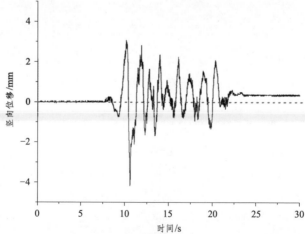

图 6.64 EL 波（0.4g）作用下测点 J3 的竖向位移时程

表 6.13　各工况加载后的路堤相对沉降值　　　　单位：mm

加载波		J1	J2	J3	J4	J5	J6	J7	J8	J9	J10
		测点									
DP	0.1g	− 0.03	− 0.14	− 0.19	0.03	− 0.02	− 0.07	− 0.17	− 0.16	− 0.16	− 0.27
	0.2g	− 0.33	− 0.38	− 0.56	− 0.68	− 0.71	− 0.53	− 0.82	− 1.18	− 0.92	− 0.60
	0.4g	− 1.39	− 2.25	− 2.36	− 2.06	− 1.27	− 0.48	− 2.94	− 3.83	− 2.38	− 1.31
	0.6g	0.01	− 3.30	− 3.76	− 2.85	− 0.46	− 0.66	− 3.94	− 4.89	− 2.24	− 0.21
	0.9g	4.06	− 5.61	− 6.34	− 3.48	0.00	− 0.25	− 7.87	− 8.65	− 4.99	1.10
EL	0.1g	− 0.03	0.02	0.02	− 0.03	0.01	− 0.05	− 0.01	− 0.04	0.00	0.01
	0.2g	− 0.05	0.01	0.04	− 0.01	− 0.21	− 0.02	− 0.16	− 0.13	− 0.13	− 0.02
	0.4g	− 0.11	− 0.16	− 0.32	− 0.17	− 0.16	− 0.08	− 0.41	− 0.41	− 0.26	− 0.22
	0.6g	0.13	− 0.51	− 0.64	− 0.58	− 0.07	0.03	− 0.55	− 0.81	− 0.36	− 0.09
	0.9g	0.12	− 0.39	− 0.75	− 0.21	− 0.09	0.28	− 1.54	− 2.09	− 1.06	0.16
WC	0.1g	0.00	− 0.03	− 0.01	− 0.02	0.01		− 0.01	0.00	− 0.04	0.02
	0.2g	− 0.01	− 0.04	− 0.13	− 0.03	0.06	0.00	0.00	− 0.05	− 0.04	− 0.15
	0.4g	− 0.06	− 0.19	− 0.11	− 0.24	− 0.13	− 0.04	− 0.08	− 0.27	− 0.11	− 0.16
	0.6g	0.16	− 0.34	− 0.49	− 0.34	− 0.14	− 0.12	− 0.25	− 0.23	− 0.11	0.11
	0.9g	0.01	− 0.69	− 1.00	− 1.00	0.04	0.15	− 0.66	− 0.43	− 0.72	0.19
KB	0.1g	− 0.02	− 0.02	− 0.14	− 0.04	− 0.01	0.00	− 0.03	− 0.04	− 0.11	0.00
	0.2g	− 0.16	− 0.20	− 0.12	− 0.19	− 0.19	− 0.05	− 0.21	− 0.17	− 0.08	0.03
	0.4g	− 0.10	− 0.32	− 0.63	− 0.21	− 0.24	0.20	− 0.35	− 0.72	− 0.37	− 0.08
	0.6g	0.12	− 0.82	− 1.08	− 0.49	− 0.16	0.32	− 0.79	− 0.91	− 0.64	− 0.23
	0.9g	− 0.40	− 1.21	− 0.70	− 0.74	− 0.20	0.17	− 2.31	− 1.81	− 1.69	0.09
合计		1.92	− 16.5	− 19.2	− 13.3	− 3.93	− 1.17	− 23.0	− 26.8	− 16.4	− 1.64

注：沉降值以向下为正，反之为负。

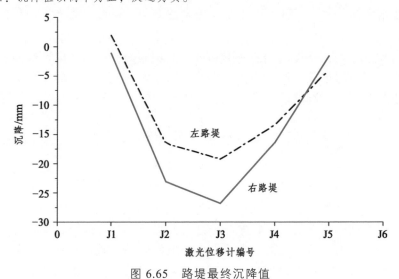

图 6.65　路堤最终沉降值

图 6.66　路堤凹陷

由图 6.65 可知，总体上左侧路堤各个测点的最终沉降均小于右侧路堤对应测点的最终沉降值，左侧路堤中部沉降比右侧路堤中部沉降减小了约 28%，这是由于左侧路堤下部为包裹碎石桩复合地基，对地基存在加固作用，有效控制了沉降的发生。左右两侧的最终沉降位移曲线呈现中部最大而向两侧递减的凹陷模式，如图 6.66 所示，该凹陷模式是由边界效应造成的，靠近边界的土体不可避免地受到模型边界的影响，内衬塑料泡沫板对边界土层有一定的约束力，阻碍了边界土体的运动和位移，从而导致沉降从中间向两侧递减。

表 6.12 中测点 L4 与 L6 的汇总值分别为不同位置处的模型土层沉降值，分别为 25.85 mm、37.74 mm；表 6.13 中测点 J3 与 J8 的汇总值分别为左右路堤中部的最终沉降值，分别为 19.2 mm、26.8 mm。通过对比可发现，测点 L4 与 J3、测点 L6 与 J8 的平面位置接近（详见 6.3 节所述），但对应点之间的沉降值有较大差异，两路堤中部测点沉降明显小于其对应的模型土层面测点沉降，这可能是由于土层上部路堤有一定刚度和边界效应的影响。因为模型箱边界的存在，路堤两端的变形和位移受到限制，又由于路堤纵向具有一定刚度，因而路堤像"梁"一样"搭"在模型箱两侧边界之间，从而造成其沉降小于下部土层沉降值。

6.6.2.2　路堤绝对沉降及其与加载峰值的关系

根据上节中相对沉降的定义，定绝对沉降为每一工况加载完成后相对于模型未进行任何加载的初始状态的震陷量（沉降），但在实际的大型试验研究中，一般做法是所有工况按峰值从小到大依次加载，故每一加载工况均不可避免地受到前一工况的影响，特别是对于类似于沉降这样的"累加量"，很难从中消除其前面加载工况的影响来获得最终沉降值，故本章仅能基于一定假设通过简化处理，近似得到每一工况的绝对沉降值。简化方法如下：假设一特定地震波分别以峰值 $0.1g$、$0.2g$、$0.4g$、$0.6g$ 依次加载，对应工况分别为 1、2、3、4，相应的相对沉降值分别为 d_{R1}、d_{R2}、d_{R3}、d_{R4}，绝对沉降值分别为 d_{A1}、d_{A2}、d_{A3}、d_{A4}，以求取工况 4 的绝对沉降值 d_{A4} 为例，显然 d_{A4} 必定大于其自身的相对沉降值 d_{R4} 而小于其前所有工况（包括其自身）相对沉降值之和，即为：

$$d_{R4} < d_{A4} < d_{R1} + d_{R2} + d_{R3} + d_{R4} \tag{6.73}$$

关于 d_{A4} 的具体取值目前尚未有相关理论依据可以参考，故本章近似定义 d_{A4} 为其两个极限值的均值。绝对沉降值的一般表达式即为：

$$
\begin{aligned}
d_{Ai} &= \frac{(d_{R1} + d_{R2} + d_{R3} + \cdots + d_{Ri-1} + d_{Ri}) + d_{Ri}}{2} \\
&= \frac{d_{R1} + d_{R2} + d_{R3} + \cdots + d_{Ri-1}}{2} + d_{Ri} \qquad i \geqslant 2
\end{aligned} \tag{6.74}
$$

上式用于定量研究时可能存在些许误差，更适宜于定性分析绝对沉降的变化规律。

下面以 DP 波作用下为例，按式（6.74）计算左右两侧路堤绝对沉降值随加载峰值的变化规律，可视化结果见图 6.67，计算结果列于表 6.14 中。如图 6.67 所示，左右两侧路堤绝对沉降值随加载峰值基本呈现线性增长关系，图中加粗实线为拟合线，可知峰值每增加 $0.1g$，左右路堤分别约有 0.405 mm 和 0.482 mm 的沉降发生，右侧路堤（无桩）沉降明显快于左侧路堤（有桩）。值得注意的是，左右两侧路堤的沉降曲线均在加载峰值为 $0.4g$ 时斜率有明显增大，说明路堤在加载峰值超过 $0.4g$ 以后，绝对沉降加快。

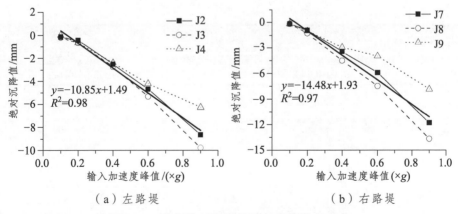

（a）左路堤　　　　　　　　　　　（b）右路堤

图 6.67　路堤绝对沉降值随加载峰值的变化

表 6.14　DP 波作用下路堤绝对沉降值　　　　单位：mm

加载峰值/（×g）	测点					
	J2	J3	J4	J7	J8	J9
0.1	− 0.14	− 0.19	0.03	− 0.17	− 0.16	− 0.16
0.2	− 0.45	− 0.66	− 0.67	− 0.91	− 1.26	− 0.99
0.4	− 2.51	− 2.74	− 2.39	− 3.43	− 4.50	− 2.92
0.6	− 4.68	− 5.31	− 4.21	− 5.90	− 7.47	− 3.96
0.9	− 8.64	− 9.77	− 6.26	− 11.81	− 13.68	− 7.84

　　表 6.14 表明，在各级加载强度作用下，路堤均有一定的沉降发生，本章模型相似设计中，几何相似比为 10，按相似定理可将模型试验结果推广至原型：在 0.1g、0.2g、0.4g、0.6g 和 0.9g 的 DP 波作用下，有复合地基路堤（左路堤）中部绝对沉降值分别为 1.9 mm、6.6 mm、27.4 mm、53.1 mm 和 97.7 mm，无复合地基路堤（右路堤）中部绝对沉降值分别为 1.6 mm、12.6 mm、45.0 mm、74.7 mm 和 136.8 mm。由该工程的工程场地地震安全性评价相关资料，可知基岩不同超越概率的水平加速度峰值，见表 6.15，50 年超越概率为 63%（小震）、10%（中震）和 2%（大震）的基岩水平加速度峰值分别为 0.034g、0.111g 和 0.206g，用插值法可得左路堤中部在小震、中震、大震时的沉降值分别为 1.5 mm、4.8 mm、8.8 mm，同理可得右路堤沉降分别为 1.9 mm、6.2 mm、11.60 mm。

　　本小节上述内容均以加载 DP 波为例，对于 EL 波、WC 波和 KB 波，同样进行上述过程，分别计算其在大震、中震和小震时的路堤沉降值，见表 6.16。

表 6.15　基岩水平峰值加速度

超越概率	120 年						60 年		
	63%	10%	5%	4%	3%	2%	63%	10%	2%
人工岛/（×g）	0.052	0.147	0.190	0.205	0.225	0.256	0.034	0.111	0.206

表 6.16　各个地震波作用下路堤绝对沉降值　　　　单位：mm

加载波	左路堤			右路堤		
	小震	中震	大震	小震	中震	大震
DP	1.5	4.8	8.8	1.9	6.2	11.60
EL	0.6	3.4	8.5	0.6	6.0	15.2
WC	0.9	2.6	7.3	0.4	5.3	13.2
KB	0.7	3.9	8.7	0.5	6.2	15.9
均值	0.9	3.7	8.3	0.9	5.9	14.0

如表 6.16 所列，左侧路堤在小震、中震、大震时的沉降值分别为 0.9 mm、3.7 mm 和 8.3 mm，右路堤分别为 0.9 mm、5.9 mm 和 14.0 mm，根据长度相似比，换算得到实际工程中左侧路堤在小震、中震、大震沉降值分别为 9 mm、37 mm 和 83 mm，右路堤分别为 9 mm、59 mm 和 140 mm。我国规范《公路软土地基路堤设计与施工技术细则》(JTG/T D31-02—2014) 对公路工后沉降值作出了规定，见表 6.17，可知不管是左路堤还是右路堤，即使遭遇大震，其沉降值也满足规范要求。

表 6.17　容许工后沉降

公路等级	桥台与路堤相邻处	涵洞或箱型通道处	一般路段
高速公路、一级公路	不超过 100 mm	不超过 200 mm	不超过 300 mm

6.6.3　复合地基的影响

6.6.3.1　复合地基对震陷的影响

如 6.6.2.1 节中所述，包裹碎石桩复合地基具有明显的降低震陷量的作用，左侧路堤（有桩）中部沉降比右侧路堤（无桩）中部沉降减小了约 28%，效果明显，在此不再赘述。

6.6.3.2　复合地基对 PGA 放大系数的影响

为了对比研究包裹碎石桩复合地基的影响，选取模型土层顶部左侧测点 A13 和右侧测点 A15 为研究对象，两测点位置对称且上部均有路堤结构物存在，唯一的区别便是左侧测点下部土层有复合地基存在，而右侧测点下部土层却没有。在不同地震波（DP 波、EL 波、WC 波和 KB 波）作用下，两测点相对于输入波的 PGA 放大系数随加载峰值（0.1g、0.2g、0.4g、0.6g、0.9g）的变化规律如图 6.68 所示。

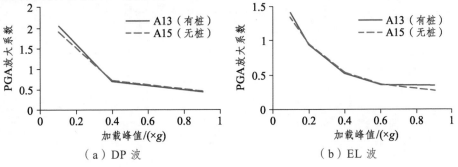

（a）DP 波　　　　　　　　　　（b）EL 波

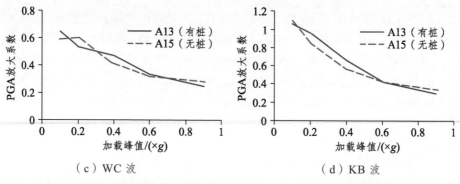

（c）WC 波　　　　　　　　　　　（d）KB 波

图 6.68　不同地震波作用下测点 A13 与 A15 的 PGA 放大系数对比

图 6.68 中（a）、（b）、（c）和（d）表明，总体上讲，在同一加载波作用下，测点 A13（有桩）的放大系数略大于测点 A15（无桩）的，这说明相对于未做任何处理的软土地基，复合地基在一定程度上有增强场地地震反应的作用。这可能是由于桩体使地基的强度和刚度均有一定程度的提高，从而在其他条件不变的情况下，使复合地基场地的地震反应有所增强。

6.6.3.3　复合地基对加速度反应谱的影响

为了研究复合地基对加速度反应谱的影响，同样选取测点 A13、A15 为研究对象，其在 0.9g 的不同地震波（DP 波、EL 波、WC 波和 KB 波）作用下的加速度反应谱如图 6.69 所示。为便于观察，图 6.69 中反应谱周期仅显示到 2 s。

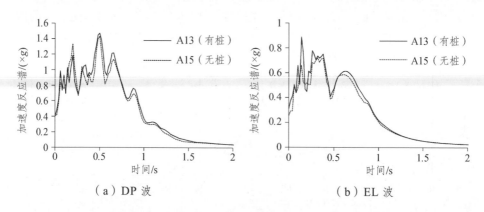

（a）DP 波　　　　　　　　　　　（b）EL 波

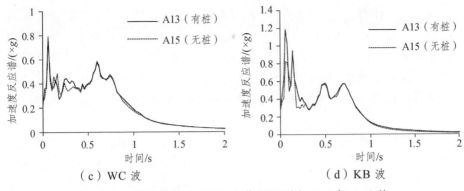

（c）WC 波   （d）KB 波

图 6.69   不同地震波（0.9g）作用下测点 A13 与 A15 的
加速度反应谱（局部）对比

图 6.69 为分别在 0.9g 的 DP 波、EL 波、WC 波和 KB 波作用下，模型地表测点 A13 和 A15 的加速度反应谱。从图中可明显看出，在各个地震波作用下，测点 A13 的反应谱值均略大于测点 A15 的反应谱值，随着周期的延长，二者之间的差距逐渐减小。对比表明桩体使场地反应谱的短周期分量有一定程度提高，将对场地上自振周期较短的建（构）筑物产生不利影响。

6.6.4   基于位移的桥-岛-隧抗震协调设计初探

如 6.6.2 节中所述，针对该工程，地震所引起的路堤沉降满足规范要求，但作为研究课题，应该在工程实践的基础上，将工程问题抽象到理论高度，进而指导新工程的设计与施工。由表 6.14 可知，在不同强度的地震波作用下，即使是复合地基场地也会有一定程度的震陷发生，故试图通过工程措施完全杜绝震陷的发生，这在技术上是很困难的，经济上也是不允许的。因此在不影响工程性能的前提下，应允许一定的震陷发生，这是软土地基基于位移的抗震陷处理思想。

基于位移的设计方法是目前最重要的性能设计理论之一。位移设计方法最早应用于结构设计，其基本理念是：结构设计按照位移控制，位移是反映结构破坏最直观的参数。在结构工程抗震设计中，为描述强震作用下的抗震性能，建筑结构通过楼层的层间位移（位移与层高的比）来控制结构的性能状态，这在美国的 BSSC 规范中已有所体现。在岩土工程抗震设计中，这一思想已应用到支挡结构的抗震设计当中，如欧洲抗震设计规范 Eurocode8、新西兰抗震设计规范等均有所体现，我国的张建经[10, 11]在这方面做了大量的工作，他依据汶川地震支挡结构震害调查首次提出了一个确定性的挡墙位移控制标准，并通过振动台试验进行了验证。

直接基于位移的抗震设计是直接以位移为设计参数，针对不同地震设防水准，制定相应的目标位移，并且通过设计，使得结构在给定水准地震作用下达到预先指定的目标位移，从而实现对结构地震行为的控制。从实现的角度讲，直接基于位移的抗震设计理论主要包括三方面的内容，即直接基于位移的抗震设计方法、位移需求估计方法和目标位移的确定。同基于位移抗震验算方法不同的是，直接基于位移的抗震设计方法更侧重于目标位移的实现过程，即如何通过设计，使给定的目标位移在设计水准地震作用下能够得到实现，从这个意义上讲，直接基于位移的抗震设计方法更能有效地实现基于性能的抗震设计思想。采用直接基于位移的抗震设计方法，必须要有一套简便有效的位移需求估计方法，来保证目标位移的实现。目标位移是性能目标的具体量化，即以位移为性能参数的预期性能指标，它是结构进行基于位移抗震设计的目标。一般来讲，结构损伤是地震作用下破坏结构使用功能和导致结构倒塌的主要原因，因而目标位移的确定多以此为基础。

同样，基于位移的设计思想也可用于近海交通工程中桥-岛-隧的抗震协调设计，以位移作为其设计控制指标，同时运用"防治"结合的思想。"防"和"治"是相对的。

所谓的"防"便是采取一定的预先措施尽量减小各结构连接转换处在地震作用下的变形和位移。6.6.1节中的研究表明，对于该人工岛场地，其上部土层——吹填中粗砂经堆载预压等处理后，在各级地震作用下的震陷量较小，震陷主要发生在淤泥质黏土层中；且在一般情况下，在我国近海海域，淤泥质黏土层等软弱土层较厚，采用换填等完全挖除淤泥质土的方法将对海洋生态环境造成极大的破坏，同时工程量也是极为惊人的，完全挖除淤泥质土的设想是很难实现的。故可行的方法就是采用部分换填淤泥质土，再加上一定的工程措施，来减小淤泥质黏土层的震陷。

所谓的"治"便是在其间的连接转换处通过一定的构造措施等来"吸收"设计中允许的位移或变形量，这不但在技术上是可行的，在经济上也是合理的，但仍需进行大量的工作来推进理论方面的研究，并最终提出桥-岛-隧抗震协调设计的具体量化指标，形成系统设计方法。

6.7　S 变换分析

6.7.1　S 变换简介

傅里叶变换和反变换能从时间域和频率域分析平稳信号，是一种全局变换，它不能够同时保留住频率和时间的信息。但是地震信号由于地面下不均匀的介质以及地层的吸收和衰减作用等，一般都是非平稳、非线性的信号，所以研究局部的频率特征就显得特别重要，因此就需要用一种时频分析方法把时域信号转换为二维的时频平面来进行研究。基于这一点，人们在傅里叶变换的基础上提出了许多的时频域分析方法，比如短时傅里叶变换、小波变换，还有 S 变换等。其中 HHT 变换和 S 变换均属于非平稳波的数学处理。S 变换法介于短时傅里叶变换与小波变换，弥补了短时傅里叶对频率分辨率不高、小波法需要人为选择小波基的缺点。S 变换是最近几年新发展起来的一种具有高时频分辨率的信号处理方法，其时频分辨率与信号的频率有关，反变换简单，基本小波不必满足容许性条件，并且不存在交叉项。广义的 S 变换弥补了 S 变换的一些不足，具有更高的频率聚集能力。更重要的是，使用 S 变换能够得到关于时间和频率的二维平面图，这对分析在地震作用下基础和结构物的动力响应提供了一种更加全面详细的手段。

S 变换起初应用于语音识别、图像处理，后来被人引进来对振动信号进行滤波。樊剑等人[12]运用 S 变换分析了地震波，并提出了用 S 变换合成、改变地震波的方法；在地震勘探领域，刘喜武等人[13]应用 S 变换识别地层特性。实践表明，S 变换可以直观清楚地显示振动信号的时频特性，对工程领域有着重大意义。

6.7.2　S 变换的基本原理

设振动数据的时程为 $S(t)$，它的 S 变换定义为：

$$S(t,f)=\int_{-\infty}^{\infty}h(\tau)w(\tau-t)\exp(-2\pi\mathrm{i}f\tau)\mathrm{d}\tau \qquad (6.75)$$

其中　　$w(t)=\dfrac{1}{\sigma\sqrt{2\pi}}\exp\left(-\dfrac{t^2}{2\sigma^2}\right)$

$$\sigma(f)=\frac{1}{|f|} \qquad (6.76)$$

将式（6.76）代入式（6.75）得：

$$S(t,f)=\int_{-\infty}^{\infty}h(\tau)\frac{|f|}{\sqrt{2\pi}}\exp\left[-\frac{(\tau-t)^2f^2}{2}\right]\times\exp(-2\pi\mathrm{i}f\tau)\mathrm{d}\tau \qquad (6.77)$$

设 $W(v)$ 是 $w(t)$ 的傅里叶变换，即

$$W(v) = \exp\left(-\frac{2\pi^2}{f^2}v^2\right) \tag{6.78}$$

因此 S 变换可以写成：

$$\int_{-\infty}^{\infty} S(t,f)\mathrm{d}t = \int_{-\infty}^{\infty} h(t)\exp(-2\pi\mathrm{i}ft) \times \int_{-\infty}^{\infty} w(\tau-t,f)\mathrm{d}\tau\mathrm{d}t$$

$$= \int_{-\infty}^{\infty} h(t)\exp(-2\pi\mathrm{i}ft)\mathrm{d}t = H(f) \tag{6.79}$$

根据短时傅里叶变换在时间域和频域的相互转化过程，可以将 S 变换在频域中表示，具体表达式为：

$$S(t,f) = \int_{-\infty}^{\infty} H(v+f)W(v)\exp(-2\pi\mathrm{i}vt)\mathrm{d}v = F^{-1}[H(v+f)W(v)] \tag{6.80}$$

6.7.3　S 变换分析深厚软土地基响应

利用 S 变换，本节给出了自由场内淤泥层的时频特性，分析了淤泥层内的一些地震响应规律。编写的 S 变换程序见附件 1。

S 变换是一种介于短时傅里叶与小波法之间的一种时频处理技术，后来有学者对该方法进行改进，形成了广义 S 变换。广义 S 变换吸取了短时傅里叶与小波法的优点，又在一定程度上抑制了这两种方法的缺点。近来不少学者将这种视频处理技术引进地质勘探行业，可以直观形象地表示出振动信号的时频特性，并且作出地层的图像；也有学者开始用广义 S 变换来对振动信号进行滤波或者对地震波进行合成、改造。淤泥层底部 A5 和顶部 A8 两点的人工波 S 变换谱如图 6.70～图 6.73 所示。

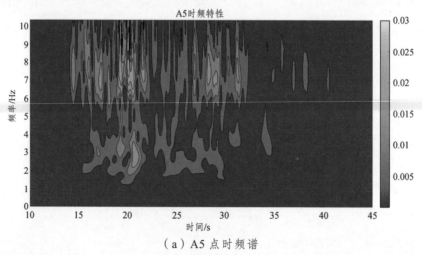

（a）A5 点时频谱

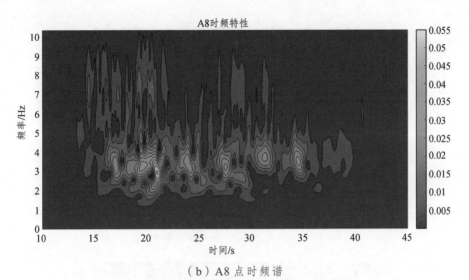

（b）A8点时频谱

图 6.70   0.1 g A5、A8 点时频谱

时频分析结果表明，淤泥层底部 A5 点在 20 s 时的 3 Hz、8 Hz 左右反应强烈，在 30 s 左右的 8 Hz 附近也有部分响应，随震级增加并没有十分明显的变化。淤泥层顶部 A8 点在 20 s 时 3 Hz 左右响应非常强烈，28 s、32 s、35 s 均有响应，但此时刻的高频区并没有强烈响应，该现象符合前文傅里叶谱分析经过淤泥层放大了低频抑制了高频的结果，且进一步说明随输入地震波峰值增加，低频响应的时间点增多。

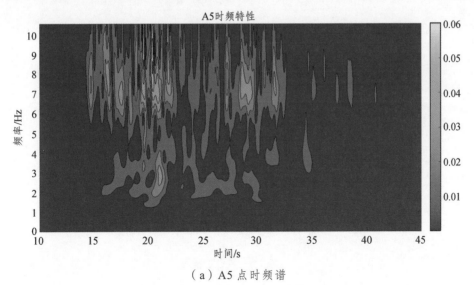

（a）A5点时频谱

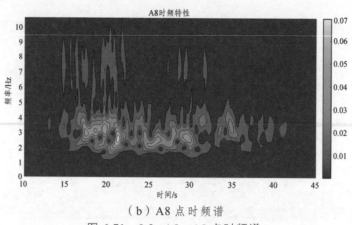

（b）A8 点时频谱

图 6.71　0.2*g* A5、A8 点时频谱

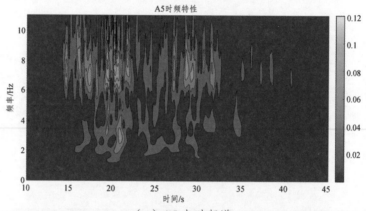

（a）A5 点时频谱

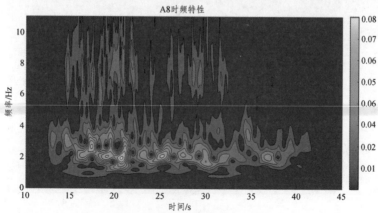

（b）A8 点时频谱

图 6.72　0.4*g* A5、A8 点时频谱

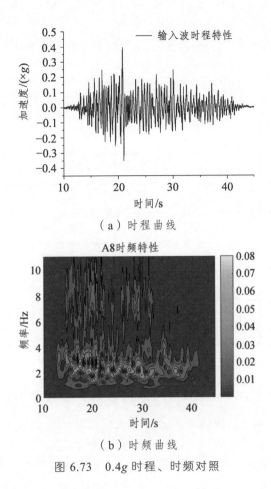

（a）时程曲线

（b）时频曲线

图 6.73 0.4g 时程、时频对照

观察 A8 点随震级的变化，发现 0.1g、0.2g 时响应强烈区在 20 s 附近、3 Hz 左右，而 0.4g 时降到 2 Hz，并且在 16 s、28 s、32 s、35 s 时刻响应程度在增大，此时场地卓越频率降低，土体开始产生非线性状态，即发生软化。结合输入波时程图，人工波在 20 s 附近达到第一个峰值（最大峰值），在 16 s、28 s、32 s、35 s 左右均有小型峰值出现。

图 6.72（b）中 2 Hz 时，从 15 s 至 35 s 均有较强烈反应，因此可解释傅里叶谱中低频放大程度增加的原因是对应 2Hz 响应的时间延长，同理高频降低程度加大是因为 8Hz 左右出现的时间减少。这一现象也可说明土体发生软化，因此低频下小峰值段也可激起较为强烈的响应。

现以能量转换的观点假定地震波经过淤泥层（从 A5 到 A8）高频响应强度全部转换为低频响应强度。定义任意低频、任意时刻转化系数

$k = \dfrac{Y_{A8-t-f}}{\sum Y_{A5高频}}$，其中，$Y_{A8-t-f}$ 表示 A8 点在 t 时刻、f 频率下的响应强度，$\sum Y_{A5高频}$ 表示 A5 点高频响应强度。地震波由 A5 传播至 A8，A5 点所有高频响应强度转化为 A8 点 20 s、3 Hz 响应强度的转化系数如图 6.74 所示。

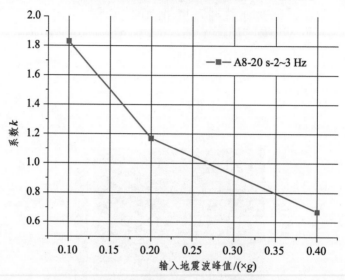

图 6.74　转化系数 k 随输入人工波峰值变化

　　由图 6.74 可发现，该转化系数随输入地震波峰值的增大而不断减小，这与软土层内加速度放大系数随输入波峰值的增加而减小一致。结合前述当输入地震波峰值由 0.1g、0.2g 增大到 0.4g 时，土体响应强度主要在 20 s 附近变化到在 20 s、16 s、28 s、32 s、35s 的响应强度均较高，可猜想 20 s 时低频的响应强度是决定加速度放大系数的主导因素，在 0.4g 时由高频转换的能量被 16 s、28 s、32 s、35 s 时刻分摊一部分，导致 20 s 时刻（加速度时程峰值）的能量减小，放大系数响应相应地减小。

6.8　本章小结

　　本章选取我国位于高烈度区的某人工岛工程为工程原型，开展大型振动台试验研究。大型振动台试验研究的目的主要有两个：一是研究典型人工岛场地在地震作用下的动力响应规律；二是研究典型人工岛场地在运行若干年后（地下水位上升后）有无震陷可能性，若有震陷可能性，则震陷量如何。

所得结论如下：

（1）典型人工岛场地（软土夹层场地）中的饱和的淤泥质黏土层对地震波能量具有较为明显的吸收和滤波作用，地震波穿透淤泥质黏土层后，加速度峰值有较大的衰减，同时放大低频、抑制高频。

（2）典型人工岛场地（软土夹层场地）地表绝对加速度反应谱随加载峰值的增大而增大，动力系数 β 谱值却逐渐减小，且其波形由单峰逐渐变化为多峰。

（3）在其他条件不变的情况下，饱和土层地震反应越强烈、土层边界排水条件越差、土体透水性越好，其超静孔隙水压力往往越大，反之，其超静孔隙水压力也就越小；在同一饱和土层中，超静孔隙水压力随高程的增大而明显下降。

（4）运用"滑动平均法"将超静孔隙水压力时程分解为"基线"和"振荡"两部分，发现"基线"部分呈现先逐步上升而后逐渐下降的变化模式，而某点超静孔隙水压力时程的"振荡"曲线则与该点的位移时程曲线具有类似的波形。故初步推测二者之间必然存在一定内在联系，该联系的揭示，则需要进一步的研究。

（5）在地震作用下，该典型人工岛场地（软土夹层场地）及其上部路堤结构均会有一定程度的沉降发生，且沉降值随加载峰值基本呈现线性增长关系。该沉降主要由模型中部的淤泥质黏土层的沉降所引起，故对于典型人工岛场地，软基处理的重点应该在于淤泥质黏土层。

（6）包裹碎石桩复合地基具有明显的减轻路堤震陷的作用，相对于天然地基，震陷量大约降低了28%，但包裹碎石桩复合地基在一定程度上增强了场地的地震反应，其地表反应谱的短周期分量也有一定增大。

（7）对于本章所研究工程，左侧路堤在 50 年超越概率分别为 63%（小震）、10%（中震）和 3%（大震）的地震作用下沉降值为 0.9 mm、3.7 mm 和 8.3 mm，右路堤分别为 0.9 mm、5.9 mm 和 14.0 mm，均满足规范《公路软土地基路堤设计与施工技术细则》JTG/T D31-02—2013 中对路堤工后沉降的要求。

参考文献

[1] 汪幼江，王天龙. 砂和粉土液化的振动箱试验[J]. 大坝观测与土工测试，1999，6：28-31.

[2] 凌贤长，王臣，王成. 液化场地桩-土-桥梁结构动力相互作用振动台试验模型相似设计方法[J]. 岩石力学与工程学报，2004（3）：450-456.

[3] 楼梦麟,潘旦光,范立础. 土层地震反应分析中侧向人工边界的影响[J].

同济大学学报（自然科学版），2003，7：757-761.

[4] 高品贤. 趋势项对时域参数识别的影响及消除[J]. 振动、测试与分析，1994，14（2）：20-26.

[5] 李少远，曹保定，孟昭终，等. 基于时间序列分析方法的预测模型研究[J]. 河北工学院学报，1995（3）：7-11.

[6] 朱学峰，韩宁. 基于小波变换的非平稳信号趋势项剔除方法[J]. 飞行器测控学报，2006，10（5）：82-83.

[7] Huang N E. The empirical mode decompostion and hilbert spectrum for nonlinear and nonstationary time series analysis[J]. Proceedings of the Royal Society of London, 1998, 454(4): 903-905.

[8] 王济. MATLAB 在振动信号处理中的应用[M]. 北京：中国水利水电出版社，2006：73-78.

[9] 倪克闯. 成层土中包裹碎石桩复合地基与复合地基地震作用下工作性状振动台试验研究[D]. 北京：中国建筑科学研究院，2013：44-48.

[10] 张建经，冯君，肖世国，等. 支挡结构抗震设计的 2 个关键技术问题[J]. 西南交通大学学报，2009，44（3）：321-326.

[11] 张建经，韩鹏飞. 重力式挡墙基于位移的抗震设计方法研究 ——大型振动台模型试验研究[J].岩土工程学报，2012，34（3）：416-423.

[12] 樊剑，吕超，张辉. 基于 S 变换的地震波时频分析及人工调整[J]. 振动工程学报，2008（4）：381-386.

[13] 刘喜武，刘洪，李幼铭，等. 基于广义 S 变换研究地震地层特征[J]. 地球物理学进展，2006，21（2）：440-451.

7 包裹碎石桩复合地基 大型振动台模型试验研究

7.1　包裹碎石桩复合地基概述

包裹碎石桩（Geosynthetic Encased Stone Column）是 Van Impe 提出的概念[1]，是在碎石桩外包裹一层土工材料制作而成，土工材料制成圆筒状或袋状，直径与碎石桩直径一致，如图 7.1 所示。根据套筒材料采用焊接或缝制方法预先制作套筒。依据套筒长度可把包裹碎石桩分为部分包裹碎石桩和全长包裹碎石桩。部分包裹碎石桩的套筒置于桩的上部一定深度范围内，全长包裹碎石桩的套筒长度与桩长一致。套筒材料可根据需要选用合适的土工格栅或土工布，桩体材料一般选用砂石、砾石、卵石或碎石等。

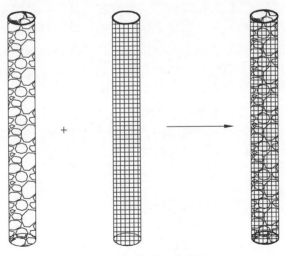

图 7.1　包裹碎石桩形态

包裹碎石桩由于土工材料套筒的径向加筋作用,克服了碎石桩如下缺陷:

（1）碎石桩可能因为周围土体提供的径向约束不足而发生鼓胀剪切破坏。

（2）碎石桩对砂土地基主要存在挤密作用，而对地基竖向承载力提高作用有限。

（3）碎石桩对地基沉降的控制作用有限。

包裹碎石桩具有如下优势：

（1）土工材料制成的套筒约束碎石桩的径向变形，有效提高了碎石桩体的轴向刚度和剪切刚度，减小了桩体对周围土体的依赖性。且轴向刚度的提高使包裹碎石桩可为土体分担更多的竖向荷载，提高了地基的承载力和减小了地基沉降；剪切刚度的提高使包裹碎石桩可为土体分担更多的剪应力，提高了地基的抗剪强度。

（2）套筒具有良好的透水性，且可发挥反滤作用，确保碎石桩作为良好排水通道的作用，及时消散地基中的超静孔隙水压力，防止砂土液化，且可加速地基的固结排水。

（3）施工过程中的振密使周围土体更密实，减小砂土或粉砂地基发生震陷或液化的可能性。

这些特性使得包裹碎石桩可更有效地提高地基的承载力，以及减轻或消除地震作用下砂土、粉砂地基的震陷和液化。目前，包裹碎石桩已应用于处理铁路路基、公路路基、围堰堤坝和建筑地基等。然而，迄今为止鲜见有关包裹碎石桩复合地基的抗震特性研究，也无任何规范涉及该复合地基的抗震设计工作。研究包裹碎石桩复合地基的地震响应规律有助于揭示该复合地基的抗震机理，在此基础上发展有效的抗震设计方法。这对于提高包裹碎石桩复合地基抗震设计的合理性和经济性，保证地震作用下加固地基的稳定和工程构筑物的安全，均具有重要的工程意义。为此，本章将基于静载试验，揭示静力下包裹碎石桩复合地基的承载机理和破坏模式，为其抗震性能研究打下基础。然后，利用大型振动台模型试验，研究包裹碎石桩复合地基地震动响应和变形规律，并探讨复合地基抗震机理。

7.1.1　包裹碎石桩复合地基承载机理

相比碎石桩，包裹碎石桩的轴向刚度和剪切刚度均较高；由于桩外套筒的反滤作用，包裹碎石桩保留并完善了碎石桩作为排水通道的功能；包裹碎石桩套筒的约束作用，限制了碎石挤入周围土体，易于控制碎石用量。然而，相比碎石桩，包裹碎石桩的工程造价提高了，宜根据承载力和沉降需求，选择合适的套筒长度和套筒材料，以节约成本。由于套筒的布置，包裹碎石桩的施工过程相比碎石桩法也更为烦琐。

相比水泥土搅拌法、混凝土桩、钢筋混凝土桩等半刚性桩或刚性桩，包裹碎石桩的造价较为低廉，且包裹碎石桩体可加速土体的固结排水和孔隙水压力的消散。然而，相比这些半刚性桩或刚性桩，包裹碎石桩的刚度较低，加固深度较浅。

包裹碎石桩一般设计为复合地基形式以加固地基。复合地基定义为：对天然地基进行加固处理，使部分土体被置换或得到增强，或者在天然地基中添加加筋材料，形成由地基土体和增强体两部分组成的加固地基。复合地基、浅基础、桩基础可通过荷载传递路径加以区分：上部荷载直接传递给地基土体的基础形式为浅基础；荷载全部经由桩体传递到地基土体的为桩基础；而荷载是由地基土体和桩体共同承担的地基称之为复合地基。包裹碎石桩复合地基的一般形态见图 7.2，其受力与变形过程可描述如下：桩顶的应力通过桩体向下传递，一部分力通过侧摩阻力传递给土体，余下的力传递至桩底部土层。桩体在力的作用下会产生一定的鼓胀变形，通过桩、土、褥垫层、基础的相互作用，使桩、土变形协调。

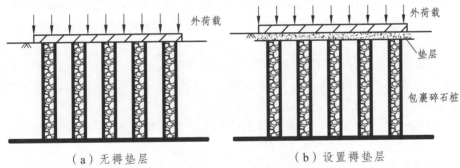

（a）无褥垫层　　　　　　　　（b）设置褥垫层

图 7.2　包裹碎石桩复合地基形态

包裹碎石桩对地基的作用类似于碎石桩法，其对软黏土或者松散砂性土均存在置换、排水、加筋和挤密作用。加固作用具体如下：

1. 置换作用

以性能良好的包裹碎石桩置换性能较差的地基土，桩体和土体协同工作。由于包裹碎石桩的刚度比周围土体的刚度大，在荷载作用下，应力向桩体集中，当为刚性基础时，桩体应力集中效应尤其明显。桩体承受更多的荷载，桩间土承受的应力减小，产生的沉降也随之减小。随着桩体刚度的增大，桩体作用更显著。

2. 加速固结排水作用

碎石桩及桩外的土工材料套筒均是良好的透水材料，且土工材料还可实现反滤作用，这使得包裹碎石桩成为一种极好的排水通道，有效缩短了孔隙水的渗透路径，加速了软土的排水固结，加快了软土地基的沉降稳定。

3. 加筋作用

包裹碎石桩的设置可提高地基加固区域的抗剪强度，有效提高地基的抗滑稳定性。

此外，包裹碎石桩的施工工艺将引起振动、振冲挤密或沉管挤密、排土等，这均会使桩间土更为密实，桩间土的物理力学性质得到提高。

包裹碎石桩加固饱和松散砂土地基时，除了上述作用以外，包裹碎石桩所形成的排水通道可有效消散地基的超静孔隙水压力，施工过程中会对砂土地基产生预振动，以及桩体会对周围砂层产生横向挤密作用，这些作用均可提高地基的抗液化性能。

利用包裹碎石桩加固软土地基，土体性质、桩土刚度比、基础刚度、褥垫层厚度、施工工艺等均对包裹碎石桩复合地基的承载力特性存在较大影响。为了探讨包裹碎石桩的承载机理，一大批学者对不同桩体刚度、土体性质和基础形式下包裹碎石桩的应力集中效应和承载力等进行了研究。

Yoo 和 Lee 通过开展包裹碎石桩现场原位荷载试验，对不同套筒长度的包裹碎石桩单桩进行了研究。试验发现套筒提高了碎石桩的刚度，部分包裹碎石桩鼓胀发生在套筒之下。

赵明华等通过部分包裹碎石桩单桩静载试验，指出土工材料能有效提高碎石桩体的刚度，有助于上部荷载传递至更深的土层。

Joel Gniel 和 Abdelmalek Bouazza 通过一系列小尺寸模型桩试验研究了具有不同长度土工格栅套筒的包裹碎石桩，发现鼓胀主要发生于套筒之下，全长包裹有效减小了桩身应变，提高了地基承载力。

Mizuhata 等通过模型试验指出：对于桩底部支承于坚硬土层的包裹碎石桩，增大其套筒长度，可有效提高地基的承载力；全长包裹碎石桩刚度较大，桩身鼓胀较小且较为均匀，全长包裹碎石桩加固地基产生的沉降量较小。

Murugesan 和 Rajagopal 根据包裹碎石桩加固饱和软黏土地基的单、群桩模型试验结果，指出：土工材料套筒可有效提高碎石桩的承载性能，碎石桩在荷载较小时即发生破坏，而包裹碎石桩在加载过程中无明显破坏，后者的极限承载力约为前者的 4 倍；包裹碎石桩相比碎石桩，桩土应力比提高了 1.7 倍。

Ayadat 和 Hanna 通过模型试验研究了湿陷性土中包裹碎石桩的承载力。他们发现碎石桩在加载初期即出现破坏，而包裹碎石桩始终能保持较高的承载力，且随着套筒强度的增大，包裹碎石桩的承载力增大。

段园煜等指出强度较高的土工材料套筒所制成的包裹碎石桩刚度较大。

Hong 等利用模型试验研究了包裹碎石桩单桩的端阻力。

Cho-Sen Wu 和 Yung-Shan Hong [2]通过一系列三轴压缩试验研究了包裹碎石桩套筒的加筋机理。

Pulko 等利用理论方法对包裹碎石桩进行了参数影响分析，发现面积置换率对地基的稳定性和承载力均存在较大影响。

Khabbazian 等[3]利用 ABAQUS 分析了套筒对碎石桩性能的影响，研究了桩体长径比、套筒刚度、套筒长度、碎石材料的摩擦角、膨胀角、侧向土压力系数对包裹碎石桩应力-沉降关系和桩侧变形的影响。

Lo 等[4]通过数值模拟研究了包裹碎石桩加固软黏土地基的性能，通过计算发现在软黏土地基中包裹碎石桩的套筒可发挥出极大的加筋作用，提高桩体的刚度，从而有效减小地基沉降。

Castro [5]利用数值模拟研究了桩长和桩体平面布置对刚性基础下包裹碎石桩加固地基的承载力的影响。

然而，上述研究一般针对的是刚性基础下无褥垫层的包裹碎石桩加固地基，褥垫层可调节桩土变形，帮助桩、土协同受力，且文献中也缺乏对包裹碎石桩力传递机理的研究。欧阳芳等[6-8]对有一定厚度褥垫层的包裹碎石桩复合地基开展了多组试验研究，细致分析了包裹碎石桩复合地基的桩土应力分担情况，通过在桩体内布置土压力盒，监测了桩身应力传递特点，分析了轴力传递机理，补充和完善了包裹碎石桩复合地基承载机理的研究。

部分学者对柔性基础下包裹碎石桩复合地基的承载特性进行了研究。Almeida 等[9, 10]通过原位试验和数值计算，研究了路堤基础下包裹碎石桩复合地基的应力集中作用、超静孔隙水压力、桩体径向变形、沉降和桩土差异沉降等。通过试验发现桩土应力比为 3，且随着固结的发展，桩土应力比逐渐增大。Fattah 等[11]通过模型试验研究了路堤基础下包裹碎石桩和碎石桩复合地基破坏时的地基承载力、桩土应力比和沉降，试验中桩周土体为不排水抗剪强度约为 10 kPa 的软黏土。

Araujo 等[12]通过原位试验，对包裹碎石桩、碎石桩或砂石桩加固湿陷性土路堤进行了研究。通过分析比较发现，包裹碎石桩有效增大了地基的承载力，减小了地基沉降。在桩顶注水后，由于周围土体的湿陷，传统砂石桩的承载力约减小了 60%，包裹碎石桩只减小了 28%。这表明在湿陷性土中，包裹碎石桩更具优势。但由于套筒材料的隔离作用减小了桩侧摩擦力,故需保证桩端土体的承载力。

Rajesh 和 Jain[13, 14]利用数值模拟研究了路堤荷载下全长包裹碎石桩和部分包裹碎石桩加固地基的位移、桩土应力比和地基刚度等随土体固结的发展过程。

7.1.2 包裹碎石桩复合地基破坏模式

包裹碎石桩复合地基的破坏形式可初步分为桩体破坏和桩间土破坏,实际工程中很难达到两者同时破坏。在刚性基础下,一般桩体先发生破坏,继而引起复合地基破坏;而在柔性基础下,土体先破坏,继而引起复合地基的破坏。

此外,由于群桩效应的存在,碎石桩复合地基可能出现其他破坏形式。Wood 等[15]通过模型试验对群桩效应下碎石桩复合地基的破坏模式进行了研究,发现碎石桩复合地基在竖向荷载下发生了剪切破坏。他们通过特殊方法保留碎石桩的变形情况,并开挖出碎石桩,如图 7.3(a)所示。由图可发现基础之下的碎石桩在 A 和 B,以及对称位置 A′ 和 B′ 位置均出现了明显的剪切错动面。剪切破坏面以中心桩为对称轴,在基础底面呈现出圆锥面,如图 7.3(b)所示为碎石桩复合地基破坏面示意。

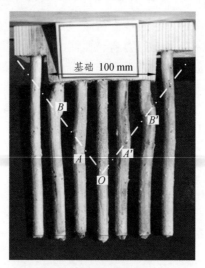

(a)试验中碎石桩复合地基破坏(Wood 等)

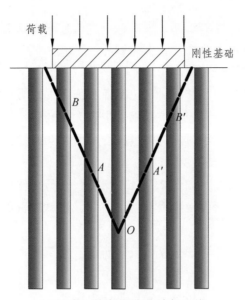

（b）碎石桩复合地基破坏示意

图 7.3　碎石桩复合地基破坏面

Hanna 等[16]通过数值计算发现，当碎石桩面积置换率为 10%～35%时，由于存在群桩效应，碎石桩复合地基根据桩土相对性质的不同，呈现出整体剪切破坏、局部剪切破坏或刺入破坏特性。Hu 等[17, 18]通过试验和数值模拟也发现碎石桩复合地基由于群桩效应的影响可能发生整体剪切破坏。若把碎石桩视作套筒刚度为零的包裹碎石桩，那么包裹碎石桩的强度应该高于碎石桩，且两者在性质上具有某些相似性，因此若假设包裹碎石桩的套筒强度较低，则包裹碎石桩群桩就可能出现整体剪切破坏。

当采用全长包裹碎石桩加固软弱土地基时，可根据全长包裹碎石桩套筒的强度、桩底端土层性质、基础结构形式和荷载形式等分为五种破坏模式，具体如下。

（1）桩顶端刺入褥垫层破坏，如图 7.4（a）所示：当土工材料套筒刚度较大，桩底端为坚硬土层时，在上部荷载作用下，桩周土体沉降较大，褥垫层向土体表面运动，填充桩周土体表面，表现为全长包裹碎石桩顶部刺入上部褥垫层而破坏。

（2）桩底端向下刺入破坏，如图 7.4（b）所示：当土工材料套筒刚度较大，桩底端为软弱土层时，在上部荷载作用下，桩体刺入下部软弱土体，桩体承担的荷载减小，导致桩间土因承受过大的荷载而发生破坏，包裹碎石桩复合地基顶面产生较大沉降，并发生破坏。

（3）桩顶部鼓胀破坏，如图7.4（c）所示：当土工材料套筒刚度较小，对桩体的径向加筋作用不够时，在上部荷载作用下，力由桩顶向下传递，桩顶部应力较大，全长包裹碎石桩顶部发生过大的鼓胀变形而破坏。或者当土工材料套筒抗拉强度较小时，桩体鼓胀变形引起套筒发生拉断破坏，这种情况也可能使得包裹碎石桩发生鼓胀破坏。

（4）滑动剪切破坏，如图7.4（d）所示：在荷载作用下，包裹碎石桩复合地基沿着某一条滑动面发生滑动剪切破坏，包裹碎石桩和土体均产生剪切破坏。

（5）整体剪切破坏，如图7.4（e）所示：在荷载作用下，地基发生剪切破坏。剪切面可分为三个区域，基础之下三角形主动区Ⅰ向下运动，对数螺旋曲面区Ⅱ侧向运动，三角形被动区Ⅲ向上运动。

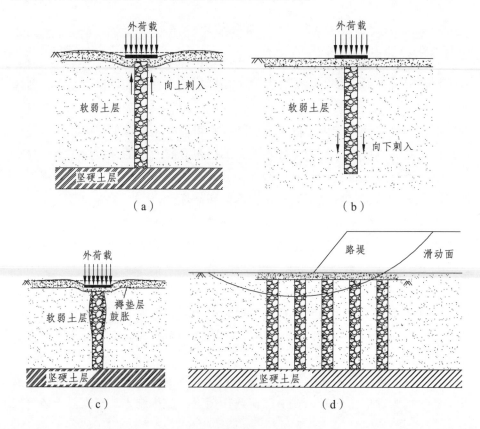

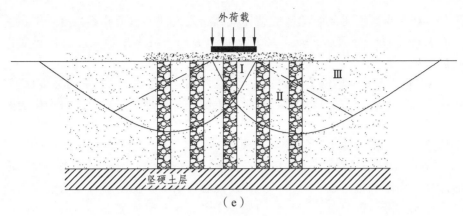

图 7.4　全长包裹碎石桩破坏模式

部分包裹碎石桩，除了上述的破坏模式外，还可能由于未包裹碎石段发生较大的鼓胀变形而破坏。部分包裹碎石桩的破坏模式具体如下：

（1）上部包裹碎石段刺入下部未包裹碎石段，未包裹碎石段发生鼓胀破坏。当套筒材料刚度和抗拉强度较大，上部包裹碎石段刚度较大时，大部分上部荷载传递至未包裹碎石段，又由于未包裹碎石段周围土体提供的侧向约束有限，故该段发生较大的鼓胀变形，进而上部包裹碎石段刺入下部未包裹碎石段，加速了未包裹碎石段的鼓胀变形破坏。

（2）桩顶部鼓胀破坏。土工材料套筒刚度较小，在上部荷载作用下，桩顶部发生过大鼓胀变形而破坏。由于部分包裹碎石桩施工工艺较为复杂，土工材料套筒易发生褶皱，或套筒与碎石材料和周围土体杂糅在一起而造成成桩质量问题，影响套筒径向应力的发挥，这也可能引起部分包裹碎石桩顶部发生过大的鼓胀而破坏。

（3）滑动剪切破坏。在荷载作用下，部分包裹碎石桩复合地基沿着某一条滑动面发生剪切破坏，部分包裹碎石桩和土体均产生剪切破坏。

（4）整体剪切破坏。

由上述分析可知，造成包裹碎石桩复合地基发生破坏的因素有很多，如桩体自身强度和刚度、桩土之间的相对刚度等。基础形式对地基破坏模式也存在影响。一般情况下，刚性基础下复合地基的破坏表现为沉降过大，或者是不均匀沉降过大。而在柔性基础条件下，如路堤、堆场，复合地基更易出现稳定性问题。总而言之，需考虑具体情况，综合分析，依此估计复合地基的破坏模式。

目前，已有一些学者对不同材料、长度套筒的包裹碎石桩的变形、破坏情况进行了具体研究。欧阳芳等通过模型试验研究了部分包裹碎石桩复合地基和全长包裹碎石桩复合地基的破坏模式，发现部分包裹碎石桩由于未包裹碎石段产生过大鼓胀变形而破坏，全长包裹碎石桩发生刺入上部褥垫层而破坏。

Ali等[19]通过模型试验比较了端承单、群桩、悬浮桩，以及不同类型材料、加筋方式的包裹碎石桩破坏模式。研究表明：对于端承桩，土工格栅作为套筒材料效果较好，可有效抵抗桩体鼓胀，促使荷载由桩顶传递至桩底端；对于悬浮桩，土工布或土工格栅均可。

Yoo C 和 Lee D 进行了包裹碎石桩现场原位荷载试验，对不同套筒长度的部分包裹碎石桩单桩进行了研究，发现套筒有效提高了碎石桩的刚度，减小了地基沉降，部分包裹碎石桩的鼓胀变形发生于套筒之下。

Chen[20]利用有限元研究了路堤基础下包裹碎石桩加固软土地基的破坏机理，并指出包裹碎石桩发生弯曲破坏。

Mohapatra 等[21]利用大型直剪仪研究了包裹砂石桩和碎石桩在水平荷载作用下的破坏模式，发现在试验条件下碎石桩发生剪切破坏，包裹碎石桩发生弯曲破坏。

此外，Dash 和 Bora 对悬浮包裹碎石桩的破坏形式进行了研究。

7.1.3　包裹碎石桩已有设计方法

Raithel 和 Kempfert（2000）、欧阳芳等（2015）、Murugesan 和 Rajagopal（2010）、Pulko（2011）等提出了便于工程应用的包裹碎石桩承载力简化计算方法，对这些方法简单介绍如下：

Raithel 和 Kempfert（2000）根据单桩影响面积法理论（Unit Cell Concept），考虑传统碎石桩计算模型，叠加套筒的加筋作用，得到包裹碎石桩复合地基的承载力计算方法。

Murugesan 和 Rajagopal（2010）根据包裹碎石桩剪切破坏模式，考虑碎石桩体达到抗剪强度，以及套筒材料达到抗拉强度所能提供的最大径向应力，提出了给定荷载和沉降条件下包裹碎石桩套筒的设计方法。

Pulko 等（2011）、赵明华等（2011）、陈昌富等（2013）也根据极限平衡原理给出了包裹碎石桩承载力计算方法。

已有关于包裹碎石桩承载力计算方法的研究较少，且一般针对的是包裹碎石桩发生鼓胀剪切破坏的情况，而欧阳芳等通过模型试验发现刺入破坏也是包裹碎石桩复合地基的一种常见的破坏模式，故包裹碎石桩复合地基的合理设计也需考虑刺入破坏这种模式下桩、土的受力和变形特性。

7.1.4 包裹碎石桩在工程中的应用

包裹碎石桩一般应用于铁路、公路路基，堤坝，建筑地基等地基处理中，已有大量工程表明其加固效果较好。包裹碎石桩加固工程及其设计参数如表7.1 所列，工程中套筒刚度为 1 700～2 800 kN/m。

表 7.1 包裹碎石桩工程实例

时间	工程名	工程类型	堤坝高度/m	软土深度内桩长L/m	桩径d/cm	长径比L/d	面积置换率/%
1996	Waltershof	铁路路堤	5	5	154	3.24	25～30
1996	Baden-Baden	铁路路堤	4	5	65	7.69	20
1998	Bruchsal	公路路堤	13	5	80	6.25	20
1998	Grafing	铁路路堤	3	10	80	12.5	17
1998	Saarmund	高速公路路堤	5.5	10	80	12.5	10
1998	Niederlehme	高速公路路堤	5	7	80	8.75	14
1999	Herrnburg	铁路路堤	40	11	80	13.75	15
1999	Tessenitz-Tal	高速公路路堤	5	10	80	12.5	10
2000	Krempe	匝道桥	8	7	80	8.75	13～20
2000	Grafing	铁路路堤	2～4	6.5	80	8.13	15
2000	Sinzheim	铁路路堤	2	7	80	8.75	15
2001	Brandenburg	匝道桥	7	15	80	18.75	13～18
2001	Betuweroute	匝道桥	7	8	80	10	10～15
2001	Botniabahn	匝道桥	8	8	80	10	15
2001	Hoeksche Waard	原型试验	2～5	10	80	12.5	5～20
2001	S'Gravendeel	原型试验	5	10	80	12.5	15
2002	Westrik	铁路路堤	7	6	80	7.5	15
2003	Oldenburg	铁路路堤	1.5	6	60	10	15
2001—2003	围堰堤坝	防洪堤坝	9.5	14	80	17.5	10～20

续表

时间	工程名	工程类型	堤坝高度/m	软土深度内桩长L/m	桩径d/cm	长径比L/d	面积置换率/%
2003—2004	Finkenwerder Vordeich	防洪堤坝	9.5	12	80	15	15
2004	Oakland, Calif	铁路路基	—	8	76	11	13.5
2006	四川某高速公路	匝道	—	5~6.5	60	8~11	10
2008	煤、焦炭存贮地	软土地基	—	10~12	78	12.8~15.4	11.91
2008	Rio de Janeiro, Brazil	原型试验	5.35	11	80	13.75	12.5
2010	衡桂高速公路 K58+450~K58+780	高速公路路堤	4~12	<9	50	<18	10
2012	某公路	高速公路路堤	7	6	50	12	10.08
包裹碎石桩设计参数					桩径d/cm	长径比L/d	面积置换率/%
包裹碎石桩设计参数一般取值范围					50~154	6~20	5~20

下面对表 7.1 中较为典型的工程作简要介绍。

从德国卡尔斯鲁厄到瑞典巴塞尔的铁路路基采用了包裹碎石桩进行地基处理，路堤高 1~2 m。该路堤建立在 7 m 深的泥炭、淤泥、黏土互层上，软弱土的压缩模量为 0.7~2.3 MPa。为了避免施工对附近已有结构的影响，采用挖土法施工，桩径为 80 cm。

2004 年，相关单位利用包裹碎石桩对加利福尼亚奥克兰的一条铁路路基进行处理。设计包裹碎石桩桩径为 76 cm，桩长为 8.23 m，面积置换率为 13.5%，相比传统方法，如深层搅拌桩、螺旋钻孔灌注桩、混凝土桩基，包裹碎石桩造价最低；且由于无须预压或固化，包裹碎石桩极大地缩短了施工时间。

中国衡桂高速公路 K58+450~K58+780 段利用部分包裹碎石桩对高含水量软黏土进行处理，软黏土的含水量为 61.1%，黏聚力为 15.75 kPa，内摩擦角为 23°，不排水抗剪强度为 25.85 kPa，最大厚度为 7~9 m。部分包裹碎石桩的套筒长度为 4 倍桩径，桩体穿越软黏土到达下部较硬土层。

2001—2003 年在德国汉堡飞机制造厂的填海围垦项目中，设计者采用包裹碎石桩对不排水抗剪强度仅 0.4~10 kPa 的 8~14 m 的深厚软土地基进行加固处理，如图 7.5 所示。桩径为 80 cm，面积置换率为 10%~20%，套筒刚度为 1 700~2 800 kN/m，抗拉强度为 100~400 kN/m。相比最初的钢桩防渗墙方案，由于不需要钢材，以及减少了填筑砂土量，极大地节约了工程成本；且由于包裹碎石桩良好的排水作用，加速了地基的固结沉降，施工时间由 3 年缩短至 8 个月。

图 7.5　德国汉堡飞机制造厂围堰堤坝

7.2　砂土地基中包裹碎石桩复合地基静载试验设计

包裹碎石桩可用于提高地震作用下砂土地基的抗液化性能和抗震陷性能，然而，极少有文献涉及包裹碎石桩对砂土地基的加固处理研究。静力下包裹碎石桩砂土复合地基承载力特性的研究是研究地震作用下地基承载力机理的基础工作，这也可为研究地震作用下包裹碎石桩砂土复合地基的机理提供依据。为了试验的简便，以及与后文中振动台模型试验相一致，此处我们选用干砂开展包裹碎石桩砂土复合地基的静载试验，探讨砂土地基中包裹碎石桩复合地基的承载机理。

7.2.1　试验模型制备

为了反映包裹碎石桩复合地基的静力特性，基于相似设计，对包裹碎石桩复合地基进行模型试验研究。考虑试验中包裹碎石桩性质、成桩质量和模型箱尺寸等因素，试验中选用长度相似比（原型/模型）为 10，密度和重力加速度的相似比均为 1，由 Buckingham π 定理计算得到土工材料套筒的抗拉强度相似比为 100。根据相似比，试验中桩长 l 取为 70 cm，桩径 d 取为 7.5 cm，长径比为 9.3，采用等边三角形布桩，桩间距选为 $S = 2.5d$、$3.0d$、$3.5d$，对应面积置换率分别为 $m = 14\%$、10%、7% 共 3 组，承压板直径 D 根据群桩影响面积分别确定为 34 cm，41 cm，48 cm。在未加固地基中承压板的直径为 30 cm。

开展包裹碎石桩复合地基模型试验，所用模型箱的内部尺寸为 200 cm（长）$\times 200$ cm（宽）$\times 90$ cm（高），模型箱的宽度大于试验中最大承压板直径的 4 倍，满足静载试验所需的边界条件要求。模型箱底为钢板材料，相对的两个模型箱面为有机玻璃材料，另外两个面为可拆卸的角钢，便于装、卸土。进行试验前先在有机玻璃上绘制标尺，便于确定填土高度。模型箱内土体分为两层，底部为 10 cm 厚的坚硬土，上部为 70 cm 厚的砂土；桩长为 70 cm，置于坚硬土层之上，如图 7.6 所示。下面分别介绍土层和桩体的制备。

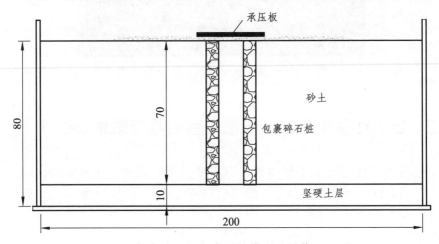

图 7.6　包裹碎石桩复合地基模型（单位：cm）

（1）底部坚硬土层由黄黏土、河沙、石膏、水泥和水这 5 种材料配制而成，各材料对应的质量比为 $40 : 12 : 8 : 2 : 5$。坚硬土层厚度为 10 cm，分两层填筑，每层厚度为 5 cm。控制每层土的体积为 200 cm$\times$200 cm$\times$5 cm，以及密度为 2 200 kg/m^3，每层土的质量即可确定；通过夯实，坚硬土层的目标密度即可实现。每填筑完一层土，对土层进行平整和刮毛，再填筑下一层土。坚硬土层填筑完成后，取样进行土工实验，得到坚硬土层的含水率为 7.8%。

（2）填筑完坚硬土层之后，将一根外径为 7.5 cm 的钢管竖直置于坚硬土层之上中心位置。钢管外布置有土工材料套筒，套筒直径为 7.6 cm，略大于钢管直径。在模型箱内、钢管外填筑砂土。砂土选用风干砂，厚度为 70 cm，按照 10 cm/层进行填筑，共 7 层。先让砂土从距土层表面 70 cm 高度自由落下，然后对砂土进行微振，以平整砂土表面。砂土制备完成后，取样进行土工试验测试，得到砂土的密度为 1 650 kg/m³，含水率为 5.0%。砂土的干密度 ρ_d 可通过式（7.1）计算得到，为 1 570 kg/m³。

$$\rho_d = \rho/(1+w) \tag{7.1}$$

通过相对密度试验得到砂土的最大干密度 ρ_{dmax} 和最小干密度 ρ_{dmin}，分别为 1 990 kg/m³ 和 1 540 kg/m³。然后，利用式（7.2）计算得到砂土的相对密实度 D_r 为 17%。根据相对密实度 $D_r \leqslant 1/3$ 时砂土处于疏松状态，当 $1/3 < D_r \leqslant 2/3$ 时砂土处于中密状态，当 $2/3 < D_r \leqslant 1$ 时砂土处于密实状态，可判断该砂土处于疏松状态。

$$D_r = \frac{(\rho_d - \rho_{dmin})\rho_{dmax}}{(\rho_{dmax} - \rho_{dmin})\rho_d} \tag{7.2}$$

（3）松砂填筑完后，制作包裹碎石桩体，碎石骨料的级配曲线见图 7.7。由图可得到，不均匀系数 $C_u = 2.22$，曲率系数 $C_c = 1.01$，属于级配不良碎石。

包裹碎石桩内碎石的密度为 1 565 kg/m³，经过多次调整，确定成桩时每次碎石用量、振捣棒插入深度和振捣数。每次灌入 0.4 kg 的碎石到钢管内，用振捣棒插入碎石 5 cm，对碎石插捣 10 下。在振捣碎石的同时，缓慢上拔成桩钢管 2 cm，保持套筒的位置不变。重复上述步骤，直至桩长达到 70 cm。

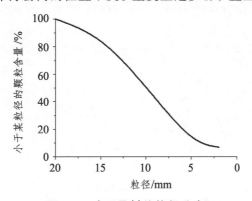

图 7.7　碎石骨料的粒径分布

（4）实际工程中套筒材料的抗拉强度为 100～4 500 kN/m，抗拉强度的相似比为 100，故试验中套筒材料的抗拉强度可选为 1～45 kN/m，此外，还考虑到试验中碎石粒径的大小，选用玻璃纤维作为套筒材料，其网孔大小为 2 mm×2 mm，拉伸试验结果见图 7.8。由图可得到，土工材料的极限抗拉强度 T_{max} 为 6.6 kN/m，对应的延伸率 ε_{max} 为 19.0%，5%割线模量为 40 kN/m。套筒接缝处搭接段长度为 10 cm，在搭接段沿套筒纵向缝合 3 道，缝合线与套筒材料一致。对套筒接缝进行测试，发现接缝处的强度与套筒其他位置的强度基本一致。

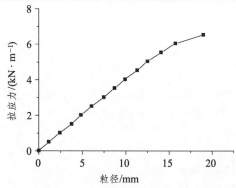

图 7.8　玻璃纤维材料的拉伸试验结果

在土体和桩体制作完成后，平整地基表面，在地基上布置 2 cm 厚的褥垫层，褥垫层所用砾砂的直径为 0.9 ~ 2.0 mm。

7.2.2　传感器布置

试验中主要使用百分表和土压力盒两种传感器。在承压板顶面靠近边缘位置均匀布置 3 个百分表，监测承压板的沉降和倾斜情况，如图 7.9 所示。

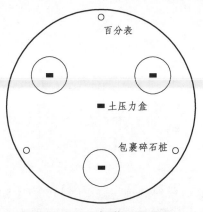

图 7.9　承压板范围平面图

在桩顶和桩间土表面以下 1.5 cm 位置布置土压力盒，以监测桩体和土体对应力的分担情况，如图 7.10 所示。在桩底端布置土压力盒监测端阻力，紧邻桩体竖向布置土压力盒，以此监测桩体发生鼓胀变形时对周围土体的侧向挤压作用，如图 7.10 所示。为了提高土压力盒的测量精度，在其上、下表面分别铺设一层厚度为 1.5 cm 的细砂。每组试验开展前利用标准砂重新标定土压力盒。

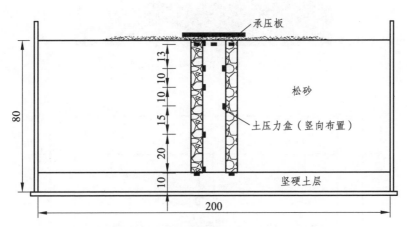

图 7.10 传感器布置（单位：cm）

7.2.3 试验加载

在褥垫层表面依次布置承压板、荷重传感器和千斤顶，且千斤顶所施加荷载的方向与承压板中心、群桩形心在同一直线上，如图 7.11 所示。为了使千斤顶所施加的荷载为竖向集中力，在荷重传感器和千斤顶之间布设球铰。试验中利用千斤顶施加荷载，但考虑到千斤顶油压不易稳定，随着地基的下沉，施加的应力值可能发生变化，故利用承压板顶面的荷重传感器实时监测应力值，并适时进行人工补压。

使用千斤顶时，应缓慢施加荷载，避免形成冲击力。参考静载试验规范，自加荷起的第 1 个小时内，按时间间隔 5 min，10 min，15 min，15 min，15 min 分别测读一次沉降，之后每隔 30 min 读一次数据，直到连续 1 h 内累计沉降值小于 0.1 mm，此时认为地基已稳定，然后再继续施加下一级荷载。若在某一级荷载作用下地基沉降在 2 h 后仍不稳定或沉降过大，则认为地基已发生破坏，停止施加荷载。

（a）试验加载

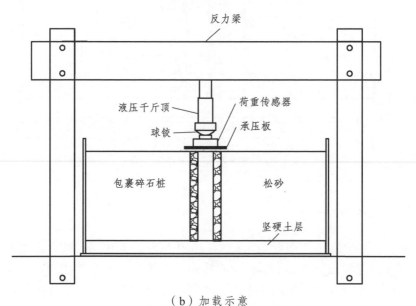

（b）加载示意

图 7.11　包裹碎石桩复合地基加载

7.2.4　试验分组

　　试验共设计了 4 组，3 组为包裹碎石桩复合地基，1 组为未加固地基，作为对照组。3 组包裹碎石桩复合地基均包含 3 根桩，采用正三角形布桩，面积置换率分别为 7%、10% 和 14%。不同试验组中包裹碎石桩的参数均一致，桩长为 70 cm，桩径为 7.5 cm。

7.3 砂土地基中包裹碎石桩复合地基静力试验结果分析

7.3.1 包裹碎石桩复合地基应力-位移关系特性

通过静载试验得到不同面积置换率的包裹碎石桩复合地基和未加固地基的应力-沉降曲线,如图 7.12 所示。图中,P 为作用于承压板上的应力,s 为承压板顶面沉降,D 为承压板直径。由图可发现:在相同应力作用下,包裹碎石桩复合地基的位移均远小于未加固地基,随着应力的增大,未加固地基迅速破坏,而包裹碎石桩复合地基的应力-位移曲线并未出现明显的陡降段;在相同应力作用下,面积置换率较大的包裹碎石桩复合地基产生的位移较小,这说明包裹碎石桩能明显提高砂土地基的承载力,有效控制其压缩变形,且面积置换率较大的包裹碎石桩复合地基工况加固效果较显著。

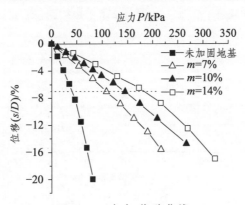

图 7.12 应力-位移曲线

为了说明包裹碎石桩对地基承载力的提高程度,引入应力提高因子的概念,定义为承压板产生相同位移 s/D 时包裹碎石桩复合地基与未加固地基承受的应力之比,以反映包裹碎石桩对地基承受荷载能力的提高作用。图 7.13 所示为地基应力提高因子随承压板顶面位移的变化曲线,由图可发现,包裹碎石桩面积置换率 $m = 14\%$、10%、7% 的地基应力提高因子分别约为 4.5、3.7、2.8。在承压板产生相同位移时,包裹碎石桩复合地基(面积置换率 $m = 14\%$)承受的应力比未加固地基提高约 3.5 倍,且面积置换率较大的工况应力提高的倍数也较大。

为了进一步比较面积置换率对地基承载力的影响,选取位移 s/D 为 6%、7%、8% 和 9% 时,分析该位移下面积置换率和应力提高因子的关系,如图 7.14

所示。由图可发现，随面积置换率的增大，应力提高因子增大。当面积置换率由 7%增大到 10%时，包裹碎石桩复合地基的应力提高因子增大约 30%；当面积置换率由 10%增大到 14%时，包裹碎石桩复合地基的应力提高因子增大约 29%。

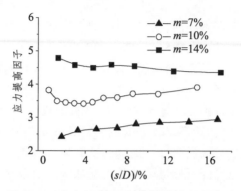

图 7.13　应力提高因子随位移的变化曲线

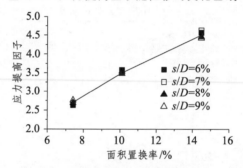

图 7.14　面积置换率-应力提高因子变化曲线

7.3.2　包裹碎石桩复合地基桩土应力比特性

桩土应力比 n 反映了桩体和土体对上部荷载的分担情况，同时，它也是复合地基设计计算的重要参数之一。利用布置在桩顶以下 1.5 cm 和同深度桩间土的土压力盒得到某一级荷载作用下包裹碎石桩及其桩间土的应力，计算得到桩土应力比，绘制包裹碎石桩复合地基的桩土应力比随承压板位移的变化关系，如图 7.15 所示。需要注意的是，由于面积置换率 $m = 7\%$ 的包裹碎石桩复合地基桩顶土压力盒出现故障，故在以下分析中均未列出。由图可发现：在荷载较小时，两种工况下的桩土应力比均不稳定；当承压板位移大于 7%时，桩体和土体均被压密，桩土应力比趋于稳定，稳定值为 3.7。由图 7.12

可发现位移 $s/D = 7\%$ 对应未加固地基的容许承载力，而该位移也近似对应桩间土的容许承载力。

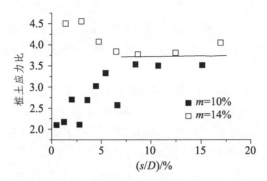

图 7.15　桩土应力比随承压板位移的变化曲线

7.3.3　包裹碎石桩复合地基端阻力特性

在包裹碎石桩底部和桩顶 1.5 cm 位置分别布置土压力盒，由土压力盒读数计算得到桩底端与顶端的轴向应力百分比，该应力百分比随承压板位移的变化曲线如图 7.16 所示。其中 P_b 和 P 分别为桩底端和顶端的轴向应力值。由图可发现：面积置换率 $m = 10\%$ 和 14% 的包裹碎石桩复合地基的应力比均随位移的增大而减小，直至稳定；当位移 s/D 大于 7% 时，两种工况的应力百分比均稳定在 17%，也即当承压板位移为 7% 时，两种工况中的桩侧摩阻力与桩端阻力分别约为桩顶荷载的 83% 和 17%，且随着位移的增大，两者基本保持不变。

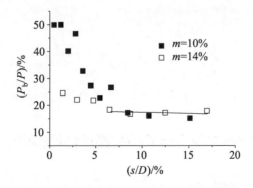

图 7.16　桩底端与顶端的应力百分比随承压板位移的变化曲线

7.3.4 包裹碎石桩复合地基桩侧应力特性

沿包裹碎石桩桩侧竖向布置土压力盒，监测竖向荷载下桩体发生鼓胀变形而施加给桩侧土体的水平应力，得到沿桩身侧向应力分布图，如图 7.17 所示。需要说明的是，由于面积置换率 $m = 14\%$ 的包裹碎石桩复合地基在桩顶部 5 cm 深度的土压力盒出现故障，故此部分的测试值并未列出。由图可发现，随着上部荷载的增大，不同深度的桩侧应力值不断增大。沿桩身由桩顶往下，桩侧应力值先增大后减小，这与桩身的鼓胀变形分布规律是一致的。面积置换率 $m = 10\%$ 的包裹碎石桩复合地基在同一荷载作用下，沿桩长范围内，距桩顶 15 cm（$2.0d$）深度位置的桩侧应力值较大；面积置换率 $m = 14\%$ 的包裹碎石桩复合地基在距桩顶约 35 cm（$4.7d$）深度处的桩侧应力较大，面积置换率 $m = 14\%$ 工况中包裹碎石桩桩身最大侧向应力所对应的深度较大：这表明沿包裹碎石桩侧向应力的分布与面积置换率有关。此外，面积置换率 $m = 10\%$ 和 14% 工况中的包裹碎石桩侧向应力的影响深度分别约为 40 cm 和 50 cm，这表明桩体鼓胀深度分别约为 $5.4d$ 和 $6.6d$。Murugesan 等[22]在软黏土地基中发现包裹碎石桩主要受力和变形范围约为 $6d$ 深度，大于碎石桩的一般鼓胀深度（$4d$），本章砂土地基中包裹碎石桩的主要变形范围与之一致，这说明了在砂土地基和软黏土地基中包裹碎石桩桩体变形特性的一致性。

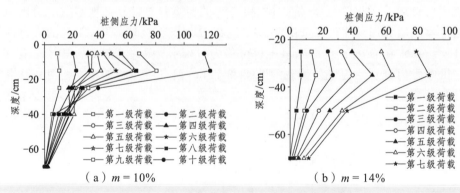

图 7.17　不同荷载作用下桩侧向应力分布

7.4　软黏土地基中包裹碎石桩复合地基静载试验设计

7.4.1　试验模型制备

为了反映软黏土地基中包裹碎石桩复合地基的静力特性，根据表 7.1 所列包裹碎石桩工程实例，基于相似设计，对包裹碎石桩复合地基进行模型试验研究。考虑试验中模型箱尺寸、成桩质量及包裹碎石桩性质等因素，试验中选用长度相似比（原型/模型）为 10，密度和重力加速度相似比均为 1。因此，试验中包裹碎石桩的直径取为 10 cm，桩长为 65 cm，长径比为 6.5，面积置换率为 16%，按照等边三角形形式布桩，确定承压板直径为 25 cm。其他参数的相似比根据 Buckingham π 定理计算得到，如表 7.2 所列。

表 7.2　试验模型中相似比

变 量	理论相似比（原型/模型）	试验中相似比值（原型/模型）
桩长	λ	10
密度	1	1
重力加速度	1	1
质量	λ^3	1 000
应力	λ	10
套筒的抗拉强度	λ^2	100
力	λ^3	1 000

利用模型试验对包裹碎石桩复合地基进行静载试验，模型主要包括复合地基和模型箱、传感器以及加载装置，在接下来的小节中将对这三部分内容分别进行描述。试验的整体布置如图 7.18 所示。

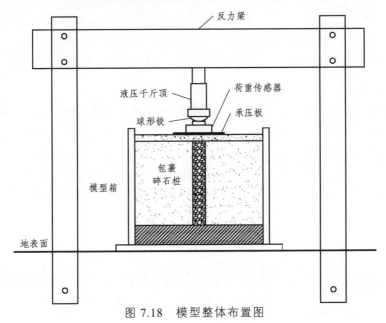

图 7.18　模型整体布置图

模型箱的长、宽、高分别为 1.0 m×1.0 m×0.9 m。考虑到模型中土体含水率极高，故对模型箱进行防水处理。模型箱内土层分为两层：底层为 15 cm 厚的坚硬土层，上部为 65 cm 厚的软黏土。考虑到工程中软黏土在加载过程中即表现出极强的非线性，此外，很难找到一种相似材料模拟软黏土，故由宁波某海滨挖取的淤泥质软土作为试验用土。桩长为 65cm，置于坚硬土层之上。模型箱、桩体和土层如图 7.19 所示。试验准备过程具体如下：

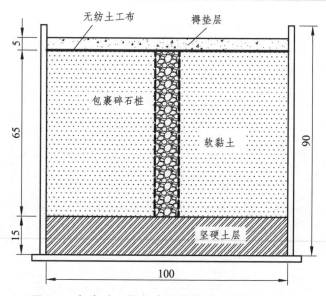

图 7.19 包裹碎石桩复合地基模型（单位：cm）

（1）坚硬土层由黄黏土、河沙、石膏、水泥和水五种材料配制而成，其对应的质量比为 40∶12∶8∶2∶5。坚硬土层的总厚度为 15 cm，分 3 层填筑，每层厚度为 5 cm。控制每层土的体积为 100 cm×100 cm×5 cm，密度为 1 597 kg/m³，每层土的质量即可计算得到，通过夯实，坚硬土层的目标密度即可实现。每填筑完一层土，对土层进行平整和刮毛，再填筑下一层土。填筑完成后，向模型箱内注水，使土体饱和，以免其吸收上部软黏土中的水。坚硬土层制备完成后，对土体进行直剪试验，得到坚硬土层的参数，如表 7.3 所列。

表 7.3　坚硬土层材料参数

土层	密度/(kg/m³)	含水率/%	孔隙比	饱和度/%	黏聚力/kPa	内摩擦角（°）
坚硬土	1 920	31	0.85	98	39.6	36.2

（2）填筑完坚硬土层之后，将一根外径为 10 cm 的钢管竖直置于坚硬土层之上中心位置。将土工材料套筒置于钢管之外，与钢管外径贴合。土工材料套筒直径为 10.2 cm，略大于桩体直径。

实际工程中套筒材料的抗拉强度取为 100～4 500 kN/m，根据相似比 100，试验中套筒材料的抗拉强度可选为 1～45 kN/m。此外，考虑到试验中碎石粒径的大小，选择市面上两种玻璃纤维模拟套筒，其网格尺寸均为 2 mm ×2 mm，抗拉强度分别为 11 kN/m 和 43 kN/m。将玻璃纤维两端缝合，对这两种玻璃纤维材料和接缝进行抗拉强度测试，得到其拉力-应变曲线如图 7.20 所示。由图可发现，接缝对套筒材料的拉力-应变关系影响有限，根据套筒材料的应力-应变关系曲线，得到套筒材料的参数如表 7.4 所列。由表可发现，套筒 I 和套筒 II 在应变为 5% 时对应的割线模量分别为 95 kN/m 和 200 kN/m。由于试验加载过程中套筒处于弹性范围内，且产生的应变较小，故在后文中用应变为 5% 的割线模量表示相应套筒类型。

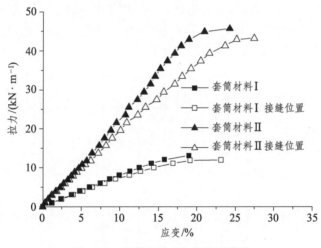

图 7.20 套筒拉力-应变关系曲线

表 7.4 套筒材料参数

材料类型	抗拉强度/(kN/m)	抗拉强度对应应变/%	初始弹性模量/(kN/m)	5%割线模量/(kN/m)
套筒材料 I	13	19	97	97
套筒材料 I 接缝处	11	22	95	95
套筒材料 II	45	22	204	204
套筒材料 II 接缝处	43	25	200	200

（3）软黏土取自中国宁波，对其进行重塑以满足试验要求。软黏土先用水浸泡 3 个月，形成泥浆形式。之后将软黏土取出，平铺在土工布之上，厚度约为 10 cm，定期测试土体含水量，当土体含水量降为 45%时，用不透水土工布包裹土体。之后，若软黏土含水量降低，补充水量直至含水量保持在45%。

根据模型试验设计，软黏土厚度为 65 m，按照 10 cm/层进行填筑，共分为 6.5 小层，前 6 层均是 10 cm，后一层是 5 cm。每 10 cm 厚度约填筑 172 kg的淤泥。

（4）桩体的主体材料为碎石。碎石的最大粒径小于 10 mm，其级配曲线如图 7.21 所示。由级配曲线可得出，桩体内碎石的不均匀系数 C_u 为 2.60，曲率系数 C_c 为 1.86，碎石颗粒均匀，级配不良。

碎石桩的密度为 1 565 kg/m³，经过多次调整，确定成桩时每次碎石用量，振捣棒插入深度和振捣数。每次灌入 0.7 kg 碎石到钢管内，用振捣棒（钢筋，直径 $d = 2$ cm，长度 $L = 1$ m）振捣碎石，振捣棒插入碎石 5 cm，对碎石骨料插捣 10 下。在振捣碎石的同时，缓慢上拔成桩钢管 2 cm，套筒则遗留在原位置。重复上述步骤，直到桩长达到 65 cm。

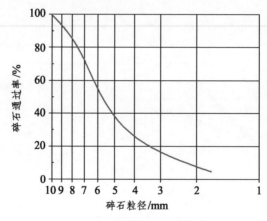

图 7.21　碎石粒径级配曲线

（5）软黏土填筑完成以及桩体形成后，平整地基表面，并在地基表面铺设 1 ~ 4 mm 直径的碎石，用于形成 5 cm 厚的褥垫层。地基表面和褥垫层之间铺设一层低强度薄无纺土工布，无纺土工布的拉力-应变关系如图 7.22 所示。土工布抗拉强度为 1.6 kN/m，对应应变为 110%，5%割线模量为0.36 kN/m，这表明土工布无加筋作用，仅存在隔离作用。其布置便于试验完成后对复合地基破坏现象的研究，可防止碎石颗粒挤入下部软弱土层中。

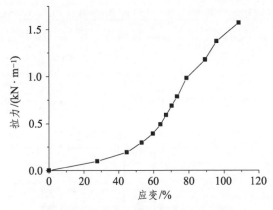

图 7.22 无纺土工布应变-拉力曲线

（6）试验模型制作完成后，对地基进行堆载预压以消除扰动，使软黏土性质更为均匀，减小褥垫层的压缩量。具体过程为：静置 12 h—堆载预压 24 h—静置 12 h。堆载预压时，在模型表面铺设一块略小于模型箱平面面积的木板，在其上堆载铁块，使木板上应力为 5 kPa。当试验模型制备完成后，在远离承压板位置取样进行不排水抗剪强度试验，软黏土材料参数列于表 7.5。

表 7.5 软黏土材料参数

土层	密度/(kg/m³)	含水率/%	孔隙比	饱和度/%	黏聚力/kPa	内摩擦角/(°)
软黏土	1 720	45	1.24	96	3.40	3.50

7.4.2 传感器布置

试验中主要使用的传感器为百分表、土压力盒、桩径向变形测量仪和荷重传感器。

在靠近承压板顶面边缘的位置均匀布置 4 个量程均为 50 mm 的百分表，以此监测承压板顶面沉降值。

为了精确测量包裹碎石桩的轴向应力以及鼓胀变形，且避免两者相互干扰，设计了重复组 A#和 B#。A#组测量包裹碎石桩的轴向应力，不考虑变形情况；B#组测量包裹碎石桩的鼓胀变形，不考虑桩体轴力。A#和 B#组试验其他条件相同，只是监测参数不同，故可形成对照组，检测试验结果的可靠性。

A#组试验在桩体内布置土压力盒 E3 ~ E6，监测包裹碎石桩内轴向应力。

土压力盒布置于桩体内中心轴位置，距桩顶 0 cm、20 cm、40 cm 和 65 cm，如图 7.23 所示。为了提高土压力盒测量精度，将与土压力盒直径一致的圆柱形橡胶垫置于土压力盒之下，土压力盒上布置 2 cm 厚的细砂，以帮助土压力盒受力。

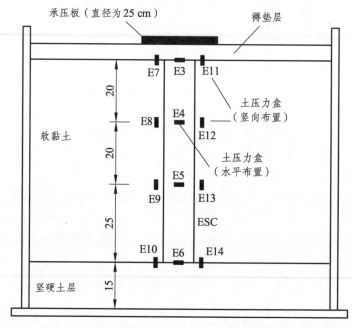

图 7.23　土压力盒布置（单位：cm）

　　桩侧布置土压力盒 E7～E10，以此测定桩侧土压力值，其位置为距桩顶 0 cm、20 cm、40 cm 和 65 cm，与桩侧相距 2 cm。为了校核土压力盒 E7～E10 数据，在桩体另一侧与 E7～E10 对称位置，布置土压力盒 E11～E14，如图 7.23 所示。

　　在承压板之下桩间土顶面布置土压力盒 E1 和 E2，监测加载过程中土体承担的应力值，布置位置如图 7.24 所示。埋设土压力盒时，在土压力盒与碎石颗粒接触的表面布置 2 cm 厚的细砂，使土压力盒受力更为均匀。

　　采用电阻应变式微型土压力盒监测应力值。土压力盒 E3～E6 的直径为 7 cm，厚度为 1 cm，量程为 800 kPa；土压力盒 E1 和 E2、E7～E14 的直径为 3 cm，厚度为 0.7 cm，量程为 200 kPa。土压力盒 E3～E6 采用标准砂标定，土压力盒 E1 和 E2、E7～E14 采用试验所用软黏土标定。每组试验完成后，检查土压力盒的工作状态，以及标定系数的变化情况，若有必要重新标定土压力盒。

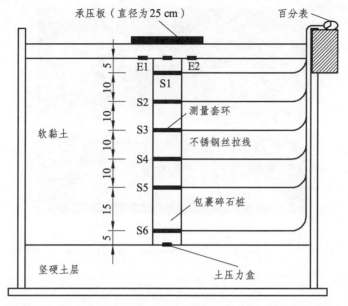

图 7.24　土压力盒和桩体径向变形测量仪布置（单位：cm）

B#组试验中，沿桩身布置桩体径向变形测量仪，监测桩体周长变化量；如图 7.24 中 S1～S6 所示，径向变形测量仪布置于桩顶之下 5 cm、15 cm、25 cm、35 cm、45 cm 和 60 cm。径向变形测量仪主要由不锈钢丝拉线、塑料方片、柔性线管和百分表盘组成（图 7.25）。利用不锈钢丝拉线将塑料方片串联成测量套环，测量套环的内径与桩体直径一致，套在桩体测量位置。不锈钢丝拉线通过柔性线管引出模型箱，其末端连接百分表盘，如图 7.26 所示。测量套环随着桩体的鼓胀而扩大，并通过不锈钢丝拉线触动百分表盘，通过百分表显示桩体周长的变化量。

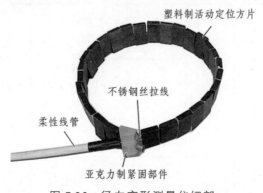

图 7.25　径向变形测量仪细部

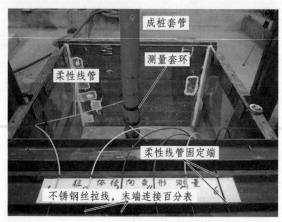

图 7.26 径向变形测量仪安装

在承压板和千斤顶之间布置荷重传感器,监测施加到承压板顶面的应力,根据监测值,对千斤顶进行适时调整。

7.4.3 试验加载

试验模型制备完成后,安装加载装置,如图 7.27 所示。首先在褥垫层之上布置承压板,承压板中心在桩轴线上。承压板上再依次安装荷重传感器和液压千斤顶。利用液压千斤顶对包裹碎石桩复合地基进行加载。为了在承压板上形成竖向集中力,在千斤顶和荷重传感器之间安装球铰。试验加载方法与砂土地基静载试验中的加载方法一致。

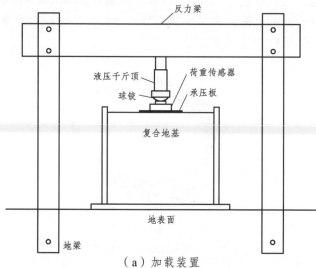

（a）加载装置

（b）试验 B#组加载

图 7.27　包裹碎石桩复合地基加载

7.4.4　试验分组

　　试验共设计了 7 组，其中：1 组为传统碎石桩复合地基；1 组为部分包裹碎石桩复合地基，部分包裹碎石桩是套筒材料 5%割线模量为 200 kN/m、套筒长度为 60%*l*（*l* 为桩长）的包裹碎石桩；4 组为全长包裹碎石桩复合地基，包裹碎石桩-95 kN/m 表示采用 5%割线模量为 95 kN/m、套筒长度为 *l* 的包裹碎石桩，包裹碎石桩-200 kN/m 表示采用 5%割线模量为 200 kN/m、套筒长度为 *l* 的包裹碎石桩，A#和 B#为重复试验组。此外，也设计了未加固地基作为对照组。分组信息具体如表 7.6 所列。

表 7.6　试验分组情况

试验组别	桩径 *d*/cm	桩长 *l*/cm	5%割线模量/(kN/m)	套筒长度
未加固地基	—	—	—	—
碎石桩	10	65	0	0
部分包裹碎石桩	10	65	200	0.6*l*
包裹碎石桩-95 kN/m-A#	10	65	95	*l*
包裹碎石桩-95 kN/m -B#	10	65	95	*l*
包裹碎石桩-200 kN/m -A#	10	65	200	*l*
包裹碎石桩-200 kN/m -B#	10	65	200	*l*

7.5 软黏土地基中包裹碎石桩复合地基静力试验结果分析

7.5.1 包裹碎石桩复合地基承载力特性

通过静载试验得到包裹碎石桩复合地基的应力-沉降曲线,如图 7.28 所示。图中 7 个工况如表 7.7 所列,其中 s 为承压板顶面沉降,D 为承压板直径。图中应力和沉降分别通过承压板上的荷重传感器和百分表监测得到。由图可知:

(1)碎石桩复合地基在承压板顶面应力小于 15 kPa 时,应力-沉降曲线为线性,表明碎石桩复合地基处在弹性阶段。之后,当应力大于 30 kPa 时,曲线发生陡降,表明碎石桩复合地基发生了破坏。部分包裹碎石桩在应力小于 25 kPa 时,复合地基处在弹性阶段;在应力大于 40 kPa 时,复合地基发生破坏。

(2)在应力小于 70 kPa 和 110 kPa 时,包裹碎石桩-95 kN/m 和包裹碎石桩-200 kN/m 曲线分别表现为线性,两者的应力-沉降曲线均无明显陡降段。当应力小于 70 kPa 时,包裹碎石桩-95 kN/m 和包裹碎石桩-200 kN/m 的应力-沉降曲线较为一致;当应力大于 70 kPa 后,同一应力作用下包裹碎石桩-200 kN/m 复合地基的沉降较小。这表明当荷载较大时,提高土工材料刚度对复合地基沉降减小的作用才凸显出来。

(3)此外,试验中 A#与 B#组差异较小,表明试验结果较为可靠,下述分析中对 A#和 B#组取平均值。

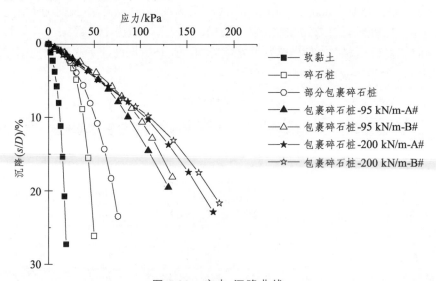

图 7.28 应力-沉降曲线

表 7.7　容许承载力和极限承载力

参数	软黏土	碎石桩复合地基	部分包裹碎石桩	包裹碎石桩-95 kN/m	包裹碎石桩-200 kN/m
容许承载力/kPa	8	15	25	70	110
容许承载力对应沉降（s/D）/%	6.0	2.5	3.0	7.0	10.0
极限承载力/kPa	12	30	40	125	175
极限承载力对应沉降（s/D）/%	7.5	3.0	5.7	20.0	22.5

为了进一步量化比较不同套筒的包裹碎石桩复合地基的承载力，根据图 7.28 得到不同复合地基的容许承载力和极限承载力及其对应沉降，如表 7.7 所列。由表得到，碎石桩和部分包裹碎石桩复合地基的容许承载力对应的承压板顶面沉降 $s/D<3.0\%$，两者极限承载力对应的沉降 s/D 分别为 3.0% 和 5.7%，这表明碎石桩和部分包裹碎石桩复合地基在承压板顶面沉降较小时即已发生破坏。这是因为对于这两种桩，承压板顶面沉降主要源于桩体碎石颗粒挤入周围土体中，或桩体的鼓胀变形，这使得桩体刚度迅速降低，复合地基达到塑性阶段或发生破坏。而对于全长包裹碎石桩，由于套筒的约束，桩体变形较小，沉降主要源于桩顶刺入，故其可允许地基表面发生较大的沉降，才达到其容许承载力或极限承载力。

根据表 7.7 计算得到包裹碎石桩与碎石桩复合地基的容许承载力比和极限承载力比，如图 7.29 所示。由图可得到，相比碎石桩复合地基，部分包裹碎石桩复合地基、全长包裹碎石桩-95 kN/m 复合地基和全长包裹碎石桩-200 kN/m 复合地基的容许承载力分别提高了 0.7 倍、3.7 倍和 6.3 倍；极限承载力分别提高了 0.3 倍、3.2 倍和 4.8 倍。全长包裹碎石桩-200 kN/m 复合地基的极限承载力略大于全长包裹碎石桩-95 kN/m 复合地基，这可能是因为其最大加载应力为 175 kPa，而此时全长包裹碎石桩-200 kN/m 复合地基并未达到破坏。

下面进一步量化包裹碎石桩复合地基对地基沉降的减小作用，以分析包裹碎石桩复合地基相比碎石桩复合地基的沉降减小量。在承压板顶面相同荷载作用下，包裹碎石桩复合地基相比碎石桩复合地基的沉降减小量 ΔS 可按照下式计算：

$$\Delta S = (S_0 - S)/S_0 \qquad\qquad (7.3)$$

式中　S——包裹碎石桩复合地基沉降量（cm）；

　　　S_0——碎石桩复合地基沉降量（cm）。

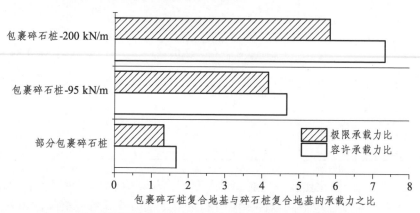

图 7.29　包裹碎石桩复合地基与碎石桩复合地基的承载力比值

包裹碎石桩复合地基相比碎石桩复合地基，地基表面沉降减小量如图 7.30 所示。由图可知：

（1）包裹碎石桩复合地基相比碎石桩复合地基，地基表面沉降减小量随着承压板顶面应力的增大而增大。

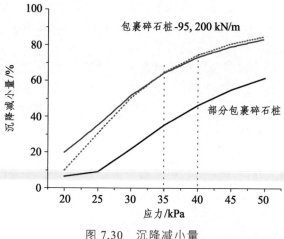

图 7.30　沉降减小量

（2）在同一应力作用下，全长包裹碎石桩复合地基相比部分包裹碎石桩复合地基，地基表面沉降较小；当应力小于 50 kPa 时，套筒 5% 割线模量分别为 95 kN/m 和 200 kN/m 的全长包裹碎石桩复合地基表面沉降基本一致。

当承压板顶面应力为 35 kPa 时，部分包裹碎石桩相比碎石桩复合地基，承压板顶面沉降减小 35%；全长包裹碎石桩相比碎石桩复合地基，承压板顶面沉降减小 65%。

为了进一步量化包裹碎石桩对地基承载力的提高作用，引入应力提高因子 PIF，定义为同一沉降下复合地基与参照地基承受的应力之比，即：

$$PIF = P/P_0 \tag{7.4}$$

式中　　P —— 所研究复合地基承受的应力（kPa）；

　　　　P_0 —— 参照地基承受的应力（kPa）。

图 7.31 所示为复合地基（碎石桩、部分包裹碎石桩、包裹碎石桩-95 kN/m 和包裹碎石桩-200 kN/m 复合地基）相对于软黏土地基的应力提高因子。由图可知：

（1）对于碎石桩和部分包裹碎石桩，随着承压板顶面沉降的增大，应力提高因子先逐渐减小，最后趋于稳定。这是因为在加载之初，碎石颗粒之间存在嵌锁作用，故碎石桩和部分碎石桩的应力提高因子较大。随着加载，碎石颗粒发生剪胀、错动，碎石挤入周围土体中，桩体发生鼓胀变形，刚度降低，桩体的应力集中作用减弱，同时桩体的鼓胀引起桩顶沉降的产生，碎石桩和部分包裹碎石桩复合地基表现为随着承压板顶面沉降的增大，应力提高因子减小。当承压板顶面沉降 s/D 大于 7.5%时，应力提高因子趋于稳定，而此时软黏土地基已发生破坏，应力-沉降曲线发生陡降，这表明碎石桩和部分包裹碎石桩的应力-沉降曲线的变化率与软黏土的一致，从设计方面考虑，可用复合地基应力提高因子趋于稳定的起始点对应的承压板顶面应力估计部分包裹碎石桩和碎石桩复合地基的极限承载力。

（2）对于全长包裹碎石桩，并未出现应力提高因子减小的过程，这是因为套筒的加筋作用，使得桩体刚度并未出现明显降低。应力提高因子随沉降发展而不断增大，桩体可视作半刚性桩。

此外，由图还可发现，在加载之初，增大套筒刚度对应力提高因子几乎没有作用，直到承压板顶面沉降 s/D 大于 8%时，增大套筒刚度才对应力提高因子产生影响。这给设计的建议是，需平衡承载力和造价，以此选择合适的套筒材料。

（3）在沉降较小时，不同复合地基顶部承受的应力基本一致。在沉降较大时，同一沉降下复合地基顶部可承受的荷载大小为：包裹碎石桩-200 kN/m>包裹碎石桩-95 kN/m >部分包裹碎石桩>碎石桩。如当承压板顶面沉降 s/D 为 10%时，包裹碎石桩-200 kN/m、包裹碎石桩-95 kN/m、部分包裹碎石桩和碎石桩的应力提高因子分别为 9.0、8.1、4.2 和 3.2。

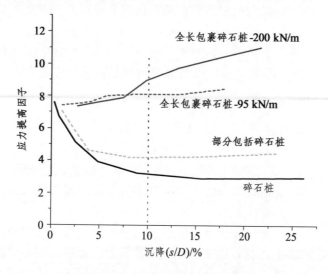

图 7.31　应力提高因子（相比软黏土）

　　为了定量研究包裹碎石桩相对碎石桩承载力的提高程度，我们绘制了同一沉降下包裹碎石桩复合地基与碎石桩复合地基的应力比，即应力提高因子，如图 7.32 所示。由图可知：

　　（1）随着沉降的增大，部分包裹碎石桩、包裹碎石桩-95 kN/m 和包裹碎石桩-200 kN/m 复合地基相比碎石桩复合地基的应力提高因子均随之增大。

　　对于部分包裹碎石桩和碎石桩，竖向荷载由桩顶部向下传递，一部分力通过桩侧摩擦力传递至桩周土体中，桩体轴力逐渐减小，轴力引起桩体产生鼓胀变形。而碎石桩无套筒约束，部分包裹碎石桩顶部有套筒约束，故碎石桩相比部分包裹碎石桩产生的变形较大且发展更迅速；相应地，碎石桩刚度衰减较快，部分包裹碎石桩相比碎石桩应力提高因子呈增大趋势。

　　对于全长包裹碎石桩和碎石桩，前者在加载过程中桩身刚度几乎无衰减，故承载力提高因子始终增大。

　　（2）承压板顶面沉降 s/D 为 10% 时，部分包裹碎石桩复合地基顶面承受的应力为碎石桩复合地基的 1.3 倍，包裹碎石桩-95kN/m 复合地基顶面承受的应力为碎石桩复合地基的 2.5 倍，包裹碎石桩-200kN/m 复合地基顶面承受的应力为碎石桩复合地基的 2.8 倍。

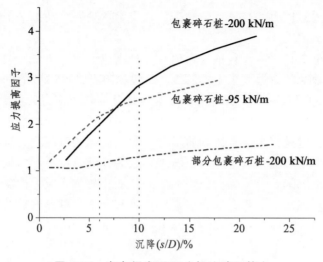

图 7.32　应力提高因子（相比碎石桩）

在承压板和桩、土顶面布置褥垫层，褥垫层中碎石可通过移动而填补桩土顶面沉降差，使得桩、土协同承受上部荷载。为了确定复合地基中桩、土对荷载的分担情况，在承压板之下桩顶、桩周土体表面布置土压力盒（图 7.24），以及承压板顶面布置荷重传感器。根据承压板顶面荷载和桩顶应力值可计算得到承压板下土体表面应力值，并与土体表面土压力盒监测值进行比较，剔除数据异常点，并按式（7.5）计算得到桩土应力比 n：

$$n = \sigma_{v,c}/\sigma_{v,s} \tag{7.5}$$

式中　$\sigma_{v,c}$ —— 桩体承担的应力（kPa）；

　　　$\sigma_{v,s}$ —— 土体承担的应力（kPa）。

不同工况下桩土应力比随承压板顶面沉降的变化曲线如图 7.33 所示。由图可知：

（1）对于碎石桩复合地基，桩土应力比 n 初始值为 5，随着沉降的增大，碎石桩承担的力略增大，之后桩土应力比稳定于 5。而桩土面积比为 0.2，即碎石桩和周围土体承担相同大小的力。

对于部分包裹碎石桩，桩土应力比 n 初始值远大于 5，这表明桩体承受的力远大于土体。当荷载较大时，部分包裹碎石桩的稳定值约为 12。

在荷载较小时，碎石桩和部分包裹碎石桩复合地基的桩土应力比随应力的增大而略增大，这是因为碎石颗粒存在嵌锁作用，加载初期桩体的应力集中作用较强。随着荷载的增大，碎石颗粒挤入周围土体，桩体发生鼓胀，桩体刚度降低，桩土应力比随之减小。桩体的鼓胀使得周围土体发挥出被动土压力以及桩侧摩擦力。当桩、土的变形和应力达到一个动态平衡状态后，桩土应力比趋于稳定。

（2）对于全长包裹碎石桩复合地基，桩土应力比 n 初始值均远大于5，这表明桩体承受的力远大于土体。最后，包裹碎石桩-95 kN/m 的桩土应力比稳定值约为23，包裹碎石桩-200 kN/m 复合地基的桩土应力比稳定值约为31。

对于全长包裹碎石桩复合地基，随着承压板顶面沉降的增大，桩土应力比先略提高，这是因为随着荷载的增大，周围土体的沉降量大于桩体，桩体的应力集中作用增强，桩土应力比增大。之后，随着褥垫层向软黏土表面运动，填补桩土沉降差，软黏土分担的应力增加，故桩土应力比略减小。

相比碎石桩复合地基，部分包裹碎石桩和全长包裹碎石桩的桩体应力集中作用更显著，套筒长度增长，或模量增大，桩体的刚度增大，桩土应力比增大。

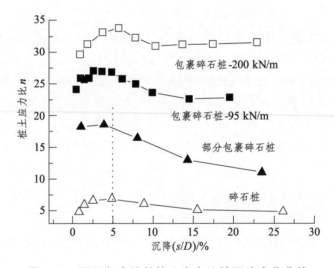

图 7.33　不同复合地基桩土应力比随沉降变化曲线

7.5.2　包裹碎石桩桩身应力传递特性

为了研究包裹碎石桩的应力传递规律，比较桩体在 20 cm、40 cm 和 65 cm 深度处的轴向应力值（N_z），我们计算了桩体内某一深度轴向应力（N_z）与桩顶应力（N_0）的百分比，如图 7.34 所示。图中同一深度不同点表示不同荷载级别作用下的应力百分比。由图可知：

（1）对于全长包裹碎石桩，55% ~ 70%的桩顶应力传递至桩底端；对于部分包裹碎石桩，40%~60%的桩顶应力传递至桩底端；然而，碎石桩仅有25%~45%的桩顶应力传递至桩底端。这表明对于全长包裹碎石桩，桩端阻力大于侧摩擦力；对于碎石桩，桩侧摩阻力大于端阻力。这一结果再次表明全长包裹碎石桩与碎石桩相比，刚度得到显著提高，在某种条件下可视作半刚性桩。

（2）对于全长包裹碎石桩和部分包裹碎石桩，传递至桩体40 cm深度的应力为桩顶应力的75%~90%。全长包裹碎石桩相比部分包裹碎石桩，由40 cm深度传递到桩底部的轴力较大，这表明套筒可助使轴力更有效地向下传递。

包裹碎石桩的端阻力与套筒长度、模量均有关，套筒长度的增长、套筒刚度的增大均有助于荷载向下传递。此外，张建经团队通过模型试验研究发现周围土体的剪切强度对包裹碎石桩端阻力也存在较大影响。

（3）对于全长包裹碎石桩，桩顶以下20 cm深度附近的应力与桩顶应力比大于1，也即该位置的轴向应力大于桩顶应力，这表明桩侧出现了负摩阻力。

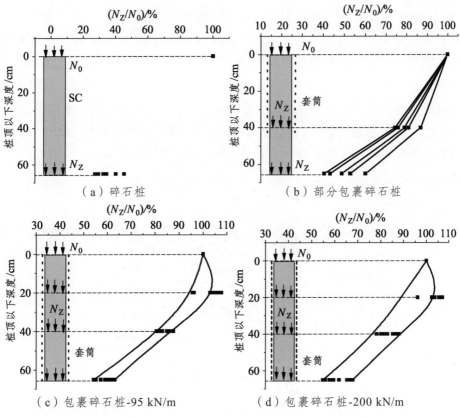

图 7.34 沿桩身应力传递

7.5.3 包裹碎石桩桩体鼓胀变形特性

沿桩身布置了 6 个径向变形测量仪，监测桩体某一深度处周长的增大量 Δ。桩体的径向应变 ε 定义为：

$$\varepsilon = \Delta/\pi d \tag{7.6}$$

式中 d —— 桩体直径（cm）。

为了研究竖向荷载作用下包裹碎石桩桩身变形分布及发展规律，以便确定桩体可能发生鼓胀剪切破坏的位置，作不同承压板顶面沉降下桩体不同深度应变曲线，如图 7.35 所示。由图可发现：

（1）对于碎石桩，鼓胀主要集中在桩顶 4d 深度范围内，最大鼓胀变形出现在 2.5d 深度附近。

（2）比较部分包裹碎石桩和碎石桩的桩身径向变形分布，发现部分包裹碎石桩中套筒有效约束了桩顶部的鼓胀变形。套筒的加筋作用也助使大部分桩顶应力传递至下部未包裹碎石段[图 7.35（b）]，未包裹碎石段是部分包裹碎石桩的薄弱段，在竖向应力下该段碎石段发生较大的鼓胀变形，同时桩体的鼓胀变形也导致往下传递的应力减小。

（3）对于全长包裹碎石桩，桩身均有一定的鼓胀变形分布，在 2.0~4.0 倍桩径深度范围内鼓胀量略大于桩体其他位置的变形。

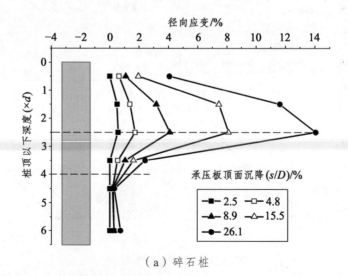

（a）碎石桩

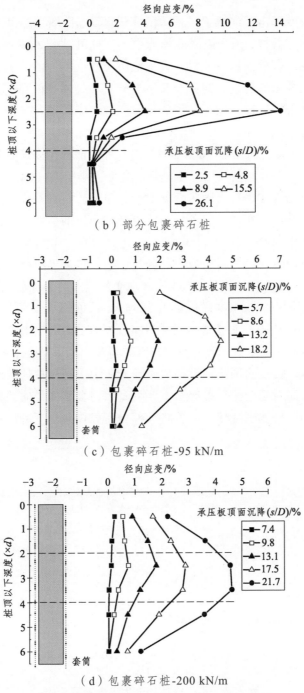

（b）部分包裹碎石桩

（c）包裹碎石桩-95 kN/m

（d）包裹碎石桩-200 kN/m

图 7.35　承压板顶面不同沉降下桩身径向变形分布情况

最大鼓胀变形出现的位置是桩体的薄弱区域，由图 7.35 可知，对于全长包裹碎石桩和碎石桩，最大鼓胀变形均产生于桩顶以下 2.5d 深度附近，而部分包裹碎石桩约在桩顶以下 4.5d（套筒之下）深度。为了分析比较不同工况中沿桩身最大鼓胀变形量，监测全长包裹碎石桩、碎石桩和部分包裹碎石桩在桩顶以下 2.5d、2.5d、4.5d 深度的径向变形，作其径向应变 ε 随承压板顶面应力的变化曲线，如图 7.36 所示。由图可发现：

（1）当承压板应力小于 70 kPa 时，碎石桩和部分包裹碎石桩均已产生极大的鼓胀变形，复合地基均已发生破坏；当应力小于 70 kPa 时，全长包裹碎石桩的径向应变为 0，这是因为套筒对全长包裹碎石桩整体存在约束作用，且成桩时，套筒内存在一定的预拉力，可抵抗一定的剪切力，约束碎石颗粒之间的剪胀和错动。

（2）桩身产生的最大径向应变相等时，全长包裹碎石桩承受的应力是碎石桩的 4 倍左右，包裹碎石桩-200 kN/m 承受的应力约为部分包裹碎石桩（套筒长度为 0.6 倍桩长，5%割线模量为 200 kN/m）的 3 倍。

上述（1）和（2）中包裹碎石桩和碎石桩的受力和变形差异的根本原因是桩的受力机制不同。对于碎石桩，在竖向荷载作用下，桩体发生鼓胀变形，挤压周围土体，促使周围土体发挥出被动土压力，同时桩体的鼓胀也增大了桩侧摩擦力。而对于全长包裹碎石桩，桩身因为套筒的径向约束作用产生的鼓胀变形较小，桩体刚度较大，可将大部分荷载传递至下卧层。

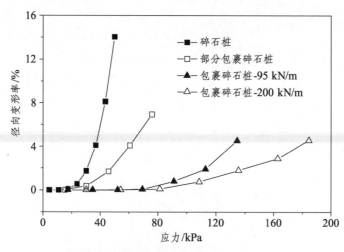

图 7.36 不同桩体的最大径向变形比较

7.5.4 包裹碎石桩复合地基破坏模式

静载试验完成后，移除液压千斤顶、承压板，借助于无纺土工布，移除褥垫层，得到如图 7.37 所示的碎石桩和全长包裹碎石桩复合地基破坏图。软黏土和部分包裹碎石桩复合地基由于照片不清晰，并未列出，两者的沉降值已被测出。软黏土顶面沉降为 6.8 cm，部分包裹碎石桩桩顶和桩周土体表面的沉降均为 5.8 cm。对于其他复合地基，其破坏情况分别如下：

（1）由图 7.37（a）可知，碎石桩复合地基表面产生较大沉降，桩-土顶面沉降一致，由于桩底端土体坚硬，桩底端几乎没有沉降，碎石桩顶面沉降主要来源于桩身的鼓胀变形，以及碎石颗粒挤入周围土体中。

（2）相比于碎石桩和部分包裹碎石桩，全长包裹碎石桩[图 7.37（b）和（c）]和土体之间存在较大的差异沉降。相比包裹碎石桩-95 kN/m 复合地基，包裹碎石桩-200 kN/m 复合地基的桩土差异沉降较大，可达 4.1 cm。这再一次表明当套筒模量足够大时，全长包裹碎石桩可视作半刚性桩。此外，由于土体沉降大于桩体沉降，在桩顶部位置土体施加给桩体向下的摩擦力，即负摩擦力。

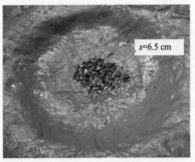

（a）碎石桩

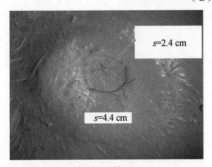

（b）包裹碎石桩-95 kN/m

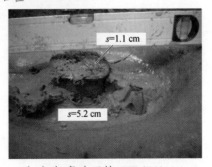

（c）包裹碎石桩-200 kN/m

图 7.37　加载后不同复合地基的破坏情况

为了展现包裹碎石桩复合地基的破坏模式，综合考虑地基表面沉降和桩体鼓胀变形，将不同复合地基的破坏模式绘制于图7.38。由图可发现：

（1）软黏土地基的破坏模式是地基发生过大沉降，承压板刺入软土地基而发生破坏，如图7.38（a）所示。

（2）对于碎石桩复合地基，由于桩周土体提供的径向应力极低，随着加载，碎石桩顶部出现鼓胀并增大，最终碎石桩由于过大鼓胀变形而破坏，如图7.38（b）所示。

（3）对于部分包裹碎石桩复合地基，加筋部分鼓胀极小，未加筋部分出现较大鼓胀变形，约80%的桩顶力传递至该位置[图7.34（b）]，这也导致鼓胀量的进一步增大。此外，在开挖过程中发现，未包裹碎石段产生较大的鼓胀变形，部分包裹碎石桩上部包裹碎石段向下刺入未包裹碎石段。因此，部分包裹碎石桩复合地基的破坏模式是未包裹碎石段产生过大鼓胀变形和包裹碎石段刺入未包裹碎石段，如图7.38（c）所示。

（4）对于全长包裹碎石桩[图7.38（d）]，由于其桩体刚度远大于软土，包裹碎石桩的压缩量远小于软土。土体沉降较大，褥垫层向土体表面运动，填充桩土之间由于沉降差引起的空隙，一方面表现为承压板顶面出现沉降，另一方面表现为桩体向上刺入褥垫层。

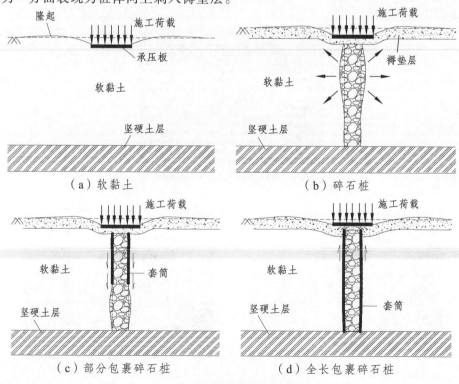

（a）软黏土　　　　　　　　　　　　（b）碎石桩

（c）部分包裹碎石桩　　　　　　　　（d）全长包裹碎石桩

图7.38　复合地基的破坏模式

试验完成后，开挖出包裹碎石桩-200 kN/m 如图 7.39 所示。由图可发现，桩体保存完好，桩身变形极小，桩体表现出极高的抗压强度。

图 7.39　加载完后的包裹碎石桩-200 kN/m

7.6　包裹碎石桩复合地基振动台模型试验设计

包裹碎石桩对原地基的强度和刚度均存在提高作用，也因此改变了地基的地震响应。包裹碎石桩复合地基对地震波的影响包含两方面的内容：

（1）包裹碎石桩复合地基作为地震波传播的介质，包裹碎石桩改变了原地基对地震波传播的性质，且桩的存在使得地震波发生折射和反射等，使场地表面的地震响应发生改变。

（2）包裹碎石桩改变了原地基的强度和刚度，也因此改变了地震作用下地基的地震响应。

Rayamajhi 等[23-25]对碎石桩加固松散砂土或粉砂地基的抗液化性能进行了研究。他们指出碎石桩可显著提高地基的抗液化性能，加固机理为：通过施工过程中的振密使周围土体更密实，减小砂土或粉砂地基发生液化的可能性；碎石桩作为良好的排水通道，可加速地基的排水固结；碎石桩可分担土体中的剪应力，提高地基的抗剪强度。

Asalemi[26]通过原场地试验、FLAC3D 数值模拟等方法研究了利用振冲法施工碎石桩前后，砂土地基的振动强度、刚度变化。研究发现经由碎石桩传播的剪切波波速大于桩间土的剪切波速，桩体内与桩间土波速差异是桩土刚度比、桩体尺寸和桩间距的函数。此外，振冲法施工的碎石桩增大了原地基的密度和水平应力。

Baez[27]利用碎石桩处理砂土和粉砂地基，发现碎石桩对应力的分担作用减小了土体中的剪切应力，从而减小了液化的可能性。他提出桩体对剪切应力分担的公式如下：

$$\tau_{sc} = \frac{A}{A_{sc} + A_s / G_r} \cdot \tau$$

式中　　τ_{sc} ——桩体承担的平均剪切应力（kPa）；

τ —— 总的剪切应力（kPa）；

A —— 总平面面积（cm^2），$A = A_s + A_{sc}$，A_s 为土体平面面积（cm^2），A_{sc} 为碎石桩体平面面积（cm^2）；

G_r —— 碎石桩和土体的剪切模量比。

包裹碎石桩相比碎石桩，在地震作用下具有更优的排水性能、更高的剪切刚度和竖向刚度，可有效地提高地基的抗液化性能和抗震陷性能。Tang 等[28]指出包裹碎石桩可有效加固饱和砂土地基，提高饱和砂土地基的抗液化性能。然而，除此之外未见其他有关地震作用下包裹碎石桩加固砂土地基的研究。

振动台模型试验可再现地震时地基中加速度、应力、应变发展的整个过程，是研究地基和结构地震动响应的可靠手段之一。有关包裹碎石桩复合地基在地震作用下的响应特性研究极少，尚无可供参考的振动台模型，又考虑到常利用碎石桩复合地基提高砂土地基的抗液化和抗震陷能力，故本章比较分析砂土地基中包裹碎石桩复合地基和碎石桩复合地基的抗震性能，分析结构-桩-土相互作用，为包裹碎石桩复合地基的地震响应研究提供一定的参考。

7.6.1 相似关系设计

包裹碎石桩复合地基振动台模型试验在重庆交科院三向六自由度的振动台上开展。该振动台的基本参数为：最大负重 35 t；振动台的正常工作频率为 0.1 ~ 50 Hz；X 和 Y 方向最大位移幅值为 150 mm，Z 方向最大位移幅值为 100 mm。振动台模型试验选用堆叠剪切式模型箱完成，各层框架间可自由产生相对水平位移，剪切箱内部尺寸为 1.65 m（长）× 1.45 m（宽）× 1.50 m（高）。在模型箱内壁衬泡沫薄膜，吸收传递至模型边界的地震波，防止地震波反射回模型箱内。

试验设计时以长度、密度和加速度作为基本量纲，其相似常数分别取为 $C_l = 10$，$C_\rho = 1$，$C_a = 1$，根据 Bockingham π 定理可导出其他物理量的相似常数，如表 7.8 所列。

表 7.8　模型相似常数

物理量	相似关系	相似常数（原型/模型）	物理量	相似关系	相似常数（原型/模型）
长度 C_l	—	10	速度 C_v	$C_l^{1/2}C_a^{1/2}$	$\sqrt{10}$
密度 C_ρ	—	1	质量 C_m	$C_\rho C_l^3$	1 000
加速度 C_a	—	1	应力 C_p	$C_\rho C_l C_a$	10
时间 C_t	$C_l^{1/2}/C_a^{1/2}$	$\sqrt{10}$	抗拉强度 C_T	$C_\rho C_l^2 C_a$	100
频率 C_f	$C_a^{1/2}/C_l^{1/2}$	$1/\sqrt{10}$	力 C_F	$C_\rho C_l^3 C_a$	1 000

7.6.2　试验模型制备

试验分为 3 组：包裹碎石桩复合地基、碎石桩复合地基和自由场地基。以下若无特别说明，包裹碎石桩指全长包裹碎石桩。

包裹碎石桩的设计参照已有工程实例（表 7.1），一般桩径可取为 0.5 ~ 1.54 m，桩体长径比可取为 6 ~ 20，面积置换率可取为 5% ~ 20%。考虑模型相似条件，包裹碎石桩桩长选为 70 cm，桩径为 9 cm，长径比约为 8，桩间距为 25 cm，采用正三角形布桩，共 12 根桩；承压板直径为 44 cm，置于中心 3 根桩之上，面积置换率为 13%。包裹碎石桩平面、立面布置图如图 7.40 所示。为简化试验过程，注重复合地基的响应，把复合地基上的结构简化为高 60 cm 的实心钢柱，立于承压板之上，其质量为 370 kg。碎石桩的设计参数与包裹碎石桩的设计参数相同，差别在于桩外无套筒。

模型箱内土层分为两层：底层为 20 cm 厚的坚硬土层，上部为 100 cm 厚的砂土，如图 7.40（b）所示。整个桩-土-结构模型的制作按照坚硬土层的填筑→砂土的填筑和桩体的制作→褥垫层的填筑→承压板和结构的安设几个步骤进行，现分别描述如下。

（1）坚硬土层厚 20 cm。坚硬土层的制备过程，以及材料参数与砂土地基静载试验中的坚硬土层一致，坚硬土层的密度为 2 200 kg/m³，含水率为 7.8%。

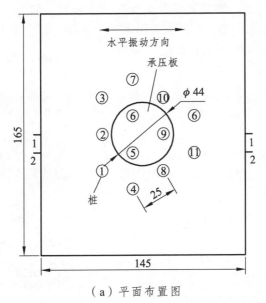

（a）平面布置图

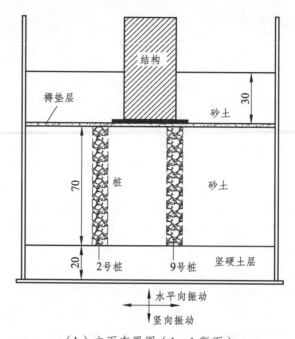

（b）立面布置图（1—1断面）

图 7.40　包裹碎石桩复合地基布置（单位：cm）

（2）填筑完坚硬土层后，将外面套有土工材料套筒的成桩钢管下放至坚硬土层上并固定。成桩钢管直径为 9 cm，土工材料套筒直径为 9.2 cm。在模型箱内、钢管之外填筑砂土。砂土总厚度为 100 cm，每次填筑质量约 208 kg，让其从距砂土表面约 70 cm 高度处自由落下，填筑砂土时将成桩钢管顶端口封住，以免砂土进入桩体内，如图 7.41 所示。为了保证结构的稳定性，基础下挖 30 cm，形成浅埋基础。

在砂土填筑完成后，对砂土进行取样并测试得到天然密度和含水率，然后根据式（7.1）计算得到砂土的干密度 ρ_d。通过相对密度试验得到砂土的最大干密度 ρ_{dmax} 和最小干密度 ρ_{dmin}。利用式（7.2）可计算得到砂土的相对密实度 D_r 为 41%。根据相对密实度 $D_r \leqslant 1/3$ 时砂土处于疏松状态，当 $1/3 < D_r \leqslant 2/3$ 时砂土处于中密状态，当 $2/3 < D_r$

图 7.41　填筑砂土

≤1 时砂土处于密实状态，可判断该砂土处于中密偏松状态。砂土的材料参数如表 7.9 所列。

表 7.9 砂土材料参数

土类型	天然密度 $\rho/(kg/m^3)$	含水率 $w/\%$	干密度 $\rho_d/(kg/m^3)$	最大干密度 $\rho_{dmax}/(kg/m^3)$	最小干密度 $\rho_{dmin}/(kg/m^3)$	相对密度 D_r	密实度类型
砂土	1 735	9.5	1 584	1 940	1 406	0.41	中密

（3）桩体内碎石骨料的级配曲线如图 7.42 所示。由级配曲线可得到，不均匀系数 C_u 为 2.29，曲率系数 C_c 为 1.57，碎石颗粒均匀，级配不良。

碎石桩（碎石桩和包裹碎石桩内碎石）的密度为 1 690 kg/m³，经过多次调整，确定成桩时每次碎石用量、振捣次数和振捣深度，具体如下：每次向成桩管内灌入约 0.6 kg 碎石，利用一根 2 cm 直径的振捣棒插捣约 10 次，插捣深度约为 5 cm，同时向上缓慢抽拔成桩管 2 cm，遗留套筒在土体原位置。桩体的制作如图 7.43 所示。碎石桩的制作与包裹碎石桩类似，只是桩外无土工材料套筒。

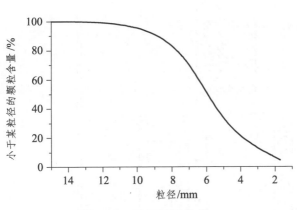

图 7.42 碎石级配曲线

图 7.43 灌入碎石制桩

（4）土工材料套筒与第 7.2 节包裹碎石桩复合地基静载试验中的套筒材料相同，土工材料的极限抗拉强度 T_{max} 为 6.6 kN/m，土工材料极限抗拉强度对应的延伸率 ε_{max} 为 19.0%，5%割线模量为 40 kN/m，套筒接缝处的强度与土工材料的强度较为一致。

（5）成桩完成后，在地基表面铺设 2 cm 厚的褥垫层，选用粒径为 0.90 ~ 2.0 mm 的砾砂。然后在复合地基中心位置布置承压板，并安装结构。

7.6.3　传感器布置

　　沿桩身距桩顶 0 cm、35 cm 和 70 cm（桩底）位置分别布置加速度计 A1～A3，用于记录在地震加载过程中桩身水平和竖向方向的加速度响应。在桩间土顶面布置加速度计 A4 监测桩间土的加速度响应。加速度布测点如图 7.44（a）所示。

　　桩体内距桩顶 0 cm、20 cm 和 40 cm 布置动土压力盒 H1～H3，用于采集桩体内轴向动应力响应，桩间土顶面布置动土压力盒 H4。动土压力盒布测点如图 7.44（a）所示，图 7.45 所示为安设桩顶动土压力盒。沿桩侧距桩顶 0 cm、20 cm 和 40 cm 竖向布置动土压力盒 V1～V3，监测土体施加给桩体的水平剪切应力，如图 7.44（b）所示。

　　结构顶面布置位移计采集其竖向和水平向位移，仪器布置点如图 7.44 所示。

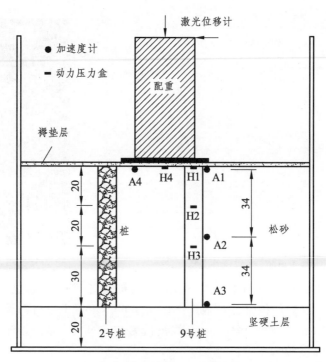

（a）图 7.40 中 1—1 断面

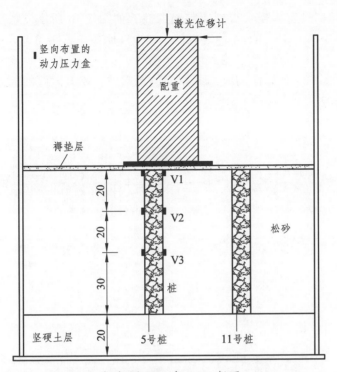

（b）图 7.40 中 2—2 断面

图 7.44　传感器布置（单位：cm）

图 7.45　埋设桩顶动土压力盒

7.6.4　加载地震波

振动台模型试验中加载人工波（RG）、EL Centro 波（EL）、汶川清平波（QP）和 Kobe 波（KB）。先按时间相似比对原始地震波的持时进行压缩，再按采样频率进行内插，得到所需输入波，如图 7.46 所示。依次输入相同峰值的 RG、EL、QP、KB 4 种地震波，加速度峰值依次为 $0.1g$、$0.2g$、$0.4g$、$0.6g$、$0.9g$，每一等级峰值输入前，先输入 $0.05g$ 的白噪声，检测模型的动力性质。在 X 和 Z 方向同时加载相同的地震波，Z 方向施加的加速度幅值乘以系数 0.7。

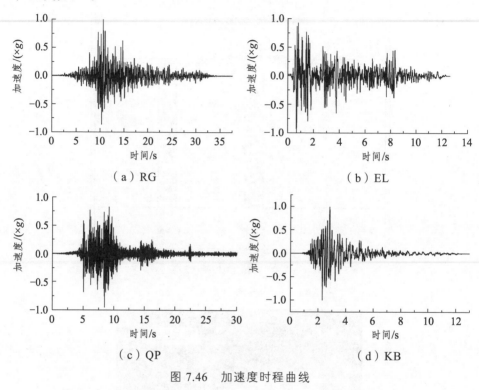

（a）RG　　　　　　　　　　　（b）EL

（c）QP　　　　　　　　　　　（d）KB

图 7.46　加速度时程曲线

7.7　包裹碎石桩复合地基振动台模型试验结果分析

7.7.1　包裹碎石桩复合地基加速度响应特性

7.7.1.1　加速度放大系数

1. 桩体刚度对包裹碎石桩复合地基加速度响应的影响

地基作为地震波传播的介质，将对地震波的特性产生影响。通常，地震波包含三个要素：峰值、频谱和持时。但由于模型尺寸有限，一般认为持时并不会发生改变，故研究输出地震波特性时，主要分析加速度峰值和频谱。常规方法是以地基响应加速度峰值除以振动台台面加速度峰值得到无量纲的加速度放大系数，以此表征地基对加速度的放大（衰减）作用。

针对此包裹碎石桩复合地基模型，在 0.2g 人工波（RG）、EL Centro 波（EL）、汶川清平波（QP）和 Kobe 波（KB）作用下，包裹碎石桩桩顶位置（A1 测点）水平向的加速度时程曲线如图 7.47 所示。

在不同类型地震波作用下，包裹碎石桩复合地基和碎石桩复合地基的水平向加速度放大系数随输入加速度峰值的变化关系如图 7.48 所示。由图可发现：

（1）包裹碎石桩复合地基和碎石桩复合地基在桩身和桩间土表面的水平向加速度放大系数均随输入加速度峰值的增大先减小，随后趋于稳定。

（2）对于包裹碎石桩复合地基，在 EL、QP 和 KB 波作用下，桩间土表面、桩身的水平向加速度放大系数在输入 0.4g 加速度波后稳定于 1.0 左右。

（3）当输入相同类型、峰值的加速度地震波，沿包裹碎石桩桩身和对应桩间土表面的水平向加速度峰值均大于碎石桩复合地基中对应位置的加速度峰值，前者约为后者的两倍。

现象（3）出现的主要原因可能是包裹碎石桩的轴向刚度和剪切刚度均较大，由此提高了地基的整体刚度，这就产生了包裹碎石桩复合地基的加速度响应大于碎石桩复合地基的加速度响应。另外，包裹碎石桩相对碎石桩而言承载性能较好（图 7.28），在相同类型、峰值地震波作用下，包裹碎石桩复合地基产生的变形较小，对加速度的衰减作用较小，故包裹碎石桩复合地基的加速度响应峰值较大。

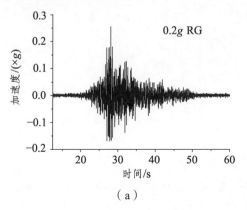

（a）

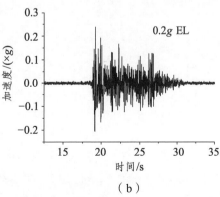

（b）

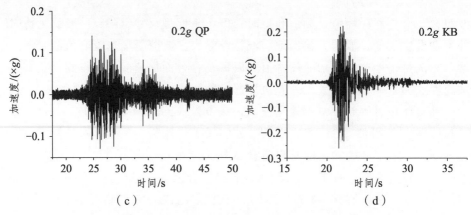

图 7.47　不同类型地震波下包裹碎石桩桩顶的加速度时程曲线

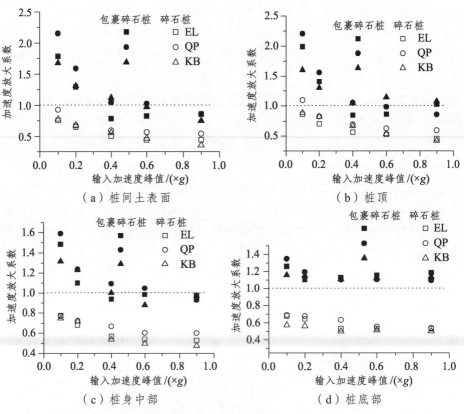

图 7.48　包裹碎石桩和碎石桩复合地基的加速度放大系数比较（水平向）

在不同类型地震波作用下,包裹碎石桩复合地基和碎石桩复合地基的竖向加速度放大系数随输入加速度峰值的变化曲线如图 7.49 所示。由图可发现:

（1）在包裹碎石桩复合地基和碎石桩复合地基的桩身以及桩间土表面位置，竖向加速度放大系数均随输入加速度峰值的增大先减小，随后趋于稳定。

（2）当输入相同类型、相同峰值的加速度地震波时，沿包裹碎石桩桩身的竖向加速度峰值均大于碎石桩复合地基中对应位置的加速度峰值，包裹碎石桩桩间土表面的竖向加速度峰值也大于碎石桩桩间土表面的竖向加速度峰值。这是因为包裹碎石桩的轴向刚度大于碎石桩的轴向刚度，在地震作用过程中，包裹碎石桩的应力集中作用更显著，包裹碎石桩桩间土分担的竖向应力较小，故所产生的竖向加速度响应峰值较大。

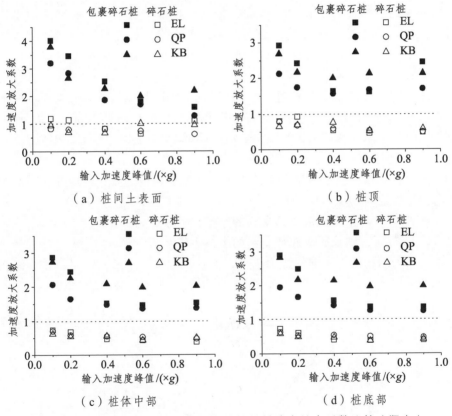

图 7.49　包裹碎石桩和碎石桩复合地基的加速度放大系数比较（竖向）

2. 复合地基不同位置的加速度比较

为了研究地震波经由地基传递至结构底部的变化特性，我们绘制了在不同峰值、不同类型加速度地震波作用下，包裹碎石桩复合地基和碎石桩复合地基在桩顶、桩间土表面和承压板三个位置的水平向加速度放大系数，如图

7.50 和图 7.51 所示。由图可发现：

（1）包裹碎石桩桩顶和对应桩间土表面的加速度峰值较为一致。这是因为桩体剪切刚度较大，桩-土相互作用较强，使得桩、土水平向运动协调一致。

对于碎石桩复合地基，桩顶加速度响应峰值稍大于桩间土表面加速度响应峰值。这可能是因为碎石桩剪切刚度较小，桩-土相互作用较弱，桩体无法有效约束土体一起运动；而碎石桩的刚度大于土体的刚度，故碎石桩顶的加速度响应峰值大于土体的加速度响应峰值。

（2）对于包裹碎石桩复合地基，承压板的加速度响应峰值与复合地基表面的加速度响应峰值较为一致。在振动台模型试验中，地震波经由土体向上传播，当通过褥垫层时，地震作用表现为承压板与褥垫层之间的摩擦力，该摩擦力会引起承压板和结构的运动，故承压板的加速度响应与该摩擦力有关。

图 7.52 所示为加速度经过褥垫层变化示意图。设结构的竖向加速度幅值为 a_v'（方向以向下为正），结构重力为 W，则结构的竖向惯性力为 $(1 - a_v'/g)W$。设承压板与土体的摩擦系数为 μ，则承压板和褥垫层之间的最大摩擦力 $f_{max} = \mu(1 - a_v'/g)W$。

设包裹碎石桩复合地基表面的水平向加速度幅值为 a_h，则地基表面的水平向惯性力约为 $F_h = a_h W$。

若 $F_h > f_{max}$，则承压板底部受到的摩擦力 f 为 f_{max}；

若 $F_h < f_{max}$，则承压板底部受到的摩擦力 f 为 F_h。

又因为结构的水平向惯性力 $F_h' = a_h' W$，试验中 $a_h \approx a_h'$，故可以推测结构的水平向惯性力 $F_h' = f = F_h$，$F_h < f_{max}$，承压板和地基不会出现相对位移。

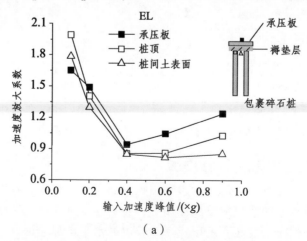

（a）

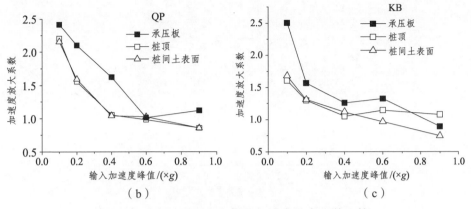

（b）　　　　　　　　　　　　　（c）

图 7.50　桩、土和承压板的加速度放大系数比较
（包裹碎石桩复合地基，水平向）

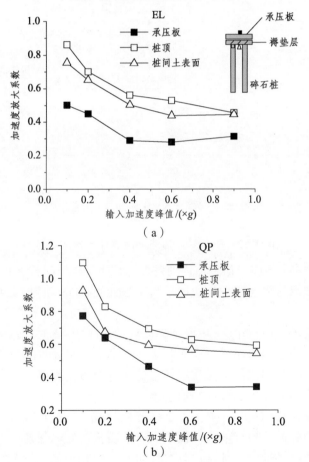

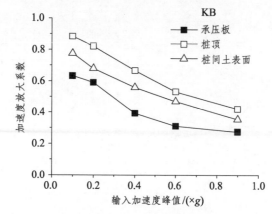

图 7.51　桩、土和承压板的加速度放大系数比较
（碎石桩复合地基，水平向）

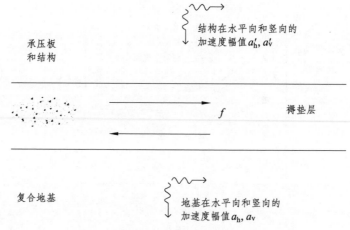

图 7.52　褥垫层对加速度地震波的影响分析

在不同类型、不同峰值加速度地震波作用下，包裹碎石桩和碎石桩桩顶、桩间土表面和承压板的竖向加速度放大系数如图 7.53 和图 7.54 所示。由图可发现：

（1）当输入 EL、QP、KB 的加速度峰值小于 0.6g 时，包裹碎石桩桩顶的竖向加速度响应峰值小于对应桩间土表面的竖向加速度响应峰值。其原因可能是包裹碎石桩的应力集中作用使得桩体承担了绝大部分竖向力，土体承担的竖向力较小，产生的竖向加速度响应较大。

（2）当输入相同类型、峰值的加速度地震波时，包裹碎石桩和碎石桩复合地基表面的竖向加速度响应峰值均大于承压板的竖向加速度响应峰值，这与结构自身的振动性质、地基的阻抗性质有关，也可能是因为地震波通过褥垫层向上传播出现了衰减。

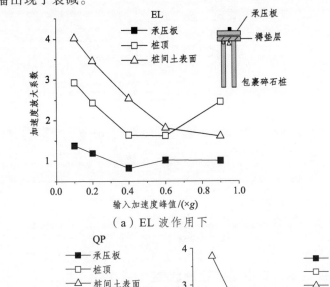

（a）EL 波作用下

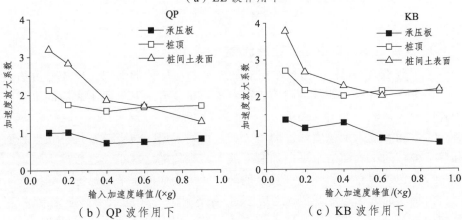

（b）QP 波作用下　　　　　　（c）KB 波作用下

图 7.53　桩、土、承压板的加速度放大系数比较（包裹碎石桩复合地基，竖向）

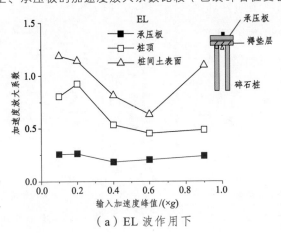

（a）EL 波作用下

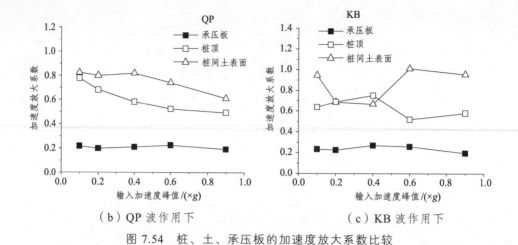

图 7.54　桩、土、承压板的加速度放大系数比较
（碎石桩复合地基，竖向）

3. 复合地基与自由场加速度比较

为了分析结构-桩-土相互作用对加速度响应峰值的影响，比较自由场表面、包裹碎石桩复合地基桩间土表面、碎石桩复合地基桩间土表面的水平向加速度放大系数，如图 7.55 所示。由图可发现：

（1）随着输入加速度峰值的增大，自由场表面、包裹碎石桩桩间土表面和碎石桩桩间土表面的水平向加速度放大系数均随之减小，之后趋于稳定。

（2）包裹碎石桩和碎石桩复合地基桩间土表面的水平向加速度峰值均小于自由场表面的加速度峰值，这是桩-土-结构相互作用的结果。桩-土-结构相互作用可细分为上部结构与桩土的作用、桩-土之间的相互作用以及桩-土-桩之间的相互作用。下面分别阐述这三个方面的影响。

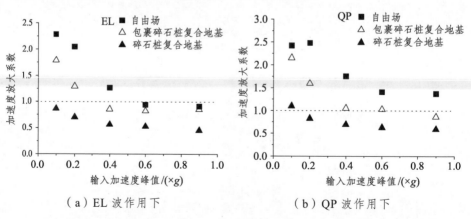

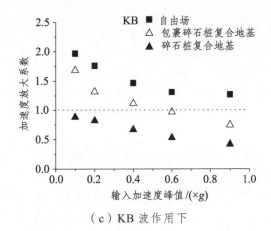

（c）KB 波作用下

图 7.55　复合地基和自由场表面的水平向加速度放大系数比较

① 上部结构振动引起惯性力，惯性力作用于复合地基上，并且影响了复合地基的地震动响应。在这个过程中，大部分结构振动产生的能量通过辐射波的形式作用到地基中，从而影响结构周围土体的运动。

② 桩-土相互作用将约束桩间土位移，使其运动与桩体倾向于一致，桩体刚度越大，桩-土相互作用越显著。此外，地震波通过复合地基传播时，由于包裹碎石桩和碎石桩的刚度均大于周围土体，将影响地震波的频率、峰值和传播方向等特性。

③ 桩-土-桩之间的相互作用。

复合地基中还存在桩-土-桩相互作用，该作用可能增强桩体的振动，也可能减弱桩体的振动，这与两桩之间的距离有关。根据波的叠加原理，若两桩之间的距离 S 满足：

$$k\lambda \leqslant S < \frac{1}{2}\lambda + k\lambda \quad (k = 0,1,2,\cdots) \tag{7.7}$$

则桩-土-桩相互作用将使研究桩的振动增强。若两桩之间的距离 S 满足：

$$\frac{1}{2}\lambda + k\lambda \leqslant S < \lambda + k\lambda \quad (k = 0,1,2,\cdots) \tag{7.8}$$

则桩-土-桩相互作用将使研究桩的振动减弱。

式中　λ ——波长（m）。

若把式（7.7）和（7.8）中的 k 值取为 0，则两桩之间的距离在 $0 \sim 0.5\lambda$ 内时，桩-土-桩相互作用将增强桩体的振动；若两桩之间的距离在 $0.5\lambda \sim \lambda$ 内时，则桩-土-桩相互作用将减弱桩体的振动。

又 $\lambda = v_s / f$

式中 v_s——地基的剪切波速（m/s）；

f——地震波的频率（Hz）。

参考《建筑抗震设计规范》GB 50011—2010，中密砂土的剪切波速 v_s 可取为 200 m/s，绘制 0.5λ-f 和 λ-f 变化曲线，如图 7.56 所示。在模型试验中两桩之间的距离最大值为 0.75 m，故桩-土-桩相互作用对地基的振动始终存在增强作用。还需注意的是由于桩位布置不对称，将引起桩-土-桩相互作用不对称，这使得复合地基可能出现扭转响应。

王开顺和王有为[29]指出，由于上部结构的影响，地基的加速度响应峰值相比自由场减小 20% ~ 63%。该文中包裹碎石桩复合地基和碎石桩复合地基存在上部结构和群桩的影响，这使得包裹碎石桩复合地基的加速度响应峰值相比自由场减小 6% ~ 41%，碎石桩复合地基的加速度响应峰值相比自由场减小 32% ~ 67%，这说明结构对地基加速度响应的影响较大。

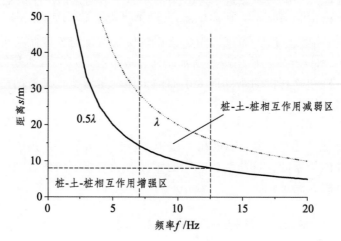

图 7.56　桩-土-桩相互作用对振动存在增强或减弱的区域

比较自由场表面、包裹碎石桩复合地基和碎石桩复合地基桩间土表面的竖向加速度放大系数，如图 7.57 所示。由图可发现：

（1）随着输入加速度峰值的增大，自由场表面和包裹碎石桩复合地基桩间土表面的竖向加速度放大系数均先减小，在 0.4g 地震波输入后趋于稳定；在 0.1g ~ 0.9g 的 EL 波、QP 波、KB 波输入下，碎石桩复合地基的放大系数均约为 1。

（2）比较碎石桩复合地基和自由场表面的竖向加速度响应峰值，可得出前者相比后者减小了 47% ~ 73%，这主要是上部结构与桩土的作用，以及桩-

土-桩之间的相互作用共同影响的结果。

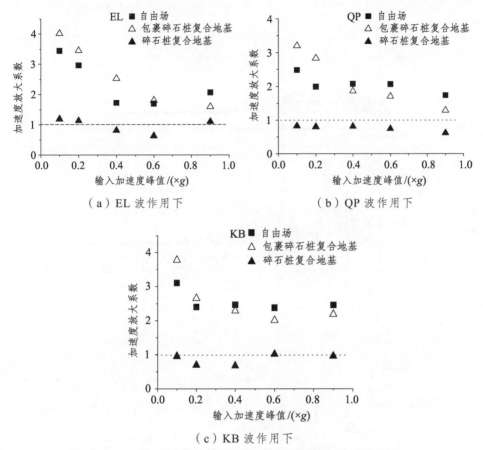

图 7.57　复合地基和自由场表面的竖向加速度放大系数比较

7.7.1.2　频　谱

　　根据桩身不同点的加速度时程数据，计算相应点的傅里叶谱，绘制具有不同地震波峰值的 KB 波作用下，包裹碎石桩桩底和桩顶水平向的傅里叶谱曲线，如图 7.58 所示。由图可发现：

　　（1）加速度地震波的能量主要集中在 3~8 Hz、10~15 Hz、15~18 Hz，在 KB 波输入下，包裹碎石桩桩顶能量峰值在 7 Hz 附近。

　　（2）当地震波由包裹碎石桩底部传递至顶部时，3~8 Hz 频率附近的幅值被放大了。在输入 KB 波峰值大于 0.4g 时，10~15 Hz 高频段被抑制了。3~8 Hz 附近的频率被放大是包裹碎石桩和上部结构共同影响的结果。王开顺和王有为[29]指出上部结构的振动对地基运动的频谱存在影响，使接近结构自振频率的频率分量得到增强。

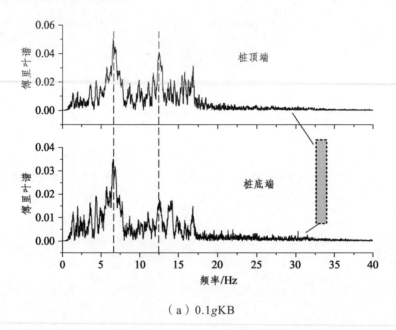

（a）0.1gKB

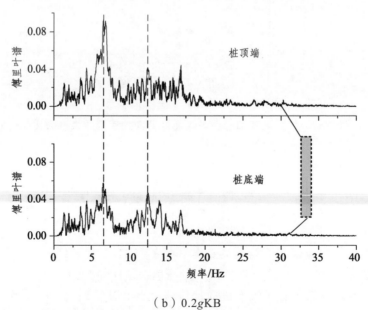

（b）0.2gKB

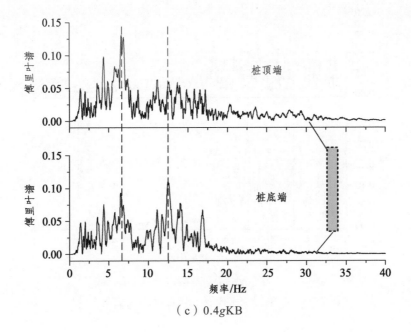

（c）0.4gKB

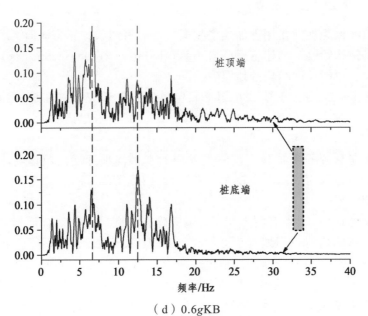

（d）0.6gKB

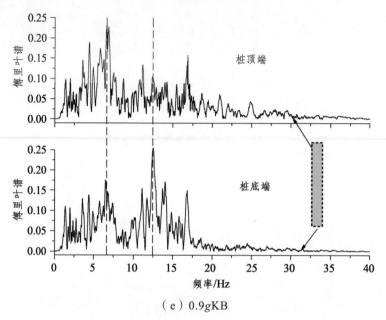

（e）0.9gKB

图 7.58   不同峰值 KB 波下傅里叶谱沿桩身变化

7.7.1.3   加速度反应谱

傅里叶谱为地震作用下加速度频率特性的表达式，其为地面运动特性，但并不是结构特性。加速度反应谱（Acceleration Response Spectra）和傅里叶谱相比，更能反映结构的地震响应。

在 0.4g EL 波、KB 波作用下，包裹碎石桩和碎石桩在桩顶和桩间土表面的水平向加速度反应谱如图 7.59 所示，其中阻尼比取为 5%。由图可发现：

（1）包裹碎石桩桩顶和桩间土表面的水平向加速度反应谱响应较为一致，这主要是因为桩体刚度较大，迫使周围土体随之运动，故表现为桩、土运动协调一致。

（2）在 0.4g EL 地震波作用下，包裹碎石桩和碎石桩复合地基表面的加速度反应谱峰值对应周期均为 0.2 s；在 0.4g KB 地震波作用下，包裹碎石桩和碎石桩复合地基表面的加速度反应谱峰值对应周期均为 0.14 s。这与复合地基的性质、上部结构和输入波频率特性均有关，同时这也表明桩体类型对复合地基的卓越频率影响较小。然而，包裹碎石桩与碎石桩的加速度反应谱峰值之比接近 2，这再一次说明包裹碎石桩复合地基的地震响应强度较大。

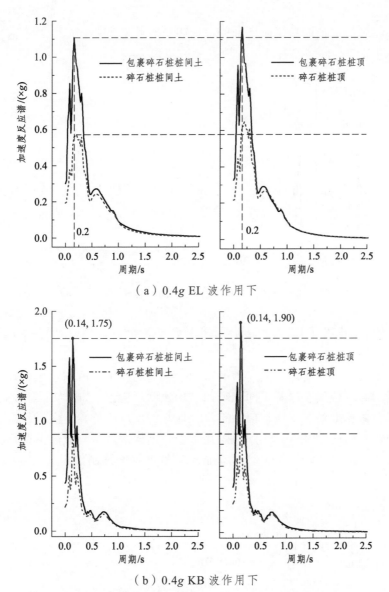

（a）0.4g EL 波作用下

（b）0.4g KB 波作用下

图 7.59　复合地基表面的加速度反应谱（阻尼比 $\beta = 5\%$）

　　计算 0.4g EL 波和 KB 波作用下，包裹碎石桩复合地基与碎石桩复合地基桩间土表面的加速度反应谱值之比，并绘制谱比随周期变化曲线，如图 7.60所示。由图可得到：当周期小于 1.0 s 时，包裹碎石桩复合地基的谱值大于碎石桩复合地基的谱值，这说明桩体刚度对较短周期的地震动存在较大影响。在周期约为 0.06 s 时，谱比出现陡增点，这是因为包裹碎石桩相比碎石桩复合地基在较短周期时地震响应即明显增强。当周期大于 1.0 s 以后，谱比稍大于 1，包裹碎石桩和碎石桩复合地基的谱值较为接近。

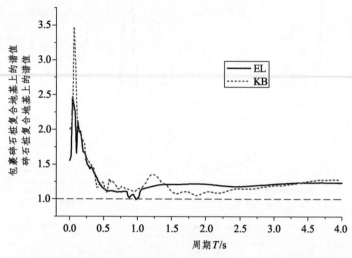

图 7.60　包裹碎石桩复合地基和碎石桩复合地基桩间土表面的加速度反应谱比
（阻尼比 $\beta = 5\%$）

为了研究结构对地基反应谱的影响，我们比较了自由场、包裹碎石桩复合地基和碎石桩复合地基桩间土表面的加速度反应谱，如图 7.61 所示。由图可发现自由场地基的反应谱值大于复合地基的反应谱值，这主要是因为复合地基中存在结构-土相互作用。由图还可发现结构对地基响应的主要频率宽度影响较小，对短周期（<0.4s）的地震动存在明显的抑制作用。

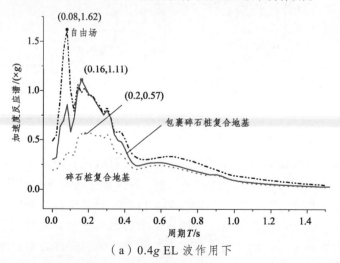

（a）$0.4g$ EL 波作用下

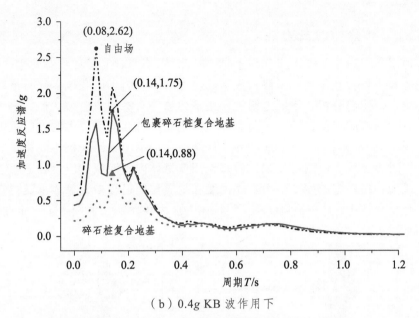

（b）0.4g KB 波作用下

图 7.61 复合地基与自由场地基的加速度反应谱比较（阻尼比 $\beta = 5\%$）

7.7.2 包裹碎石桩复合地基应力响应特性

在地震作用下，包裹碎石桩复合地基中桩土之间由于运动的不一致性产生相互作用。地震波通过底部土层、复合地基、褥垫层传递至上部结构，引起结构的振动；反过来，上部结构振动引起的惯性力也作用于复合地基上。模型内部力的相互作用如图 7.62 所示。

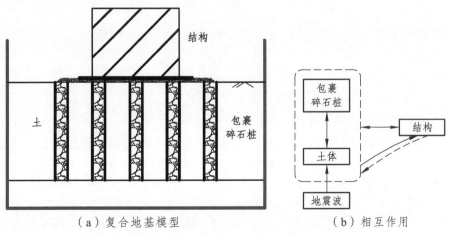

（a）复合地基模型 （b）相互作用

图 7.62 模型内部力的相互作用

7.7.2.1 桩身轴向应力

地震作用产生的惯性力作用于桩体和土体,使两者的运动状态发生改变,且桩体和土体相互作用,最终形成新的应力状态。为了研究包裹碎石桩的动应力特点,我们分析了不同地震波作用下包裹碎石桩轴向应力,桩、土之间水平应力的响应规律,探讨了包裹碎石桩轴向应力和剪切应力的响应机理。

图 7.63 所示为 0.4g Kobe(KB)地震波作用下包裹碎石桩不同位置的轴向应力时程曲线。由图可发现,地震作用使桩体内不同位置应力在零上下波动,最后存在一定的残余应力。这说明在地震作用过程中,桩体承受再挤压和松弛反复作用,且在地震结束后,桩体内应力相比初始值发生了一定改变。

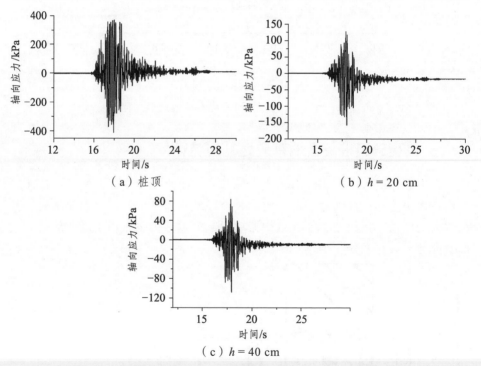

图 7.63 包裹碎石桩轴向应力时程曲线(0.4g KB 波作用下)

取某一峰值、类型地震波下,包裹碎石桩桩身应力时程曲线的最大值,计算得到桩身其他位置的最大应力与桩顶最大应力的百分比 N_z/N_0。应力百分比沿桩身分布情况如图 7.64 所示,图中 EL、QP、KB 分别代表 EL Centro 波、汶川清平波和 Kobe 波。由图可发现:在某一地震波工况作用下,动应力由桩顶往下均迅速衰减,如在 0.1g ~ 0.4g EL 波、QP 波和 KB 波作用下,动应力由桩顶传递至桩顶以下 20 cm 时,动应力减小 60% ~ 85%;由 7.3 节静载试验结果可知在静力作用下，桩顶力传递至桩顶以下 20 cm 时，应力几乎无变化（图 7.34）。这表明地震作用下动应力沿桩身的衰减速度远快于静力下桩身轴力的减小速度，这可能是因为在地震作用下，桩-土相互作用更强烈。

由上述分析可知，包裹碎石桩在桩顶位置的压应力较大，这也表明该位置较易发生破坏。为了分析地震作用过程中桩顶位置的轴向刚度变化情况，作 EL 波、QP 波和 KB 波作用下，包裹碎石桩和碎石桩桩顶最大压应力随输入加速度峰值的变化曲线，如图 7.65 所示。由图可发现，在不同峰值加速度作用下，包裹碎石桩内压应力绝对值均大于碎石桩，这是因为包裹碎石桩有套筒的约束，桩体刚度较大，因此集中在桩顶的应力较大。在不同地震波作用下，包裹碎石桩桩顶的压应力均先随输入加速度峰值的增大而增大；当加速度峰值大于或等于 0.4g 时，包裹碎石桩桩顶压应力的增大速度减小；而对于碎石桩而言，当加速度峰值为 0.1g ~ 0.4g 时，碎石桩桩顶的压应力随加速度峰值的增大先增大，但是当加速度峰值为 0.6g、0.9g 时，随着加速度峰值的增大，桩顶压应力减小。这可能是因为在 0.4g KB 波作用下，碎石桩在振动过程中桩顶部受到了损毁，导致其刚度降低了。

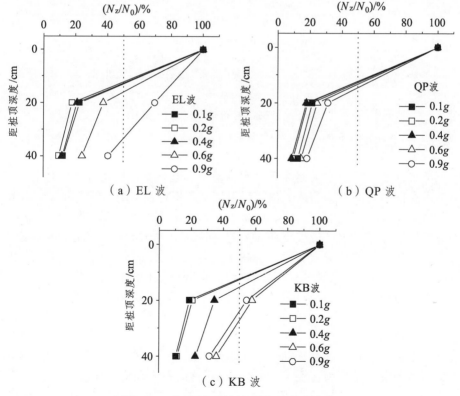

（a）EL 波　　（b）QP 波　　（c）KB 波

图 7.64　包裹碎石桩桩身的最大压应力

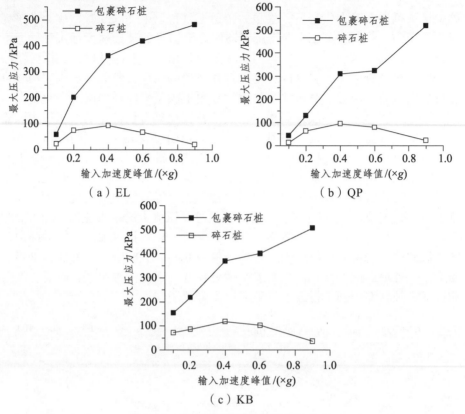

图 7.65　包裹碎石桩桩顶最大压应力

7.7.2.2　桩土动应力比

由于桩及其桩间土顶面在同一水平面上，在模型试验条件下，桩、土应力基本在同一时间点达到最大值，利用包裹碎石桩顶面 H1 和桩间土顶面 H4 土压力盒监测相应点的应力值，取桩、土应力时程曲线的最大值，计算桩、土最大应力之比，定义为桩土动应力比。该动应力比不考虑静力影响，只考虑地震作用引起的动应力变化，反映了复合地基表面的竖向动力作用最大时桩和土对动应力的分担作用。依此方法，得到碎石桩的桩土动应力比。不同工况下，包裹碎石桩和碎石桩的桩土动应力比随输入加速度峰值的变化，如图 7.66 所示。由图可发现，包裹碎石桩和碎石桩的桩土动应力比均先随输入加速度峰值的增大先减小，随后略增大。在 0.4g EL、QP、KB 地震波作用下，包裹碎石桩和碎石桩的桩土动应力比较小。在 0.1g ~ 0.9g 地震波作用下，包裹碎石桩的桩土动应力比在 8 ~ 21 内;碎石桩的桩土动应力比在 1.6 ~ 6.5 内;在同一峰值、类型地震波作用下，包裹碎石桩的桩土动应力比为碎石桩复合地基桩土动应力比的 3 倍及其以上。

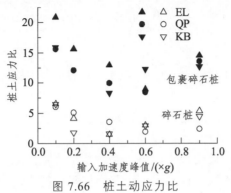

图 7.66 桩土动应力比

7.7.2.3 桩侧水平应力

在地震作用过程中,桩土之间发生相互作用,产生水平剪切应力。图 7.67 所示为利用土压力盒采集到的 0.4g EL 波、QP 波和 KB 波作用下包裹碎石桩一侧由振动引起的水平应力响应。由图可发现,水平应力在零上下波动,在地震激励完成后,存在一定的水平应力残余值。由于地震作用,桩体承受侧向挤压和松弛反复作用,且在地震波结束后,桩体内应力相比初始值发生了改变。

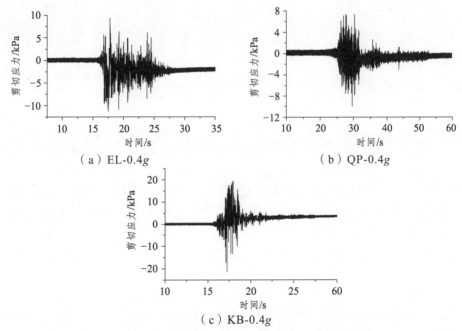

（a）EL-0.4g　　　　　　（b）QP-0.4g

（c）KB-0.4g

图 7.67 包裹碎石桩桩顶剪切应力时程曲线

沿桩体一侧竖向布置土压力盒，采集桩周土体施加给桩体的水平应力，并取水平应力时程曲线的最大值，作 0.1g、0.2g、0.4g 的 RG、EL、QP、KB 地震波作用下包裹碎石桩和碎石桩桩侧最大水平应力分布，如图 7.68 所示。由图可知：

（1）包裹碎石桩桩侧水平应力呈现上大下小的三角形形状；桩顶最大压应力较大，最大值可达 19 kPa。这是因为桩体上部围压应力较小，桩、土之间不够紧密，故桩、土之间产生的运动相互作用较大。在 40 cm 深度处，包裹碎石桩的桩侧水平应力接近零。

（2）碎石桩桩顶最大水平应力较小，几乎为零。因为碎石桩为散体材料桩，对周围土体的依赖性较大，桩顶部土体提供的围压应力较小，故桩体顶部刚度较小，桩顶部碎石和土体一起运动，相互作用较小。当深度较大时，桩周土体提供的围压应力增大，桩体刚度增大，桩、土之间的相互作用增大。

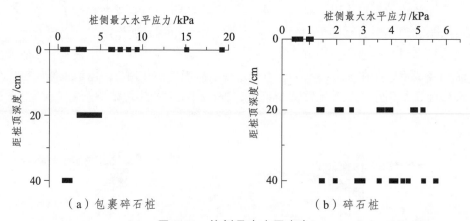

图 7.68　桩侧最大水平应力

由上述分析可知，包裹碎石桩桩顶及其以下 20 cm 深度的水平应力较大，故作包裹碎石桩桩顶及其 20 cm 深度的最大水平应力随输入加速度峰值的变化曲线，如图 7.69 所示。由图可发现：在不同类型的地震波作用下，随着输入加速度峰值的增大，桩顶水平应力均先增大，在 0.4g 地震波输入时达到最大值，之后水平应力减小，在 0.9gEL 波、QP 波和 KB 波作用下，水平应力几乎为零；当加速度峰值由 0.4g 增大到 0.9g 时，根据前述分析可知加速度放大系数趋于稳定，这说明加速度响应峰值增大；桩侧水平应力的减小，以及加速度响应峰值的增大表明包裹碎石桩桩顶的抗剪强度降低了。对于桩顶以下 20 cm 深度，随着加速度峰值的增大，桩侧水平应力先略增大，之后趋于稳定（0.6g～0.9g 加速度波作用下）。

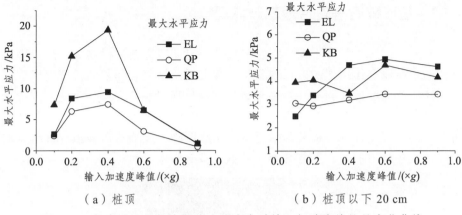

（a）桩顶 　　　　　　　　　　（b）桩顶以下 20 cm

图 7.69　包裹碎石桩桩身最大水平应力随输入加速度峰值的变化曲线

7.7.2.4　水平应力与惯性力比较

由图 7.68 可知，包裹碎石桩桩顶位置水平应力较大，其最大值小于 20 kPa。为了比较竖向应力与水平应力的幅值，分析其相对大小，作 0.1g、0.2g、0.4g 和 0.6g 地震波作用下，包裹碎石桩桩顶位置最大竖向应力（$P_{max,v}$）与最大水平应力（$P_{max,h}$）的比值，如图 7.70 所示。在 0.9g 地震波作用下，最大竖向压力远大于最大水平压力，掩盖了其他数据，故不列于图中。由图可发现，在 0.1g、0.2g 峰值加速度作用下，最大竖向应力约为最大水平应力的 20 倍，且随输入加速度峰值的增大，比值增大。这主要是因为上部结构的惯性作用增大了包裹碎石桩桩顶的竖向动应力响应。这也说明对于包裹碎石桩复合地基表面存在结构，底部输入水平、竖直方向的加速度，相对于桩顶竖向应力响应，桩土之间水平相互作用极小。

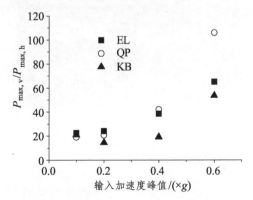

图 7.70　最大竖向应力与最大水平应力的比值

7.7.3 包裹碎石桩复合地基破坏规律

振动台模型试验可再现震害发展过程，以此研究破坏机制和抗震机理。复合地基在地震作用下的破坏现象从宏观上反映了复合地基的抗震性能。

峰值加速度为 0.4g 的 RG 波输入后，承压板所在位置产生沉降，围绕承压板出现裂缝。0.9g QP 波输入下包裹碎石桩复合地基的破坏情况如图 7.71 所示，由图可发现承压板及其附近出现明显沉降，围绕承压板出现裂缝，裂缝连贯且呈封闭形状，主要破裂区并不以基础为中心对称。

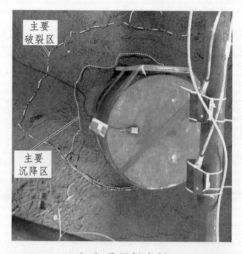

（a）承压板左侧

（b）承压板右侧

图 7.71 包裹碎石桩复合地基破坏模式

为了比较包裹碎石桩复合地基和碎石桩复合地基的破坏情况，以峰值加速度为 0.9g 的 QP 波输入后地基变形情况为例进行说明，如图 7.72 所示。经测量发现：地震荷载引起包裹碎石桩复合地基在较大范围内产生裂缝（区域半径约为 50 cm），但裂缝宽度较窄，地基沉陷量较小；而碎石桩复合地基在承压板附近较小区域（区域半径<20 cm）产生较宽封闭裂缝，且地基产生较大的沉陷量。试验中所有工况完成后，包裹碎石桩复合地基和碎石桩复合地基的残余沉降分别为 2.13 cm 和 4.35 cm，前者相比后者，沉降减小 51%。

（a）包裹碎石桩

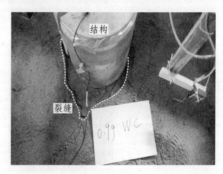

（b）碎石桩

图 7.72　包裹碎石桩复合地基和碎石桩复合地基的破坏现象比较

　　振动台模型试验完成后，移除结构、承压板、褥垫层，开挖出包裹碎石桩群桩如图 7.73 所示。由图可发现，承压板之下包裹碎石桩均完好。而承压板之下碎石桩损毁严重，无法进行开挖观察，开挖出承压板外 2 号包裹碎石桩和碎石桩[对应于图 7.40（a）中桩体的编号]如图 7.74 所示。经测量发现包裹碎石桩在试验完后桩径、桩长均变化较小。碎石桩顶部（2 号桩）被压缩或损毁 4 cm，距桩顶 12 cm 深度（ = 1.33d, d 为桩径）附近出现明显的鼓胀变形。

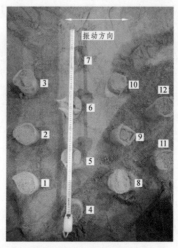

图 7.73　试验完成后的包裹碎石桩复合地基[桩号与图 7.40（a）对应]

（a）包裹碎石桩　　　　（b）碎石桩

图 7.74　试验完成后桩体的形状（单位：cm）

当地震波传递至桩、土模型底部时，桩体和土体均会产生运动；桩-土运动的不一致性使桩、土之间存在相互作用；地震作用下结构引起的竖向惯性力向下传递；桩周土体提供的围压应力随深度增大，不同力的叠加导致碎石桩上部一定范围内出现明显的鼓胀变形，最终可能导致碎石桩复合地基刚度的显著降低和碎石桩出现鼓胀剪切破坏。

对于包裹碎石桩，经土工格栅加固后桩体的刚度和整体性有了较大提高，地震过程中桩-土-结构之间发生相互作用，导致桩体刚度下降，但桩体刚度下降幅度远小于碎石桩的刚度下降幅度，在地震作用过程中包裹碎石桩能保存完好。

复合地基在地震作用下的破坏现象从宏观上反映了复合地基的抗震性能，是复合地基地震动响应和地基强度的综合影响结果。由上述分析可知，包裹碎石桩复合地基的地震动响应大于碎石桩复合地基，而前者的地基强度又远大于后者，最终包裹碎石桩复合地基在地震作用下的稳定性优于碎石桩复合地基。

7.8　桩顶 S 变换规律

7.8.1　包裹碎石桩加速度 S 变换分析

为了研究地震期间包裹碎石桩各个时刻的响应情况，作输入加速度峰值为 0.1g、0.2g、0.4g、0.6g、0.9g 桩顶部的 S 变换图，如图 7.75 所示。

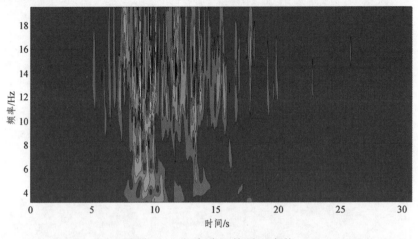

（a）0.1g 包裹碎石桩顶 S 变换

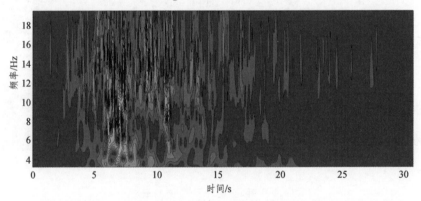

（b）0.2g 包裹碎石桩顶 S 变换

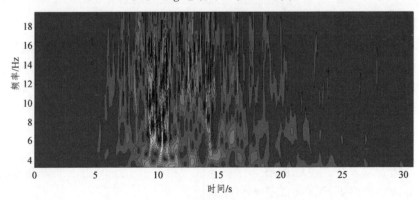

（c）0.4g 包裹碎石桩顶 S 变换

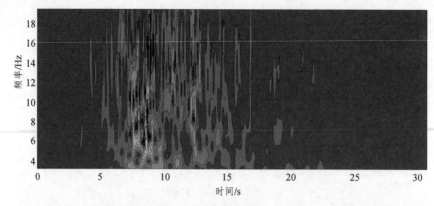

（d）0.6g 包裹碎石桩顶 S 变换

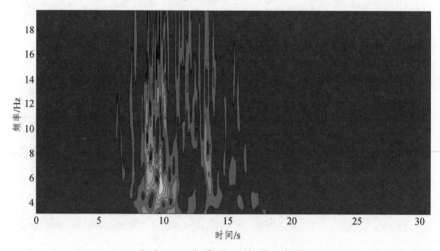

（e）0.9g 包裹碎石桩顶 S 变换

图 7.75　不同地震波峰值下包裹碎石桩顶 S 变换

图 7.75 中白色区域为程度较高区域。从图中可以看出，5 张图中桩顶的响应频率大部分集中在 6 Hz 左右。随着输入加速度峰值的增加，桩顶高频部分在输入加速度峰值为 0.6g 之前虽有小幅减少，但变化不是特别明显；输入加速度峰值为 0.9g 时，高频部分弱化得较为明显。

以上现象说明了包裹碎石桩桩顶占主导作用的地震响应频率大约为 6 Hz，占主导作用的频率分布没有随着输入加速度峰值的增加而改变。由于土工套筒的包裹作用，包裹碎石桩整体性和刚性较好，因此高频部分响应明显，且随着输入加速度峰值增大并没有很快消失，0.9g 时由于地震动强度过大，桩体刚度降低，高频部分才明显弱化。

7.8.2 碎石桩加速度 S 变换分析

为了研究地震期间碎石桩各个时刻的响应情况,输入加速度峰值为 0.1g、0.2g、0.4g、0.6g、0.9g,作桩顶部的 S 变换图如图 7.76 所示。

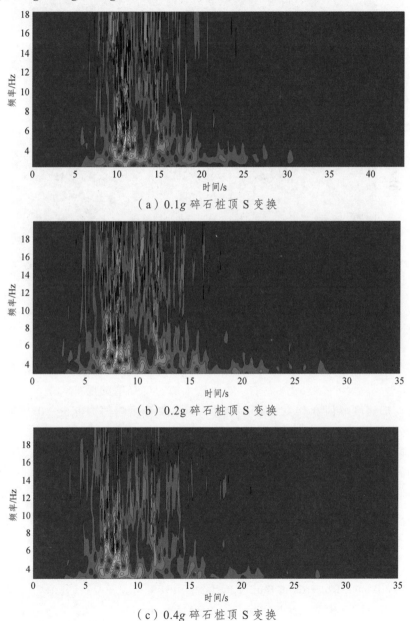

（a）0.1g 碎石桩顶 S 变换

（b）0.2g 碎石桩顶 S 变换

（c）0.4g 碎石桩顶 S 变换

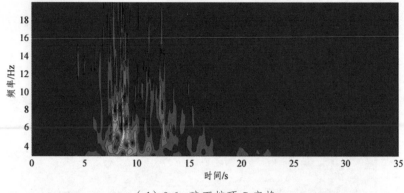

（d）0.6g 碎石桩顶 S 变换

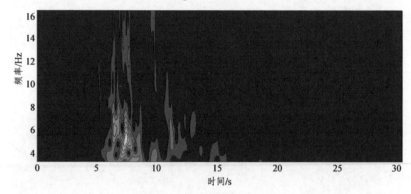

（e）0.9g 碎石桩顶 S 变换

图 7.76　不同地震波峰值下碎石桩顶 S 变换

图 7.76 中白色区域为响应程度较高的区域。从图中可以看出，桩顶的响应频率大部分集中在 5 Hz 左右。随着输入加速度峰值的增加，桩顶高频部分在输入加速度峰值 0.4g 之后明显减小；输入加速度峰值为 0.6g、0.9g 时，高频部分消失。

以上现象说明碎石桩桩顶占主导作用的地震响应频率约为 5 Hz，占主导作用的频率分布没有随着输入加速度峰值的增加而改变。由于缺少土工套筒的包裹作用，碎石桩整体性和刚性较差，因此高频部分没有包裹碎石桩响应明显，且随着输入加速度峰值的增大很快消失。

参考文献

［1］　VAN IMPE W F. Soil improvement techniques and their evolution[R]. Balkema, Rotterdam, the Netherlands, 1989.

［2］　WU CHO-SEN, HONG YUNG-SHAN. Laboratory tests on geosyntheticencapsulated sand columns[J]. Geotextiles and Geomembranes, 2009, 27: 107-120.

[3] KHABBAZIAN M, KALIAKIN V N, MEEHAN C L. Numerical study of the effect of geosynthetic encasement on the behaviour of granular columns[J]. Geosynthetics International, 2010, 17(3): 132-143.

[4] LO S R, ZHANG R, MAK J. Geosynthetic-encased stone columns in soft clay: a numerical study[J]. Geotextiles and Geomembranes, 2010, 28(3): 292-302.

[5] CASTRO J. Groups of encased stone columns: Influence of column length and arrangement[J]. Geotextiles and Geomembranes, 2017, 45(2): 68-80.

[6] 欧阳芳，张建经，付晓，等. 包裹碎石桩承载特性试验研究[J]. 岩土力学，2016（7）：1929-1936.

[7] OUYANG F, ZHANG J J, LIAO W M, et al. Characteristics of the stress and deformation of geosynthetic-encased stone column composite ground based on large-scale model tests[J]. Geosynthetics International, 2016, 24(3): 1-13.

[8] 欧阳芳，张建经，韩建伟，等. 包裹碎石群桩模型试验分析[J]. 东南大学学报（自然科学版），2015，45（5）：952-957.

[9] ALMEIDA M S S, HOSSEINPOUR I, RICCIO M, et al. Behavior of geotextile-encased granular columns supporting test embankment on soft deposit[J]. Journal of Geotechnical and Geoenvironmental Engineering, 2014:1-9.

[10] HOSSEINPOUR, ALMEIDA M S S, RICCIO M. Full-scale load test and finite-element analysis of soft ground improved by geotextile-encased granular columns[J]. Geosynthetics International, 2015, 22 (6): 428-438.

[11] FATTAH M Y, ZABAR B S, HASSAN H A. Experimental analysis of embankment on ordinary and encased stone columns[J]. International Journal of Geomechanics, 2016, 16(4): 04015102.

[12] ARAUJO G L S, PALMEIRA E M, CUNHA R P. Behaviour of geosynthetic-encased granular columns in porous collapsible soil[J]. Geosynthetics International, 2009, 16(6): 433-451.

[13] RAJESH S. Time-dependent behaviour of fully and partially penetrated geosynthetic encased stone columns[J]. Geosynthetics International, 2016, 24(1): 60-71.

[14]　RAJESH S, JAIN P. Influence of permeability of soft clay on the efficiency of stone columns and geosynthetic-encased stone columns: a numerical study[J]. International Journal of Geotechnical Engineering, 2015, 9(5): 483-493.

[15]　MUIR WOOD D, HU W, NASH D F T. Group effects in stone column foundations: model tests[J]. Geotechnique, 2000, 50(6): 689-698.

[16]　HANNA A M, ETEZAD M, AYADAT T. Mode of failure of a group of stone columns in soft soil[J]. International Journal of Geomechanics, 2013, 13(1): 87-96.

[17]　HU W. Physical modelling of group behaviour of stone column foundations[D]. University of Glasgow, 1995.

[18]　ETEZAD M. Geotechnical performance of group of stone columns[D]. University of Montreal Quebec, 2006.

[19]　ALI K, SHAHU J T, SHARMA K G. Model tests on single and groups of stone columns with different geosynthetic reinforcement arrangement[J]. Geosynthetics International, 2014, 21(2): 103-118.

[20]　CHEN J F, LI L Y, XUE J F, et al. Failure mechanism of geosynthetic-encased stone columns in soft soils under embankment[J]. Geotextiles and Geomembranes, 2015, 43(5): 424-431.

[21]　MOHAPATRA S R, RAJAGOPAL K, SHARMA J. Direct shear tests on geosynthetic-encased granular columns[J]. Geotextiles and Geomembranes, 2016, 44(3): 396-405.

[22]　MURUGESAN S, RAJAGOPAL K. Studies on the behavior of single and group of geosynthetic encased stone columns[J]. Journal of Geotechnical and Geoenvironmental Engineering, 2010, 136(1): 129-139.

[23]　RAYAMAJHI D, ASHFORD S A, BOULANGER R W, et al. Dense granular columns in liquefiable ground. I: Shear reinforcement and cyclic stress ratio reduction[J]. Journal of Geotechnical and Geoenvironmental Engineering, 2016, 142(7): 04016023.

[24]　RAYAMAJHI D, NGUYEN T V, ASHFORD S A, et al. Numerical study of shear stress distribution for discrete columns in liquefiable soils[J]. Journal of Geotechnical and Geoenvironmental Engineering, 2014, 140(3): 04013034.

[25]　ADALIER K, ELGAMAL A, MENESES J, et al. Stone columns as

liquefaction countermeasure in non-plastic silty soils[J]. Soil Dynamics and Earthquake Engineering, 2003, 23(7): 571-584.

[26] ASALEMI A A. Application of seismic cone for characterization of ground improved by vibro-replacement[D]. University of British Columbia, 2006.

[27] BAEZ J I. A design model for the reduction of soil liquefaction by vibro-stone columns[D]. University of Southern California, 1995.

[28] TANG L, CONG S, LING X, et al. Numerical study on ground improvement for liquefaction mitigation using stone columns encased with geosynthetics[J]. Geotextiles and Geomembranes, 2015, 43(2): 190-195.

[29] 王开顺, 王有为. 土与结构相互作用对地震荷载的影响[C]// 城乡建设环境保护部抗震办公室, 等. 中国抗震防灾论文集: 上册: 1976—1986. 1986.

8 复合地基震害调查

8.1 复合地基震害概述

    无论是以前发生的地震,如 1964 年 Niigata 地震、1995 年日本 Hyogoken Nanbu(Kobe)大地震、1999 年 Kocaeli(Turkey)地震,还是近期 2011 年东日本大地震等均表明,加固地基相比周围未加固地基,产生的地基变形和沉降较小。然而,由于缺乏全面细致的震害调查,地基加固对场地大变形的控制依然缺乏定性和定量的分析。因此,认识地基震害的特征,总结有效的地基抗震陷防范措施,对减轻和防治建(构)筑物震害是非常重要的。

    进行地基抗震设计时,应最大限度地发挥天然地基的潜在能力,尽可能采用天然地基方案。当采取简单的加固上部结构刚度等措施后,天然地基仍不能满足建筑工程需要时,再考虑采用人工地基加固处理方案。

    在选择地基处理方案时,要结合当地地基情况、经济条件、技术条件以及材料来源等选用。较为常用的地基处理方法是挤密砂石桩法,可用于挤密较深范围内的松散土和可液化土,但对饱和软黏土作用不大。夯实法能压实松散的填土和杂填土地基,但其加固深度有一定的限制,此外,当在压实影响范围内或其下有饱和软黏土时,不宜使用。对于浅层的饱和砂土采用强夯法和振冲法一般效果较好,因此这两种方法也是目前可液化地基处理中较为常用的方法。较为有效的深层加固方法是砂井预压法,它的适用范围较大,特别是对于固结稳定历时很长的饱和软土地基,能达到加快固结的目的。当地基中有粉土、淤泥质黏性土层存在时,砂井预压法的效果更好,因此对于一些重要的大型建筑物,这是一种经济有效的方法。然而,堆载需要大量用作荷载的土方或其他堆载物,所费时间也较长,因此并不是所有工程都具备堆载所需条件。

    除了上述地基处理方法外,还有一些应用不太普遍的方法,如不同介质的灌浆法、化学加固法、微型桩法等。

本章统计了 1964—2011 年 17 次不同强地震，这些地震发生在日本、美国、土耳其、新西兰和中国，总共 132 个地基加固案例，如表 8.1 所列地震信息和如图 8.1 所示统计地震下地基处理案例数目。

表 8.1 统计地震案例

序号/代号	年份	地震	地基处理案例数目	震级
（1）	2011	Christchurch, New Zealand	3	6.2~6.3 Mw
（2）	2011	东日本大地震	22	9.0 Mw
（3）	2001	Nisqually, Washington, USA	10	6.8 Mw
（4）	1999	Chi-Chi, Taiwan, China	3	7.6 Mw
（5）	1999	Kocaeli, Turkey	5	7.4 Mw
（6）	1997	Kagoshimaken Hoku, Japan	1	6.3 JMA
（7）	1995	Hyogoken Nanbu （Kobe）, Japan	47	6.9 Mw
（8）	1994	Sanriku Haruka Oki, Japan	1	7.5 JMA
（9）	1994	Hokkaido Toho Oki, Japan	6	8.2 Mw
（10）	1994	Northridge, California, USA	5	6.7 Mw
（11）	1993	Hokkaido Nansei Oki, Japan	4	7.8 JMA
（12）	1993	Kushiro Oki, Japan	7	7.8 Ms
（13）	1989	Loma Prieta, California, USA	12	6.9 Mw
（14）	1983	Nihonkai Chubu, Japan	1	7.7 JMA
（15）	1978	Miyagiken Oki, Japan	1	7.4 JMA
（16）	1968	Tokachi Oki, Japan	1	6.8 GR
（17）	1964	Niigata, Japan	4	7.3 GR

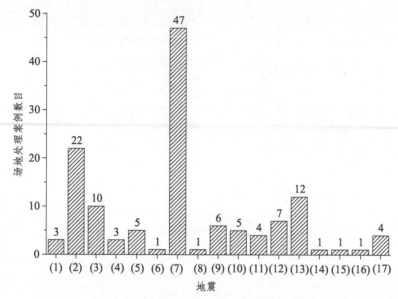

图 8.1　统计地震中地基处理案例数目

[图中（1）~（17）代表不同地震，见表 8.1]

　　对地基进行抗液化加固处理的措施包括常用的挤密碎石桩法、强夯法、振冲法、碎石桩法、深层搅拌桩法、砂井法、预压法，以及一些不常用的方法，如地下连续墙法、喷射注浆法、化学注浆法，这些加固方法及统计案例数目如图 8.2 所示。

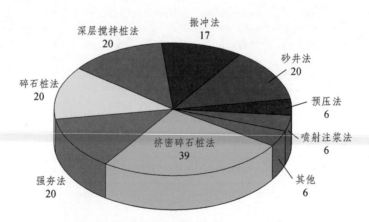

图 8.2　不同地基处理方法及其统计数目

通过地基加固处理，可有效抑制液化的发生，限制大的场地变形。

采用不同地基处理方法，经过强震后，地基性能如表 8.2 所列和图 8.3 所示。

表 8.2　震害调查中所用地基处理方法及加固效果

地基处理方法	地震作用下地基性能		合计
	可接受性能场地数目	不可接受性能场地数目	
通过振动和挤压密实			
挤密碎石桩	33	6	39
强夯法	20	0	20
振冲法	12	5	17
碎石桩	17	3	20
预压法	5	1	6
压实灌浆法	1	0	1
木材置换桩	1	0	1
消散孔隙水压力			
砂井	18	2	20
排水带	0	1	1
加筋体约束			
深层搅拌桩	5	15	20
地下连续墙	2	1	3
微型桩	0	2	2
通过添加水泥或化学方式			
喷射灌浆法	3	0	3
化学灌浆法	1	0	1

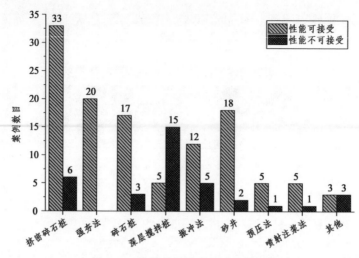

图 8.3　地基处理方法及加固效果

其中：可接受性能是指结构无破坏或破坏小，结构沉降、差异沉降、倾斜量均在容许范围内；

不可接受性能是指出现大的场地变形、大的结构破坏，震后需要大修复甚至拆除。

图中"其他"包含压实灌浆法、木材置换桩法、排水带法、微型桩法和化学灌浆法。

附件 2 列出了这 132 个加固案例，包含加固地基及其周边未加固地基响应，以及地基性能等信息。

下面对 1989 年 Loma Prieta 地震、1993 年 Kushiro-Oki 地震、1994 年 Hokkaido Toho-Oki 地震、2001 年 Nisqually 地震、2011 年 Christchurch 地震下地基抗液化加固方法进行介绍，分析地基处理措施成功抵御地基液化的典型案例，对各种抗液化工程措施的优劣进行初步评价。

8.2　1989 年 Loma Prieta 地震

本节调查了 12 个由振冲碎石桩、挤密碎石桩、振动密实、木材置换桩、强夯和注浆等处理后的场地在 Loma Prieta 地震作用下的表现，如表 8.3 所列。表中列出了调查场地所在位置、震中距、地基条件、处理措施、调查地点所遭受的地震动及加速度 a 大于 0.1g 的持时、加固地基及其周围未加固地基在 1989 年 Loma Prieta 地震中的表现。由表可看到，所调查的 12 个处理场地在此次地震中均表现较好。下面将对 Treasure 岛上诊所、办公楼 450 号、办公楼 487～489 号进行详细介绍。

表 8.3　1989 年 Loma Prieta 地震中抗液化处理的场地及地震动参数资料

序号	地名	地点	震中距/km	土类条件	处理措施	地表峰值加速度/(×g)	持时/s (a≥0.1g)	处理区域表现	临近未处理区域表现
1	诊所	Treasure 岛	96.56	水力吹填砂	振冲碎石桩	0.16	2.5	处理深度的土层范围未出现液化现象	未处理深度的土层发生液化喷砂冒水现象，建筑物周边地表出现喷砂冒水及地表裂缝，场地不均匀沉降
2	办公楼 450 号	Treasure 岛	96.56	水力吹填砂	挤密砂桩	0.16	2.5	未见液化破坏	邻近场地出现喷砂冒水及侧向变形，局部沉降
3	办公楼 487～489 号	Treasure 岛	96.56	水力吹填砂	振动密实	0.16	2.5	487 号楼楼板出现微小裂缝，488、489 号楼未破坏	未知
4	航空港区 1 号码头	Treasure 岛	96.56	水力吹填砂	碎石桩	0.16	2.5	未见液化破坏	邻近发现喷砂冒水点
5	办公楼 453 号	Treasure 岛	96.56	水力吹填砂	木材置换桩	0.16	2.5	建筑一边翼续出现混凝土碎屑，楼板出现裂缝	周边未见液化迹象
6	Esplanade Extension East Shore, Marina Bay	Richmond	109.44	粉土、砂石	碎石桩	0.11	1.0	未见液化破坏	1.61 km 外出现喷砂冒水点
7	East Bay Park Condominiums	Emeryville	96.56	粉细砂	振动压实	0.26	2.0	未见液化破坏	未知
8	Harbor Bay Business Park	Alameda	78.86	水力吹填砂	强夯	0.25	4.0	未见液化破坏	邻近 Bay Farm 岛、奥克拉国际机场跑道、Alameda 空军基地出现喷砂冒水
9	Hanover Properties	Union City	62.76	粉细砂	强夯	0.16	3.0	未见液化破坏	未知
10	Kaiser Hospital	South San Francisco	82.08	水力吹填砂	压实灌浆	0.11	2.0	未见液化破坏	未知
11	Riverside Avenue Bridge	Santa Cruz	16.09	砂土、砂砾土	化学注浆	0.45	15.0	未见液化破坏	未知
12	Adult Detention Facility	Santa Cruz	16.09	粉土、砂土	强夯	0.45	15.0	未见液化破坏	未知

8.2.1　Treasure 岛上诊所

1. 工程简介

Loma Prieta 地震发生时诊所正处于施工期间，约 40% 的建筑基础已完工，正在开挖 2 个 6.71 m 深的电梯井。建筑物包含 2 层楼，采用钢筋框架结构，总的楼层面积约为 5 110 m²。第一楼层是斜坡板，楼层电梯已完工。固定以及可活动的柱荷载总计 1022 kN，柱间距为 9.14 m。

2. 初始状况

场地表面在平均低潮位以上约 3.96 m。图 8.4 所示为沿工程场地东西中心线所在土层剖面。9.45～13.11 m 深度以上土层为松散到中密的水力置换填砂。该砂土粒径小于 0.075 mm 的土粒少于 10%。可压缩淤泥薄层在整个填土中可见。

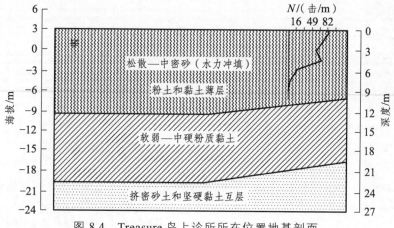

图 8.4　Treasure 岛上诊所所在位置地基剖面

填砂之下为软弱—中硬粉质黏土，约 9.14 m 厚，黏质淤泥中散布着薄砂层。黏质淤泥之下为密实或非常密实砂土，以及坚硬黏土的互层。地下水位约在场地表面之下 2.13 m。

采用振冲置换法对地基进行处理，使用砾石作为填充物，因为该方法可在较短的时间内达到较密实的效果。桩间距为 3.05 m，桩长为 6.71 m。

3. Loma Prieta 地震下工程性能

Treasure 岛上台站采集到的地面峰值加速度约为 0.16g，加速度大于 0.1g 的持时约为 2.5 s。震后在基础上无可见裂缝。两个 6.71 m 深的电梯井在地震发生前已钻孔，地震过程中电梯井底部 2.44 m 填满了砂土。未加固砂土地区 6.71～

12.19 m 深度发生液化。在建筑物外围没有振密区域，出现了砂沸、裂缝。

1989 年 11 月测得在基础周围 55 m 范围内出现的最大差异沉降为 2.22 cm。上部 6.71 m 厚的砂土经碎石桩振密，无液化现象发生。

8.2.2   Treasure 岛上办公楼 450 号

1. 工程简介

办公楼 450 号建造于 1967 年。该工程包含两栋建筑物，均为 3 层楼高，为钢筋框架结构，混凝土墙和混凝土地板。建筑 1#面积较大，平面面积为 48.77 m×48.77 m。配备有一个中央球场，平面面积为 9.14 m×18.29 m。建筑 2#面积较小，平面面积为 16.46 m×37.80 m，在 1#建筑西北部约 30.48 m 位置。典型固定以及可活动柱荷载为 1 111 ~ 1 334 kN。

2. 初始条件

建筑场地表面约高于平均低潮位 3.35 m。图 8.5 所示为沿工程南北轴线所在土层剖面。土层顶部 9.14 m 是松散到中密水力冲填砂，其下有 2.44 m 中密砂。砂土一般是细粒到中等粒径，粒径小于 0.075 mm 的土粒少于 10%。在填土上部 3.05 m 范围内存在粗粒砂。在填土中可见可压缩淤泥薄层。填砂层下覆软弱到半刚性灰色粉质黏土，约 6.10 m 厚。在粉质黏土层下为密实砂和坚硬黏土互层。地下水位约为场地表面以下 1.83 m。

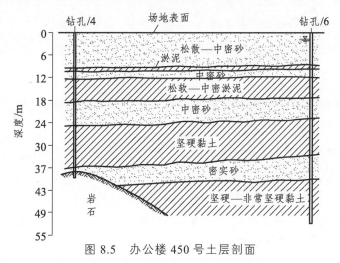

图 8.5   办公楼 450 号土层剖面

3. 挤密碎石桩和振冲法比较

对于给定间距，振冲法相比挤密砂桩法得到的桩体更密实。另外，振冲法相比挤密砂桩法花费填砂较少。但考虑到工期、可用资金、对建筑面积密实的要求,采用挤密砂桩法,基础下桩间距为 1.22 m,地板下桩间距为 1.52 m。

4. Loma Prieta 地震下工程性能

Treasure 岛台站测得工程场地所面临的加速度峰值约 0.16g,加速度大于 0.1g 的持时约 2.5 s。震后对建筑物进行了检查,发现建筑物无明显破坏。邻近建筑物的加固区域外出现了侧向变形、砂沸,以及局部沉降,这表明若没有对地基进行处理,建筑基础下的土体将发生液化。

8.2.3　Treasure 岛上办公楼 487~489 号

办公楼 487、488 和 489 号建造于 1973 年。该工程包含三栋建筑物,内外均为混凝土砌块墙、预制混凝土水泥板。典型固定以及可活动纵向挡墙荷载约为 38.34 kN/m。典型固定以及可活动外部承重墙荷载约为 63.91 kN/m。典型固定以及可活动内部承重墙荷载约为 89.47 kN/m。独立基础上无柱子。

1. 初始条件

场地表面约高于低潮位 3.05m。图 8.6 所示为沿工程东西中心线所在土层剖面。7.32~10.06 m 以上土体是松散到中密的水力冲填砂。砂土主要为细粒土,粒径小于 0.075 mm 的土粒少于 12%。约 4.57 m 深度填土位置,存在软弱压缩粉土和黏土薄层。填砂层下覆软弱粉质黏土,约 1.22 m 厚。在粉质黏土层下为密实砂和坚硬黏土互层。地下水位在场地表面以下 1.52~0.15 m 深度。采用扩展基础,支撑于密实砂土上。选用振冲法进行地基处理。

Treasure 岛台站测得场地加速度峰值约为 0.16g,加速度大于 0.1g 的持时约 2.5 s。震后对建筑物进行了检查,发现建筑物无明显破坏。邻近建筑物的加固区域外,出现了侧向变形、砂沸以及局部沉降,这表明若没有对地基进行处理,建筑基础下的土体将发生液化。

2. 工程介绍

第 487、488 和 489 号办公大楼建造于 1973 年,包含 3 栋建筑,3 栋建筑有内外混凝土墙、预制混凝土楼板以及一级混凝土楼板。纵向挡板的典型活载和恒载约 43.75 kN/m。承重墙上典型活载和恒载约 72.92 kN/m,承重墙上典型活载和恒载约 102.09 kN/m。独立基础下无桩。

3. 初始条件

场地平整,场地表面在低潮位以上约 3.05 m。沿工程场地东西中心线的土层剖面如图 8.6 所示。7.32～10.06 m 深度表层土中存在疏松到中密的水力冲填砂。水力冲填砂属于细粒砂，粒径小于 0.075 mm 的砂不足 12%。约 4.57 m 深度以下偶见高压缩性粉土和黏土薄层。填砂下覆淤泥层约 1.22 m 厚。淤泥下覆密实到非常密实的砂土和坚硬黏土的交互层。地下水位约在场地表面以下 1.52～0.15 m 深度。

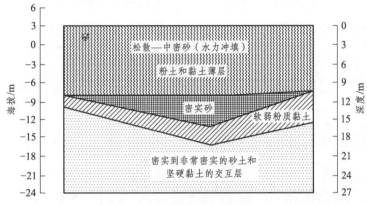

图 8.6　Treasure 岛上办公楼 487～489 号土层剖面

填砂液化可能性采用 Seed 和 Idriss（1971）简化法估计。根据分析，在一定量级地震作用下（场地峰值加速度为 $0.30g$～$0.40g$），饱和填砂抗液化性能偏于稳定。

8.3　1993 年 Kushiro-Oki 地震

1993 年日本北海道 Kushiro-Oki 发生 Ms7.8 级地震，震中在 Kushiro 南侧 15 km 位置，震源深度为 107 km。利用距东港区渔业码头约 1.5 km 的台站测得不同方向的场地地表峰值加速度分别为：NS $0.47g$、EW $0.34g$、UD $0.34g$。

Kushiro 港口是通过填海造陆而成的，回填土绝大部分采用附近海床的泥沙。码头建成于 1992 年。地震下 Kushiro 市发生大面积液化，尤其是 Kushiro 港口，港口大面积未加固地基的堤岸岸壁后回填土液化，导致岸壁侧向滑移失稳破坏。而其他回填土经挤密砂桩、砾石排水桩或两者复合处理的岸壁在地震中未出现明显液化现象。

Kushiro 港位于北纬 43°，地震发生时 Kushiro 地面冰冻厚度为 0.5～1.0 m。为了避免路面发生冻融破坏，港口区抗冻层采用 0.8 m 厚的砂砾层。Kushiro 港区岸壁后一些未经处理的填土区域发生液化，岸壁向海一侧产生了

0～30 cm 的滑移量，岸肩沉降达 30 cm，西港区未经处理地基的道路产生喷砂冒水现象。

在 Kushiro 东港区北边码头，重力式岸壁破坏最严重，如图 8.7 中场地 A 点在地震中向海发生滑移，最大滑移量达 2 m，最大沉降达 0.4 m，土层液化深度达水位以下 6 m；在 Kushiro 东港区渔业区码头，钢板桩岸壁破坏最严重，如图 8.7 中场地 C 点回填砂土液化导致钢板桩出现大变形，以及码头岸肩出现显著沉降。西港区未加固地基出现裂缝，如图 8.8 所示。

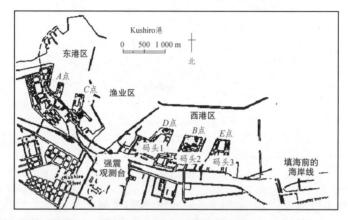

图 8.7 Kushiro 港区平面图

图 8.8 1993 年 Kushiro-Oki 地震下 Kushiro 西港区未加固地基出现裂缝

Kushiro 西港区码头场地 D 点地下水位位于 1.6 m 深度，场地钻孔柱状图如图 8.9 所示，地基加固前后的标贯击数 SPT-N 值如图 8.9 所示，其中 0～14 m 深度范围内土体为可液化砂土。码头岸壁采用钢管桩墙和钢板桩墙利用拉杆锚接，钢管桩墙材质为日本 STK41 型钢管桩，对应于国内钢号 Q235A，桩长 24.5 m，桩径 914.4 mm，壁厚 16 mm，桩体打入密砂层；钢板桩墙材质为日本 SKSP-Ⅳ型钢板桩，厚 15.5 mm，墙体入土仅 8 m，尚未进入密实砂层，典型岸壁剖面图如图 8.10 所示。施工完钢板桩和钢管桩墙后，利用挤密砂桩法加固两道墙体之间的砂土，另外，为了避免砂石桩施工过程对钢管桩墙的影响，距钢管桩墙 20 m 范围以内的填砂采用碎石桩处理。挤密砂桩桩径 0.7 m，采用正方形布桩，桩间距为 1.7 m，桩长 15 m。碎石桩材料为砾石，桩直径为 0.4 m，正方形布桩，桩间距为 1.5 m，桩体打入堆填碎石层，桩长

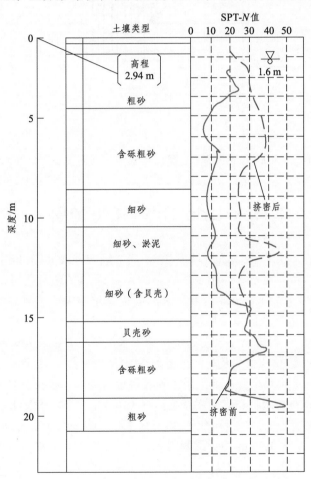

图 8.9 Kushiro 西港区 1 号码头 *D* 点钻孔柱状图和地基加固前、后标贯击数

为 3～7.5 m，加固区域上覆砾石排水垫层，加速地基的固结排水。Kushiro 西港区码头岸壁经地基处理后，在此次强震下未出现破坏。

此外，Kushiro 港区其他单独使用挤密砂桩法处理的 3 处场地和单独使用

砾石桩（作为排水桩）处理的 1 处场地在地震中也都未出现破坏。

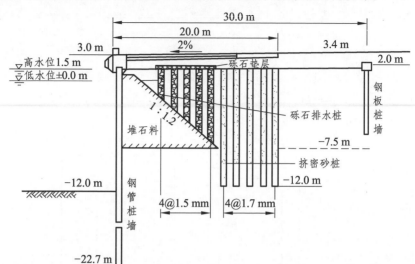

图 8.10　Kushiro 西港区 1 号码头岸壁结构剖面图及砂桩加固示意

8.4　1994 年 Hokkaido Toho-Oki 地震

　　1994 年日本北海道以东海域发生 Mw8.2 级 Hokkaido Toho-Oki 地震，震源深度约 30 km。在地震作用下，经过地基处理的场地未见明显破坏，而距震中 150 km 以上的 Kushiro 西港区未加固地基道路发生喷砂冒水现象。

　　Kushiro 东港渔业区岸壁后填土为周边海床泥沙，表面覆盖有约 10 m 厚的松散吹填砂层，下卧中密—密实砂层，地下水位深 1.0 ~ 2.5 m。渔业区码头 C 点（图 8.7）的钻孔柱状图及震前土层的 SPT-N 值如图 8.11 所示。该区域岸壁长 120 m，1990 年对岸壁后填土采用碎石桩进行处理。桩体材料为砾石，桩直径为 0.4 m，砾石排水桩布设于岸壁之后 3 ~ 10 m 内，按三角形布桩，桩间距为 1.2 m，加固深度为 6 m。1994 年 Hokkaido Toho-Oki 地震时，Kushiro 中离东港区渔业码头场地约 1.5 km 的台站测得 PGA 为 0.2g。东港渔业区岸壁后加固地基未见破坏，然而，未加固填土区域产生沉降，并出现裂缝，如图 8.12 所示。

　　Kushiro 西港区 3 号码头储油罐（图 8.7 中 E 点）地基由附近海床泥沙回填而成，储油罐直径为 27.12 m，高为 15.22 m，板式基础厚 0.8 m。该场地与岸壁相距不到 200 m，地下水位深 1 ~ 2 m，表层存在 10 m 以上厚度的松散回填砂层。根据邻近资料推测，松散回填砂以下为中密—密实的细砂和粗砂。地基采用挤密砂桩处理，桩径为 0.7 m，加固区域在储油罐以下并外延 6 m。加固前地基的 SPT-N 值为 1~25 击，加固后地基的 SPT-N 值为 9~39 击，均值为 20~25 击，如图 8.13 所示。地震作用下，加固地基（储油罐及周围 6 m 半径范围）未见破坏，但距储油罐 15 m 外一场地发生明显液化，如图 8.14 所示。另外，加固地基连续历经了 1993 年 Kushiro-Oki 地震、1994 年 Hokkaido Toho-Oki 地震，均未见明显破坏，可见加固地基稳定性较好。

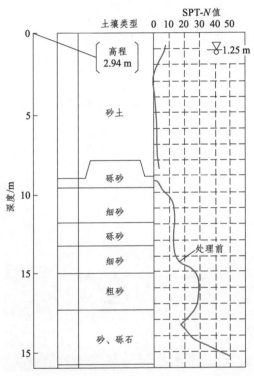

图 8.11　Kushiro 东港渔业区场地 C 点钻孔柱状图剖面以及震前土层标贯击数

（a）地表裂缝和沉降　　　　　　　（b）地表裂缝与沉降

图 8.12　1994 年 Hokkaido Toho-Oki 地震下渔业区附近未加固地基

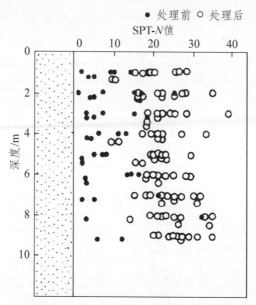

图 8.13　Kushiro 西港区 3 号码头储油罐场地加固前后的地基标贯击数

图 8.14　1994 年 Hokkaido Toho-Oki 地震中储油罐周边未加固地基发生喷砂冒水现象

8.5　2001 年 Nisqually 地震

2001 年 2 月 28 日在华盛顿发生了 Mw 6.8 级的 Nisqually 地震，加固地基有效实现了抗液化和减小地基沉降的作用。加固地基无明显变形或破坏，也无结构损坏。而在加固地基周边出现了土体破坏、液化、裂缝、沉陷和砂沸。表 8.4 列出了 10 个场地的震害调查情况，我们对其中典型场地 Home Depot、King County 国际机场 A 和 Lake Chaplain South 坝进行详细介绍。

表 8.4 2001 Nisqually 地震中 10 处经过处理场地的资料、处理方法及处理效果

序号	地点名称	震中距/km	最近的强震记录,PGA	处理前土壤条件	处理后土壤状况	处理措施	处理区域表现	临近未处理区域表现
1	ASARCO Tacoma Smelter OCF	西北31 km	6 km SE;0.06g NS	4 m 厚砂砾填土覆盖于 1~3 m 厚的海相黏质粉土上,下卧冰积土,地下水位深 3 m,5 m 以内浅土层 SPT-N_1 值为 9~121 击	上部 2 m 非常密实,对粉土层无效,5 m 以内浅土层 SPT-N_1 值提高 1~13 击	深层强夯	没有地基位移或液化迹象	离场地 1 km 远的低潮区,存在乱石和炉渣
2	Ash Grove Cement Co.Storage Dome	北74 km	4 km NE;0.135g EW	2~3 m 厚粉砂填土,下卧 1 m 厚的松软砂质粉土、12 m 厚松散—中密细砂,地下水位深 2~3 m,SPT-N 值为 8~17 击	没有有效的定量数据;对松散砂层的处理是有效的	振冲碎石桩	没有地基位移或液化迹象;存在微小的屋顶裂缝	3 km 内的填土区发现液化迹象
3	AT&T Wireless Services Tower	55	15 km S;0.21g NS	60 cm 厚填土,其下 8 m 厚为松散细砂—中密冲积砂,下卧 7 m 厚中密含砾粉砂,地下水位深 3.7 m,SPT-N 值为 1~10 击	SPT-N 值为 4~28 击,平均提高 5 击	振冲碎石桩	没有地基位移或液化迹象	没有地基位移或液化迹象
4	1st Avenue Bridge	71	7 km N;0.135g EW	3 m 厚黏质粉土,7.3 m 厚粉细砂,SPT-N 值为 2~17 击	没有有效的数据	振冲碎石桩	没有地表破坏,没有液化现象	未发现液化现象
5	Home Depot	76	3.5 km NE;0.06g NS	1.5 m 厚松砂,SPT-N值为 5~15 击,CPT 试验 q_c 值为 3.1~5.3 MPa	SPT-N 值为 23~28 击,CPT 试验 q_c 值为 8.4~10.5 MPa	振冲碎石桩	有地表破坏,没有液化现象,没有结构损坏	处理区边缘出现地表裂缝,离场地 1 km 内有液化现象,邻近的砖混建筑结构破坏
6	Klickitat Avenue Overcrossing	74	3 km W;平均 0.146g	3~5 m 松散—中密水力充填粉细砂,下卧 34 m 以上厚度的松散—中密、逐步变密的冲积砂,地下水位深 1.8~3.4 m	没有有效数据	振冲碎石桩	没有地基位移或液化现象,没有墙体损坏	离场地 2 km 内有液化现象

续表

序号	地点名称	震中距/km	最近的强震记录,PGA	处理前土壤条件	处理后土壤状况	处理措施	处理区域表现	临近未处理区域表现
7	Lake Chaplain South 坝	152	9 km S; 0.155g NS	3.7 m 厚粉细砂填土,下卧 12～15 m 厚松散—中密的含砾粉砂,地下水位深 6 m,SPT-N 值为 5～12 击	没有有效数据	振冲碎石桩	没有地基位移或液化迹象,地下水未增大浑浊度	入口的砖混建筑出现裂缝
8	Novelty Bridge	114	30 km S;0.155g NS	2 m 厚中硬—软砂质粉土,其下 5.5 m 厚松散—中密含粉土的砂土,下卧中密的粉细和粉土交互层,SPT-N 值为 1～9 击	SPT-N 值为 8～23 击	振冲碎石桩	没有地基位移或液化迹象	没有地基位移或液化迹象
9	Pier 86 Grain Terminal	81	2 km E;0.114g NS	松散砂土层深至 8.5 m	相对密度为 85%,承载力 383 kPa	振冲法	没有地基位移或液化迹象	没有地基位移或液化迹象
10	场地 A	73	1 km E; 0.273g EW	1.5 m 厚松散粉质细砂填土,下卧 24 m 厚冲积土,粗粒土厚约 15 m,地下水位深 2～3 m,粗粒土层的 SPT-N_1 值为 3～24 击	CPT 试验 q_c 值提高 4.2～8.4 MPa	振冲碎石桩	没有地基位移或液化迹象,或结构损坏	周边河床、田野发生液化,邻近的立墙平浇建筑出现裂缝

8.5.1　Home Depot

Home Depot 商场位于华盛顿西雅图的索多区 S. Utah 街和 South Lander 街的交叉口,场地属于可液化地基,于 1992 年采用振冲碎石桩加固。

1. 初始条件和液化可能性

场地表面 1.2～1.5 m 深度为中密—密实的砖和建筑垃圾等颗粒填料(SM),颗粒填料之下约 6 m 深度为松散—中密砂土(SP)或粉砂(SP-SM)。约 7.6 m 深度存在密实—非常密实砂土。

加固前 7 m 深度范围内的地基承载力为 2 870～4 790 kPa。松散—中密砂土的 SPT-N 值为 16～49 击/cm。大约深 4.3 m 的位置存在 30～60cm 厚度的粉砂层（24%可通过 75 μm 孔径）。钻孔时，水位约在 1.5 m 深度。1.5 ~ 7.6m 深度的松散—中密砂土易于液化。

2. 上部结构和基础

场地包含独栋单层结构，建筑设计中，墙荷载为 6.1 N/m，柱荷载为 534 kN，基础板荷载为 31 kPa。加固后容许设计承载力为 144 kPa。

3. 地基加固目标、方法和施工步骤

对地基进行加固，以控制沉降和减轻液化的影响。考虑到施工时间短、造价低等因素，采用振冲碎石桩加固，扩展基础采用地面板施工。考虑对周围振动的影响，不建议采用深层动力击实法。

最小密实标准：深度 7.6 m 位置 SPT-N 值为 82 击/m，等量 CPT q_c 为 8 425 kPa。若地基加固后达到密实标准，估计的总沉降将小于 25.4 mm，差异沉降小于 12.7 mm。振冲碎石桩按照正方形布桩，桩直径约为 90 cm，桩间距为 3 m。场地表面铺设 60 cm 厚褥垫层，加固深度为 8.1 m。在建筑结构 3 个侧面之外再加固一排桩。

加固后，碎石桩中心位置 q_c 值高达 19.15 MPa（N>180 击/m），桩半径范围内为 14.36 ~ 19.15 MPa（N = 131 ~ 180 击/m），桩直径范围内为 9.57 ~ 14.36 MPa（N = 92 ~ 131 击/m），桩对角线交叉的桩间土为 7.66 ~ 9.57 MPa（N = 75 ~ 92 击/m）。加固地基任何区域和深度均满足加固标准，除了 4.3 m 深度的 30 ~ 60 cm 厚度粉细砂。

4. 在 2001 年 Nisqually 地震下场地响应

场地在震中北面，相距约 76km。台站位于华盛顿大学太平洋西北地震台网，属于 Seattle, Kimball Elementary（N47.5752 6°，W122.301 7°），测得场地峰值加速度为 0.092g NS、0.135g EW 以及 0.047g UD。监测到东西方向的阿里亚斯烈度为 21.6 cm/s。台站与震源相距 77.4 km，位于场地东北角 3.5 km 位置。

震后，Home Depot 商场并未发生破坏，震后不久即营业。商场内楼板无裂缝，加固区域无沉降，且场地表面无破坏。

地震引起沿公园东面人行道出现一条南北方向的 10 ~ 15 mm 宽裂缝（图 8.15）。裂缝约 19 m 长，位于加固区域外侧。张拉裂缝和大的隆起出现在沿 S. Utah 街南北方向。其他 10 ~ 20 mm 宽的裂缝出现在街道东侧的人行道，长约 50 m。在地震中邻近商圈楼板因差异沉降出现裂缝，底层楼板出现隆起。总水管可能发生了破裂，地震过程中水管出现漏水情况，并出现了 13 cm 高

的喷水。Home Depot 附近好几栋建筑出现了不同程度的破坏，包括非结构无筋砌体的裂缝和坍塌。

图 8.15　加固区域以外公园东侧人行道裂缝

8.5.2　King County 国际机场 A

场地 A 位于邻近西雅图的 King County 国际机场（Boeing Field）。地震过程中机场设施处在建设过程中，设施为框架结构，地基采用振冲碎石桩加固。

1. 初始条件和液化可能性

土体表面相对均匀，场地表面以下约 1.5 m 深度为软粉土和松散粉细砂，下卧 1.5～24 m 厚的冲积土，包含上部粗粒和细粒土。场地表面以下 1.5～14.8 m 深度存在砂土、淤泥砂和粉砂夹层。松散—中密砂土层，为不同砂土和砾石含量的组合。3.0 m 深度为黑色细粒—中粒砂（SP），$D_{90} = 1.1$ mm，$D_{50} = 0.5$ mm，$D_{10} = 0.24$ mm。在 10.7 m 深度，为黑棕或黑色的淤泥质粉砂（ML），$D_{50} = 0.075$ mm。地基校正后的 SPT-$N_{1,60}$ 值在 10～79 击/cm，平均为 39 击/cm。

地表面之下 14.8～24 m 深度为淤泥层，包含不同砂含量的极软粉土和粉土。23～24 m 深度夹杂有细砾石，18 m 深度存在有机土，21 m 深度存在贝壳碎片。冰川固结沉积物存在于 24～29.7 m 深度，硬粉砂岩在 30 m 深度。水位大概位于 2.9 m 深度，一般在 2.1～3 m 变化。

基于试验、地基勘探，发现在 0.33g 加速度下，砂土的潜在液化范围在 2.7～24 m 深度，估计沉降在 20～25 cm，差异沉降在 10～12.5 cm。

2. 上部结构和基础

建筑物约 72 m 长，约 43 m 宽（北向）、47 m 宽（南向），结构为纯框架结构。外墙支承于 60 cm×1 m 的条形基础上。沿建筑前面的内墙支承于 2 m×2 m×60 cm 的扩展基础上，采用地基梁连接。楼层采用地面板施工方法。扩展基础支承于 60 cm 深度的碎石层上，基础边缘向外至少延伸 15 cm。基础的容许承载力为 120 kPa。地基容许承载力对应于固定荷载和长期活荷载之和。

3. 地基加固目标、方法和施工步骤

建筑物前面承重柱基础之下埋设有碎石桩，碎石桩直径为 76 cm。另外，碎石桩沿建筑周长布置（沿地基梁），机库门下碎石桩间距为 2.4 m。碎石桩用于加固地基，并减轻地基液化引起的沉降。大部分碎石桩桩长为 12 m，某些碎石桩桩长小于 12 m，但大于 6 m。

4. 2001 年 Nisqually 地震下地基性能

场地位于震中北面，距震中大概 73 km。一台站位于 King County（N47.536 9°，W122.300 4°），华盛顿大学太平洋西北地震台网。该台站监测到场地峰值加速度为 0.17g NS、0.273g EW、0.078g UD。地震东西分量：监测到地震波的相对持时为 14.5 s，阿里亚斯烈度为 76.6 cm/s；地震南北分量：相对持时为 20.1 s，阿里亚斯烈度为 47.9 cm/s。台站位于第四纪冲积层，与场地相距约 1 km，与震源相距 74.5 km。

场地未出现砂沸、差异沉降、裂缝或侧向滑移。地面未发现明显破坏。在建筑物后方开挖 1 m 深度未发现液化或渗流。结构无损坏。波音机场靠近建筑物的机场跑道和草坪出现喷砂现象，表明发生了液化（图 8.16）。位于未加固地基上的邻近结构，向上倾斜的面板墙上出现了细微裂缝。

图 8.16　King County 国际机场跑道出现喷砂现象以及周边出现局部坍陷

8.5.3　Lake Chaplain South 坝

Lake Chaplain South 坝位于华盛顿苏丹附近的斯诺夸尔米国家森林，土坝高 12.2m，建造于 1929 年。坝趾采用振冲碎石桩加固。

1. 初始条件和液化可能性

0 ~ 3.7 m 深度为松散砾砂和粉砂，3.7 ~ 6.1 m 深度为中密砾砂和粉砂，下覆 9.1 ~ 12.2 m 厚度的可液化松散—中密砾砂，夹杂有淤泥。大概 20 m 深度以下，存在约 9 m 厚的密实砂土，并夹杂有淤泥；其下为 6.1 m 厚度的极硬灰色黏土以及密实砂土。地下水位位于 6.1 m 深度。

上部 4.6 ~ 10 m 土体为细粒土，细粒含量为 19.7% ~ 31.5%，黏粒（直径小于 5 μm）含量为 6% ~ 7%。水位以下松散土体的 SPT-N 值为 152 ~ 366 击/cm。结构西侧入口的表层土比结构入口周围和东侧更松散。在场地表面以下 0.3 ~ 4 m 土体的波速为 202 m/s，场地表面以下 6.1 ~ 9.4 m 土体的波速为 228 m/s。

2. 结构和基础

大坝高 12.2 m，坝顶长 274 m，坝顶宽 18 ~ 24 m，如图 8.17 所示。坝趾排水沿大坝长度方向。大坝蓄水 190 亿升，约 2.3 m 净空。塔入口建造于 1965 年。

图 8.17　Lake Chaplain South 坝

3. 地基加固目标、方法和施工步骤

考虑到坝底土体可能发生液化而引起溃堤，坝趾采用振冲碎石桩加固。

从塔入口左侧（图 8.17）至塔西侧均采用碎石桩进行加固。加固区域约 52 m 长、15 m 宽。坝趾位置沿南侧铺设 1.8 m 直径的混凝土管线，这也限制了加固区域宽度。

利用 12 桩试验区以确定碎石桩的设计桩径、桩间距和加固深度。在 12 桩试验区两侧采用 Becker 渗透试验。Becker 渗透试验表明 4.6 ~ 10 m 深度内的土体属于中密土，10 ~ 18.3 m 深度内的土体属于密实土。土样和粒径级配表表明上部土层包含较高的细粒含量和黏粒含量。细粒含量为 19.7% ~ 31.5%，黏粒含量为 6% ~ 7%。

基于试验区的成果和 Becker 渗透试验，振冲碎石桩采用三角形布桩，桩间距为 2.1 m，桩长为 19.2 m ~ 19.8 m。在 10.7 m 深度以下，碎石桩平均有效直径约为 1 m。在深度 4.6～10.7 m，碎石桩平均有效直径约为 1.2 m。

4. 在 2001 年 Nisqually 地震下地基性能

场地距震中北面约 152 km。一台站位于 Monroe Substation（N47.8985°，W121.8889°），华盛顿大学太平洋西北地震台网。该台站监测到场地峰值加速度为 0.155g NS、0.12g EW 以及 0.05g UD。对于南北分量，阿里亚斯烈度为 19.4 cm/s。台站位于淤泥质土上，位于场地南侧约 9 km 位置，与震源相距 116 km。坝体内或坝体附近未见破坏、裂缝或砂沸。地震作用下未加固砖混结构出现了裂缝。

8.6 2011 年 Christchurch 地震

2011 年 2 月 22 日 12：51，新西兰 Christchurch 发生 Mw6.2 ~ 6.3 级地震。不同台站采集到的地震动响应如表 8.5 所列。地震造成 181 人死亡，数千栋住宅和商业建筑发生严重破坏，以及大部分地下管道和基础设施发生严重破坏。

由于液化和侧向滑移引起的总沉降、差异沉降以及侧向翻转，粗略估计严重危害到 15 000 座居民住宅；由于场地运动的惯性荷载，绝大部分居民住宅经受了小到中等破坏。城市北面防洪堤坝出现了小破坏。由于港口斜坡发生大的高频地面运动，无数岩石滚落，并出现滑坡。此前，2010 年 9 月 4 日发生的 Mw7.1 级 Darfield 地震距 Christchurch 西部约 30 km。

2011 年 Christchurch 地震引起强烈的地面运动。新西兰位于太平洋和澳大利亚板块交界上，地质构造活跃。由于断裂带距城市很近，引起场地在水平和竖向发生较大场地运动,在 Heathcote Valley 监测到水平向 PGA 为 1.41g,监测到 7 条水平加速度波的峰值(PGA)大于 0.4g。在中心商业区,PGA 为 0.37g ~ 0.52g,大概高于触发液化地震震级(以 2010 年 Darfield 地震为参考)的 1.6 倍。其地震动响应监测值见表 8.5。

表 8.5　地震动响应监测值

台站名称	震中距/km	PGA/($\times g$)	PGA$_v$/($\times g$)
Canterbury Aeroclub	12.8	0.21	0.19
Christchurch Botanic Gardens	4.7	0.5	0.35
Christchurch Cathedral College	2.8	0.43	0.79
Christchurch Hospital	3.8	0.37	0.62
Cashmere High School	1.4	0.37	0.85
Hulverstone Dr Pumping Station	3.9	0.22	1.03
Heathcote Valley School	4	1.41	2.21
Kaipoi North School	17.4	0.2	0.06
Lincon School	13.6	0.12	0.09
Lyttelton Port	7.1	0.92	0.51
Lyttelton Port Naval Point	6.6	0.34	0.39
North New Brighton School	3.8	0.67	0.8
Papanui High School	8.6	0.21	0.21
Pages Rd Pumping Station	2.5	0.63	1.88
Christchurch Resthaven	4.7	0.52	0.51
Riccarton High School	6.5	0.28	0.19
Rolleston School	19.6	0.18	0.08
Shirley Library	5.1	0.33	0.49
Styx Mill Transfer Station	10.8	0.16	0.17
Templeton School	12.5	0.11	0.16

注:表中 PGA 为场地水平峰值加速度,PGA$_v$ 为竖向峰值加速度。

8.6.1 场地液化及其对中心商业区 CBD 的影响

本小节列举几个不同基础类型上的重要建筑结构案例，这几个建筑结构在液化场地表现各异。

1. CBD 土体参数

CBD 和 Christchurch 地区之下的浅层冲积土各向异性。图 8.18 为沿 Hereford 街道 CBD 之下 30 m 深度范围内土层剖面，由图可见土体参数的变异性。为了进一步说明基础土体的变异性，图 8.19 描述了 CBD 之下地基区域，表明 7~8 m 深度的土层对整个土体的性能起决定性作用。CBD 西南侧 2.5~3.5 m 深度为冲积砾石，CBD 东南侧土层顶部为淤泥和泥炭土。埋深较深的砂土决定了沿 Avon 河一带的地基性质，沿河一带也是受液化影响最严重的区域。Bealey Avenue 地区，松散淤泥土和泥炭土出现在顶部 7~8 m 深度。

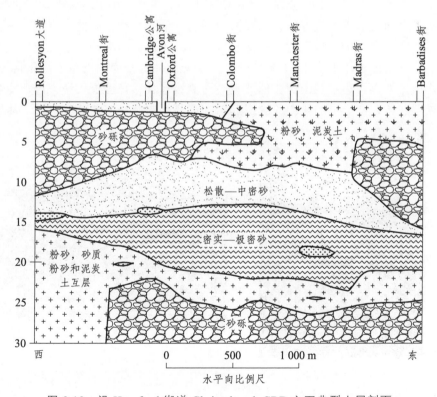

图 8.18　沿 Hereford 街道 Christchurch CBD 之下典型土层剖面

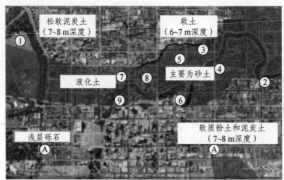

图 8.19　CBD 液化分布图（标识出顶部 7~8 m 深度土层）

图中标注：
- 松软泥炭土（7~8 m深度）
- 软土（6~7 m深度）
- 液化土
- 主要为砂土
- 浅层砾石
- 软质粉土和泥炭土（7~8 m深度）

① Hagley park
② Fitzgerald ave br
③ East salisbury
④ Barbadoes st br
⑤ Madras-salisbury-peterborough
⑥ Armagh-madras
⑦ Town hall area
⑧ Kiimore area
⑨ Victoria square
Ⓐ Hereford stcross-section

2. 场地破坏对邻近 East Salisbury 区域相似结构的影响

该案例清楚地展示了地基液化的影响。3 栋小而复杂的相似楼房如图 8.20 所示。楼房有 3 层，停车场位于地面，采用浅基础。其中一栋楼房位于偏北的位置，几乎未发生破坏。楼房位于山顶之下，发生了较大破坏。北部、中部楼房和人行道的地理位置如图 8.21 所示。位于海拔较高的北侧楼房路面无明显裂缝和变形。相反地，沿南侧楼房边缘出现大的喷沙冒水现象，表明地基基础出现了严重液化[图 8.20（b）]。中间那一栋楼房也出现了液化特征，但这栋楼的震害远不及南侧楼的严重。南侧楼包含一部分低矮墙，墙西南角布置有柱子，柱子上的集中荷载引起附加沉降。差异沉降约为 40 cm，向西

（a）从北侧楼往南看，南侧楼发生了倾斜

（b）往北看，南侧建筑边缘呈现液化特征

图 8.20　公寓大楼

南方向倾斜 3°，如图 8.20（a）所示。由于楼房修复不经济，故震后直接拆毁。这些楼房附近是另外三栋除结构不同其他均相同的建筑，均为两层的复式住宅。楼房所在位置的地基参数与前述所提到的地基参数基本一致。图 8.22（a）所示中间那栋楼周边人行道路面发生了破坏、裂缝和沉降。楼房沉降不大，地基沉降 20 cm，西南角露出基础[图 8.22（b）]。

另外一栋公寓楼包含地下室和停车场。15 ~ 20 cm 的沉降出现在南端。街道的压缩特性表明楼房向街道一侧发生滑移变形。地下室混凝土楼板和结构出现了细微的变形，场地虽出现差异变形，但结构整体性较好。

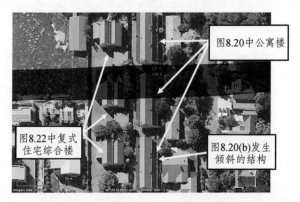

图 8.21　CBD Salisbury 街道北侧公寓和复式综合楼区域地图

（a）从中心楼房往北看　　　（b）邻近中心楼房场地沉降

图 8.22　复式住宅综合楼

3. 刺入沉降 ——Madras–Salisbury–Peterborough 区域

几栋楼房采用浅基础，位于液化区，遭受刺入破坏和一些显著的差异沉降。如图 8.23 所示案例，2 层工业厂房位于楼房的西南侧 200 m 位置。建筑外墙所在位置出现了明显的喷砂冒水现象，表明约 25 cm 厚土层出现了严重的液化。由图 8.23 可见基础周围持续的喷砂，表现为刺入剪切破坏模式。

图 8.23　液化引起两层楼刺入变形

由于超静孔隙水压力和向上流动的地下水、出现岩溶塌陷，建筑前入口产生了大的场地变形。沿建筑物四周突然出现较大沉降，大于周围无结构影响的地基沉降。建筑在东南角的防护栏位置大约沉降 25 cm，建筑的西北角沉降10 ~ 20 cm。地面入口上浮且鼓胀，这与墙体下沉降或建筑物四周沉降一致。

4. 差异沉降和滑动变形 ——Armagh–Madras 区域

在 Madras 和 Armagh 街道十字路口的南侧，几栋楼受到液化的严重影响，产生了显著的差异沉降和侧向变形。在这些位置，液化特征明显：地基表面出现狭窄裂缝，约 50 m 宽的表层土体强度衰减，出现喷砂冒水现象[图 8.24（a），液化如图 8.19 所示阴影区域到 Avon 河南侧]。

该区域起于 Avon 河至北侧楼房，遭受液化的影响，直至建筑南侧的液化特征也十分明显。图 8.24（a）、（b）和（c）表明位于独立浅基础之上的两栋建筑位于液化区域边缘。两栋结构均出现了侧向位移、差异沉降和倾斜。两栋结构修复的成本均过高，而最终选择了拆除。

（a）

（b）　　　　　　　　　　（c）

图 8.24　相对液化特征以及液化引起建筑出现差异沉降和滑移

8.6.2　加固地基抗震性能

8.6.2.1　Waterside 公寓楼

相关人员调查了 Waterside 公寓楼区域加固地基的抗液化性能。建筑物用白色虚线表示，如图 8.25（a）所示。该公寓楼位于 Avon-Heathcote estuary 北侧和 Ferry Rd 南侧、Ferrymead 桥梁西侧。如图 8.25（b）所示，结构包含 6 层预制混凝土面板和单独的地下室停车场。建筑物位于浅基础之上，地基采用碎石桩加固。

结构周围未加固地基出现了大体积的喷砂冒水，邻近结构的河口出现砂沸。建筑的北侧出现 2 条侧向滑移裂缝。靠近河流的最大裂缝宽度为 13 cm，邻近建筑物的最大裂缝宽度约为 4 cm。最大裂缝沿北面路堤 Tidal View 街顶部，道路和建筑之间还出现了一些其他裂缝。

Christchurch 地震下建筑物出现位移，虽然位移量较小，但地震造成周围地基发生了严重液化。建筑结构沉降 4~8 cm，略微向河倾斜。建筑北侧的隔离墙出现差异运动，如图 8.25（c）所示。隔离墙斜坡向下朝向建筑，坡度为 0.4~0.5°。墙顶压缩造成伸缩缝位置出现裂缝。3 块安装在隔离墙顶部的玻璃面板破碎，玻璃面板下墙体连接处出现明显裂缝。建筑结构南侧的隔离墙向下倾斜，朝向建筑，倾角约 0.8°。裂缝从结构延伸出来并通过混凝土人行道，裂缝也表明北侧建筑结构出现了差异沉降。地下室地面、地下室停车场被水淹没，沙子从下水道流出，如图 8.25（d）所示。在未加固地基上，结构遭受了更大的破坏。

（a）Waterside 公寓楼俯视图
表明周围出现喷冒出来的砂土

（b）公寓楼西南视角

（c）建筑物南侧隔离墙（墙体发生旋转，玻璃面板被震碎，伸缩接头顶部出现压裂缝）

（d）地下停车场

图 8.25　震害情况

8.6.2.2　AMI 运动场

AMI 运动场所在区域遭受了严重液化和场地破坏，运动场场地及其四周喷砂冒水，如图 8.26（a）所示。4 个站台遭受不同程度破坏，均位于浅基础之上。Hadlee 站台下地基未进行加固，遭受了严重结构破坏，建议拆除。Tui 站台建造于填土平台上，填土平台提高了其海拔，在地震中结构遭受的破坏较小。

Paul Kelly 和 Deans 站台均建造于碎石桩复合地基上，碎石桩桩间距较大，桩长 8 m，布置于基础之下。Deans 站台为浅基础，由多级梁连接。Paul Kelly 站台采用板式基础，基础板厚 1 m，位于 9 m 深的碎石桩上。Deans 站台之下的碎石桩直径为 0.6 m，桩间距近似为 2.5 m，采用弧形布桩形式。4 个站台在地震中均发生了破坏，但利用碎石桩加固的地基震害较轻。

　　Paul Kelly 站台沉降高达 40 cm，差异沉降约 7 cm。基础板阻止了砂土的喷冒。Deans 站台也存在相似的整体沉降，差异沉降高达 30 cm。Deans 站台北部之下无液化，然而，该站台南部之下大片区域出现明显液化。差异沉降和地面振动使得两个站台均遭受了破坏，地面振动约超出设计值的 30%。

　　场地出现严重液化、砂沸和地表面破坏[图 8.26（b）]。由于砂子无法喷射出，地基某些区域出现隆起，隆起量高达 70 cm。

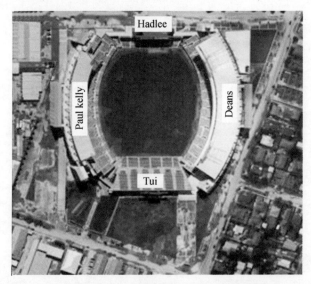

（a）AMI 站台俯视图（显示液化破坏）

（b）站台场地液化破坏

图 8.26　AMI 运动场站台

8.7 水泥土搅拌格栅离心机模型试验

8.7.1 试验设计

由于缺少近年来的软土地基震害调查，故本节补充相关的试验结果。Mohammad Khosravi 等（2016）利用加利福尼亚大学的离心机开展了两组离心机模型试验。离心加速度为 57g。模型箱内部尺寸为 175.5 cm×65.0 cm×51.6 cm。所采用的长度相似比为原型：模型 = 57：1。

试验包含两个模型，如图 8.27 所示。模型 MKH01 左侧为未加固土层剖面（S），以及右侧的端承型水泥土搅拌格栅（EG）。水泥土搅拌格栅包含 9 个方格，为 3×3 模式。桩间距为 9.8 m，平均面积置换率为 24%。

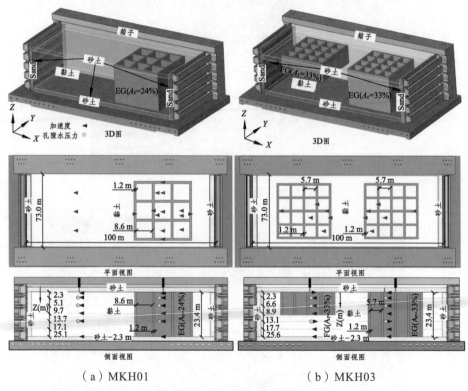

（a）MKH01　　　　　　　　　（b）MKH03

图 8.27　试验模型布置

每一个模型中的土层分布一致。上部为 23.4m 厚的高岭土，底下为 2.3 m 厚的饱和密实粗砂，相对密实度 $D_r≈90\%$，可排水。每一个模型，水泥土搅拌格栅顶部为黏土层，两个模型顶面覆盖 2.3 m 厚的密实粗砂，相对密实度 $D_r \approx 90\%$。水位在土层表面 0.5m 深度。高岭土的液限为 47%，塑性指数为 19，土颗粒相对重度为 2.58，颗粒尺寸约为 4.0 μm，在初始荷载和 2.3 mm²/s 卸载/再加载下固结系数为 0.7 mm²/s，土体的渗透性极差，初始含水量约为 80%。

模型 MKH03 中左侧为摩擦型水泥土搅拌格栅（FG），右侧为端承型水泥土搅拌格栅（EG），如图 8.27（b）所示。端承型和摩擦型桩网均存在 16 个方格，为 4×4 模式。该水泥土搅拌格栅宽 1.2 m，桩间距为 6.9 m，平均面积置换率均为 33%。试验中所采用的土体渗透性极差，模拟地震过程中土体不排水情况。

对模型施加的 13 条地震波，包含一条 Step，6 条正弦波（SW7-33），6 条地震波（峰值加速度为 0.005g ~ 0.31g）。输入波如表 8.6 所列。TCU-078 表示的是 TCU-078 台站采集的 1999 年 Chi-Chi 地震波，Kobe 0807 表示的是岛屿港口台站采集的 1995 年 Kobe 地震波。

表 8.6　模型底部输入地震波

序号	地震波	MKH01		MKH03	
		PBA/（×g）	PBV/（cm/s）	PBA/（×g）	PBV/（cm/s）
1	Step	0.01	0.86	0.01	0.76
2	SW7-333	0.03	4.32	0.03	3.82
3	TCU 078	0.07	6.50	0.09	8.59
4	Kobe 0807	0.04	6.64	0.04	7.32
5	SW7-333	0.03	3.49	0.03	4.38
6	TCU 078	0.17	15.02	0.18	15.50
7	Kobe 0807	0.09	12.35	0.07	12.38
8	SW7-333	0.03	3.65	0.03	4.15
9	TCU 078	0.32	25.30	0.31	24.69
10	Kobe 0807	0.18	24.33	0.16	22.98
11	SW7-333	0.03	5.15	0.03	3.74
12	SW7-333	0.03	3.59	0.03	3.98
13	SW7-333	0.03	3.76	0.03	3.89

8.7.2　试验结果

未加固软黏土地基在强震下产生了强烈的非线性。软黏土峰值剪切应变高达 2.5%，在 PBA = 0.18g 的 Kobe 波作用下，峰值孔隙水压力 r_u 为 78%。

端承型的水泥土搅拌格栅（面积置换率 A_r = 24%）增强了地基刚度，使得响应加速度较大。水泥土搅拌格栅在强震中也表现出一定的非线性，如在 PBA = 0.18g 的 Kobe 地震波作用下，产生的峰值剪切应变高达 1%，孔隙水压力 r_u 达 100%，水泥土搅拌格栅产生的裂缝较小。横向格栅墙体及格栅内土体的动力水平位移远大于纵向格栅墙体的，表明横向格栅墙体具有更好的柔性。

端承型的水泥土搅拌格栅（面积置换率 A_r = 33%）增强了地基刚度，导致响应加速度较大。对于任一地震作用下，水泥土搅拌格栅在强震中未表现出显著的非线性，如在 PBA = 0.16g 的 Kobe 地震波作用下，产生的峰值剪切应变仅有 0.15%，水泥土搅拌格栅无裂缝产生。

摩擦型水泥土搅拌格栅（面积置换率 A_r = 33%）有效增强了上部黏土的刚度，然而地基的动力响应受水泥土搅拌格栅之下软黏土强非线性的影响。如在 PBA = 0.16g 的 Kobe 地震波作用下，水泥土搅拌格栅之下的软黏土产生的峰值剪切应变高达 1.0%，然而格栅内黏土响应保持相对线性状态。谱比介于未加固地基和端承型水泥土搅拌格栅（面积置换率 A_r = 33%）之间。纵横格栅墙体的位移基本一致，墙体无明显裂缝。

不同加速度波作用下 MKH01 中端承型格栅（面积置换率 A_r = 24%），以及 MKH03 中悬浮型和端承型格栅（A_r = 33%）地基沉降增量如图 8.28 所示。水泥土搅拌格栅复合地基由振动引起的沉降远小于未加固地基的沉降。MKH01 和 MKH03 加固区域（包括端承型和悬浮型格栅）的沉降增量小于 3 cm，MKH01 未加固区域在 PBA = 0.18g 的 Kobe 地震波作用下，沉降值为 15.0 cm。

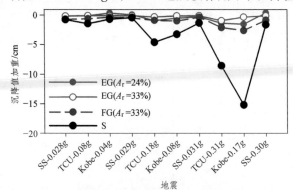

图 8.28　不同加速度波作用下 MKH01 中嵌入格栅（面积置换率 A_r = 24%），以及 MKH03 中悬浮和嵌入格栅（A_r = 33%）地基沉降增量

附 件

附件 1　S 变换 Matlab 代码

```
[st,t,f]= st(A,0,600,0.001,1);
contourf(t,f,abs(st));
figure(1);
shading interp;
title('A8 时频特性','FontWeight','bold','FontSize',16);
xlabel('时间(s)','FontWeight','bold','Fontsize',16);
ylabel('频率(Hz)','FontWeight','bold','Fontsize',16);
set(gca,'FontWeight','bold','FontSize',14);
set(gca,'xlim',[10,45]);
function [st,t,f]= st(timeseries,minfreq,maxfreq,samplingrate,freqsamplingrate)
% Returns the Stockwell Transform of the timeseries.
% Code by Robert Glenn Stockwell.
% DO NOT DISTRIBUTE
% BETA TEST ONLY
% Reference is "Localization of the Complex Spectrum: The S Transform"
% from IEEE Transactions on Signal Processing, vol. 44., number 4, April 1996,
pages 998-1001.
%
%-------Inputs Needed------------------------------------------------
%
%      *****All frequencies in (cycles/(time unit))!******
%      "timeseries" - vector of data to be transformed
%-------Optional Inputs ---------------------------------------------
%
```

%"minfreq" is the minimum frequency in the ST result(Default=0)

%"maxfreq" is the maximum frequency in the ST result (Default=Nyquist)

%"samplingrate" is the time interval between samples (Default=1)

%"freqsamplingrate" is the frequency-sampling interval you desire in the ST result (Default=1)

%Passing a negative number will give the default ex.   [s,t,f]= st(data,-1,-1,2,2)

%-------Outputs Returned---

%

% st   -a complex matrix containing the Stockwell transform.

%   The rows of STOutput are the frequencies and the

%   columns are the time values ie each column is

%   the "local spectrum" for that point in time

% t   - a vector containing the sampled times

% f   - a vector containing the sampled frequencies

%--------Additional details----------------------

%   %   There are several parameters immediately below that

%   the user may change. They are:

%[verbose]   if true prints out informational messages throughout the function.

%[removeedge] if true, removes a least squares fit parabola

%   and puts a 5% hanning taper on the edges of the time series.

%   This is usually a good idea.

%[analytic_signal]   if the timeseries is real-valued

%   this takes the analytic signal and STs it.

%   This is almost always a good idea.

%[factor]   the width factor of the localizing gaussian

%   ie, a sinusoid of period 10 seconds has a

%   gaussian window of width factor*10 seconds.

%   I usually use factor=1, but sometimes factor= 3

%   to get better frequency resolution.

%   Copyright (c)by Bob Stockwell

% $Revision: 1.2 $ $Date: 1997/07/08 $

% This is the S transform wrapper that holds default values for the function.

```
TRUE= 1;
FALSE= 0;
%%% DEFAULT PARAMETERS   [change these for your particular application]
verbose= TRUE;
removeedge= FALSE;
analytic_signal=   FALSE;
factor= 1;
%%% END of DEFAULT PARAMETERS
%%%START OF INPUT VARIABLE CHECK
% First: make sure it is a valid time_series
%            If not, return the help message
if verbose disp(' '),end   % i like a line left blank
if nargin== 0
    if verbose disp('No parameters inputted.'),end
    st_help
    t=0;,st=-1;,f=0;
    return
end
% Change to column vector
if size(timeseries,2)> size(timeseries,1)
     timeseries=timeseries';
end
% Make sure it is a 1-dimensional array
if size(timeseries,2)> 1
    error('Please enter a *vector* of data, not matrix')
    return
elseif (size(timeseries)==[1 1])== 1
    error('Please enter a *vector* of data, not a scalar')
    return
end
% use defaults for input variables
if nargin== 1
  minfreq= 0;
  maxfreq= fix(length(timeseries)/2);
```

```
        samplingrate=1;
        freqsamplingrate=1;
elseif nargin==2
    maxfreq= fix(length(timeseries)/2);
        samplingrate=1;
        freqsamplingrate=1;
        [minfreq,maxfreq,samplingrate,freqsamplingrate]=
check_input(minfreq,maxfreq,samplingrate,freqsamplingrate,verbose,timeseries)
;
    elseif nargin==3
        samplingrate=1;
        freqsamplingrate=1;
        [minfreq,maxfreq,samplingrate,freqsamplingrate]=
check_input(minfreq,maxfreq,samplingrate,freqsamplingrate,verbose,timeseries)
;
    elseif nargin==4
        freqsamplingrate=1;
        [minfreq,maxfreq,samplingrate,freqsamplingrate]=
check_input(minfreq,maxfreq,samplingrate,freqsamplingrate,verbose,timeseries)
;
    elseif nargin== 5
            [minfreq,maxfreq,samplingrate,freqsamplingrate]=
check_input(minfreq,maxfreq,samplingrate,freqsamplingrate,verbose,timeseries)
;
    else
        if verbose disp('Error in input arguments: using defaults'),end
        minfreq= 0;
        maxfreq= fix(length(timeseries)/2);
        samplingrate=1;
        freqsamplingrate=1;
    end
    if verbose
        disp(sprintf('Minfreq= %d',minfreq))
        disp(sprintf('Maxfreq= %d',maxfreq))
```

```
    disp(sprintf('Sampling Rate (time     domain)= %d',samplingrate))
    disp(sprintf('Sampling Rate (freq.    domain)= %d',freqsamplingrate))
    disp(sprintf('The length of the timeseries is %d points',length(timeseries)))

    disp(' ')
end
%END OF INPUT VARIABLE CHECK
    % If you want to "hardwire" minfreq & maxfreq & samplingrate &
freqsamplingrate do it here
    % calculate the sampled time and frequency values from the two sampling
rates
    t= (0:length(timeseries)-1)*samplingrate;
    spe_nelements=ceil((maxfreq - minfreq+1)/freqsamplingrate)   ;
    f= (minfreq +
[0:spe_nelements-1]*freqsamplingrate)/(samplingrate*length(timeseries));
    if verbose disp(sprintf('The     number    of    frequency   voices    is
%d',spe_nelements)),end
    % The actual S Transform function is here:
    st=
strans(timeseries,minfreq,maxfreq,samplingrate,freqsamplingrate,verbose,remov
eedge,analytic_signal,factor);
    % this function is below, thus nicely encapsulated
    %WRITE switch statement on nargout
    % if 0 then plot amplitude spectrum
    if nargout==0
        if verbose disp('Plotting pseudocolor image'),end
        pcolor(t,f,abs(st))
end
return
function st=
strans(timeseries,minfreq,maxfreq,samplingrate,freqsamplingrate,verbose,remov
eedge,analytic_signal,factor);
% Returns the Stockwell Transform, STOutput, of the time-series
% Code by R.G. Stockwell.
```

```
% Reference is "Localization of the Complex Spectrum: The S Transform"
% from IEEE Transactions on Signal Processing, vol. 44., number 4,
% April 1996, pages 998-1001.
%
%-------Inputs Returned------------------------------------------------
%                 - are all taken care of in the wrapper function above
%
%-------Outputs Returned----------------------------------------------
%
% ST      -a complex matrix containing the Stockwell transform.
%                 The rows of STOutput are the frequencies and the
%                 columns are the time values
%
%
%---------------------------------------------------------------------
% Compute the length of the data.
n=length(timeseries);
original= timeseries;
if removeedge
    if verbose disp('Removing trend with polynomial fit'),end
     ind= [0:n-1]';
    r= polyfit(ind,timeseries,2);
    fit= polyval(r,ind);
     timeseries= timeseries - fit;
    if verbose disp('Removing edges with 5% hanning taper'),end
    sh_len= floor(length(timeseries)/10);
    wn= hanning(sh_len);
    if(sh_len==0)
        sh_len=length(timeseries);
        wn= 1&[1:sh_len];
    end
    % make sure wn is a column vector, because timeseries is
    if size(wn,2)> size(wn,1)
        wn=wn';
```

```
    end
    timeseries(1:floor(sh_len/2),1)=
timeseries(1:floor(sh_len/2),1).*wn(1:floor(sh_len/2),1);
    timeseries(length(timeseries)-floor(sh_len/2):n,1)=
timeseries(length(timeseries)-floor(sh_len/2):n,1).*wn(sh_len-floor(sh_len/2):sh
    _len,1);
end
% If vector is real, do the analytic signal
if analytic_signal
    if verbose disp('Calculating analytic signal (using Hilbert transform)'),end
    % this version of the hilbert transform is different than hilbert.m
    %    This is correct!
    ts_spe= fft(real(timeseries));
    h= [1; 2*ones(fix((n-1)/2),1); ones(1-rem(n,2),1); zeros(fix((n-1)/2),1)];
    ts_spe(:)= ts_spe.*h(:);
    timeseries= ifft(ts_spe);
end
% Compute FFT's
tic;vector_fft=fft(timeseries);tim_est=toc;
vector_fft=[vector_fft,vector_fft];
tim_est= tim_est*ceil((maxfreq - minfreq+1)/freqsamplingrate)    ;
if verbose disp(sprintf('Estimated time is %f',tim_est)),end

% Preallocate the STOutput matrix
st=zeros(ceil((maxfreq - minfreq+1)/freqsamplingrate),n);
% Compute the mean
% Compute S-transform value for 1 ... ceil(n/2+1)-1 frequency points
if verbose disp('Calculating S transform...'),end
if minfreq== 0
    st(1,:)= mean(timeseries)*(1&[1:1:n]);
else
    st(1,:)=ifft(vector_fft(minfreq+1:minfreq+n).*g_window(n,minfreq,factor));
end
%the actual calculation of the ST
```

```
% Start loop to increment the frequency point
for z=freqsamplingrate:freqsamplingrate:(maxfreq-minfreq)

st(z/freqsamplingrate+1,:)=ifft(vector_fft(minfreq+z+1:minfreq+z+n).*g_windo
   w(n,minfreq+z,factor));
end     % a fruit loop!     aaaaa ha ha ha ha ha ha ha ha ha ha
% End loop to increment the frequency point
if verbose disp('Finished Calculation'),end
%%% end strans function
%------------------------------------------------------------------------
function gauss=g_window(length,freq,factor)
% Function to compute the Gaussion window for
% function Stransform. g_window is used by function
% Stransform. Programmed by Eric Tittley
%
%-----Inputs Needed-------------------------
%
%    length-the length of the Gaussian window
%
%    freq-the frequency at which to evaluate
%          the window.
%    factor- the window-width factor
%
%-----Outputs Returned------------------------
%
%    gauss-The Gaussian window

vector(1,:)=[0:length-1];
vector(2,:)=[-length:-1];
vector=vector.^2;
vector=vector*(-factor*2*pi^2/freq^2);
% Compute the Gaussion window
gauss=sum(exp(vector));
%------------------------------------------------------------------------
```

```
%^^^^^^^^^^^^^^^^^^^^^^^^^^^^^^^^^^^^^^^^^^^^^^^^^^^^^^^^^^^^^^^^^^^^^^^^^^^^^^^^^
^^^^^^%
function [minfreq,maxfreq,samplingrate,freqsamplingrate]=
check_input(minfreq,maxfreq,samplingrate,freqsamplingrate,verbose,timeseries)
   % this checks numbers, and replaces them with defaults if invalid

% if the parameters are passed as an array, put them into the appropriate
variables
s= size(minfreq);
l= max(s);
if l > 1
    if verbose disp('Array of inputs accepted.'),end
    temp=minfreq;
    minfreq= temp(1);;
    if l > 1 maxfreq= temp(2);,end;
    if l > 2    samplingrate= temp(3);,end;
    if l > 3    freqsamplingrate= temp(4);,end;
    if l > 4
        if verbose disp('Ignoring extra input parameters.'),end
    end;
end
    if minfreq < 0 | minfreq > fix(length(timeseries)/2);
      minfreq= 0;
        if verbose disp('Minfreq < 0 or > Nyquist. Setting minfreq= 0.'),end
    end
    if maxfreq > length(timeseries)/2    | maxfreq < 0
      maxfreq= fix(length(timeseries)/2);
      if verbose disp(sprintf('Maxfreq < 0 or > Nyquist. Setting maxfreq=
%d',maxfreq)),end
    end
        if minfreq > maxfreq
        temporary= minfreq;
        minfreq= maxfreq;
        maxfreq= temporary;
```

```
    clear temporary;
    if verbose disp('Swapping maxfreq <=> minfreq.'),end
  end
  if samplingrate <0
    samplingrate= abs(samplingrate);
    if verbose disp('Samplingrate <0. Setting samplingrate to its absolute
value.'),end
  end
  if freqsamplingrate < 0     % check 'what if freqsamplingrate > maxfreq
- minfreq' case
    freqsamplingrate= abs(freqsamplingrate);
    if verbose disp('Frequency Samplingrate negative, taking absolute
value'),end
  end
% bloody odd how you don't end a function
%^^^^^^^^^^^^^^^^^^^^^^^^^^^^^^^^^^^^^^^^^^^^^^^^^^^^^^^^^^^^^^^^^^^^^^^^^^^^^
^^^^^^%

function st_help
  disp(' ')
   disp('st() HELP COMMAND')
   disp('st()returns - 1 or an error message if it fails')
   disp('USAGE:: [localspectra,timevector,freqvector]= st(timeseries)')
   disp('NOTE::  The function st()sets default parameters then calls the
function strans()')
   disp(' ')
   disp('You can call strans()directly and pass the following parameters')
   disp(' **** Warning!  These inputs are not checked if strans()is called
directly!! ****')
   disp('USAGE::   localspectra=
strans(timeseries,minfreq,maxfreq,samplingrate,freqsamplingrate,verbose,remov
eedge,analytic_signal,factor)')

   disp(' ')
   disp('Default parameters (available in st.m)')
```

```
    disp('VERBOSE                - prints out informational messages throughout
the function.')
    disp('REMOVEEDGE             - removes the edge with a 5% taper, and
takes')
    disp('FACTOR              -   the width factor of the localizing gaussian')
    disp('                        ie, a sinusoid of period 10 seconds has a ')
    disp('                        gaussian window of width factor*10 seconds.')
    disp('                        I usually use factor=1, but sometimes factor=
3')
    disp('                        to get better frequency resolution.')
    disp(' ')
    disp('Default input variables')
    disp('MINFREQ                 - the lowest frequency in the ST
result(Default=0)')
    disp('MAXFREQ                 - the highest frequency in the ST result
(Default=nyquist')
    disp('SAMPLINGRATE          - the time interval between successive data
points (Default= 1)')
    disp('FREQSAMPLINGRATE - the number of frequencies between samples
in the ST results')
% end of st_help procedure
```

附件2 加固地基震害调查

地震	地点	土体参数	处理措施	加固地基震害调查	周围未加固地基震害调查	加固地基地震性能
			加固方法：化学注浆法			
Loma Prieta 地震 011	Riverside Avenue Bridge	未确定	化学注浆法，采用超细水泥浆液	桥墩无沉降或偏转	未确定	可接受
			加固方法：挤压灌浆			
Loma Prieta 地震 010	Permanente Medical Center Addition	$N_{1,60b}=19$, $N_{1,60a}=31$	挤压灌浆法	设备或周围人行道地区无破坏	未确定	可接受
			加固方法：深层动力压实法（DDC）			
Chi-Chi 地震 002	Chang-Hwa Coastal Industrial Park	上部 2~7 m：液化可能性由 60% 减小到 10%，7 m 深度以下液化可能性变化小	强夯法，有效深度为 10 m	加固区域产生 3 cm 沉降	产生砂沸和积水，出现 33~45 cm 沉降	可接受
Chi-Chi 地震 003	Chang-Bin Industrial Park	$q_{c,b}=200\sim300$ kPa	强夯法	无观测结果	震前未加固地基附近出现砂沸，工厂的运行不受影响	可接受
Kobe 地震 039	Awaji Island Sea Life Park	$N_{1,60b}=5\sim24$, $N_{avg}=12$; $N_{1,60a}=14\sim38$, $N_{avg}=22$	DDC 一类：夯锤 20 t，落距 7~20 m，击实点为方形布置，间距为 5 m；二类：夯锤 12 t，落距 10 m，建筑周长外超出 3~5 m	无砂沸或水沸，水和附属设备未出现差异沉降	走道出现严重砂沸，沥青出现裂缝和隆起	可接受

续表

地震	地点	土体参数	处理措施	加固地基震害调查	周围未加固地基震害调查	加固地基性能
Kobe 地震 040	Nakayama Nakasendal Danchl Apartment Complexes	$N_b = 10 \sim 15$, $N_a = 20$	DDC 一类：夯锤 12 t, 落距 20 m, 击实点为方形布置, 间距为 4 ~ 6 m; 二类: 夯锤 5 t, 落距 10 m	有极少的水管断裂	出现破坏	可接受
Kobe 地震 041	La Vista Takarazuka Plara Corns	$N_b = 15$, $N_a = 20$, 提高到 15	DDC 一类: 夯锤 12 t, 落距 10 m; 二类: 夯锤 5 t, 落距 10 m	无破坏	道路部分被摧毁, 出现 10 ~ 15 cm 裂口	可接受
Kobe 地震 042	Kyonai District Development Embankmen	$N_b = 8$, $N_a = 15$, 要求 $N_a = 20$	DDC 夯锤 12 t, 落距为 10 ~ 20 m, 影响深度为 10 m	无破坏	道路表面出现许多裂缝	可接受
Kobe 地震 043	Green Culture Area	$N = 6$, $N_a = 18$, 要求 $N_a = 10$	加固深度为 2 ~ 6 m	无破坏	邻近房屋屋顶瓷砖发生移动	可接受
Kobe 地震 044	Nanko Power Plant Retaining Wall	$N_{1,60b} = 3 \sim 23$, $N_{avg} = 9$; $N_{1,60a} = 21$, $N_{avg} = 15$	DDC 夯锤 12 t, 落距为 15 m, 夯点间距为 4.33 m	无破坏	排水管道连接处存在破坏	可接受
Kobe 地震 045	South Osaka Bay Shore North Sewage Purification Facity	$N_b = 6$, $N_a = 15 \sim 24$	DDC 一类: 夯锤 20 t, 落距 25 m; 二类: 夯锤 12 t, 落距 20 m	无砂沸、水涌或场地沉降、建筑物无破坏, 设备正常运行, 未被中断	砂沸, 地基出现裂缝	可接受
Kobe 地震 046	Hannan District 5 Public Housing	$N_{1,60b} = 4 \sim 18$, $N_{avg} = 8$; $N_{1,60a} = 10 \sim 22$, $N_{avg} = 16$	DDC 一类: 夯锤 12 t, 落距 10 m, 加固深度 6 m	无破坏	砂沸	可接受

续表

地震	地点	土体参数	处理措施	加固地基震害调查	周围未加固地基震害调查	加固地基性能
Kobe 地震 048	Wakayama Marine City	$N_{1,60b} = 10 \sim 57$, $N_{avg} = 19$; $N_{1,60a} = 17 \sim 50$, $N_{avg} = 27$	夯锤 12 t，落距 20 m；夯锤 25 t，落距 25 m，加固深度为 8～11 m	无破坏	无破坏	可接受
Kobe 地震 049	Osaki Tank Base	$N_b = 15$, $N_a = 20$	DDC 加固深度为 12～13 m	无破坏	无破坏	可接受
Kobe 地震 050	Gobo Power Plant	$N_{1,60b} = 4 \sim 7$, $N_{avg} = 6$; $N_{1,60a} = 15 \sim 40$, $N_{avg} = 28$	储存罐区域加固目标 SPT-N 值>15，钢塔区域加固目标 N>30，然而钢塔区域目标未实现	无破坏	无破坏	可接受
Loma Prieta 地震 008	Perimeter Sand Dike, Harbor Bay Business Park	$N_{60b} = 2 \sim 25$	夯击能为 4 524 kPa 和 5 354 kPa，加固区域为 27×1 200 m²	堤坝周围无明显液化或场地永久变形	Bay Farm 岛上堤坝后和邻近机场跑道发生严重液化，出现大处沸腾和沉陷现象的砂	可接受
Loma Prieta 地震 009	Hanover Properties	未确定	夯锤力 89 kN，落距为 7.6 m，加固范围往外延伸 3 m 宽度	无明显液化或场地沉降	未确定	可接受
Loma Prieta 地震 012	Hanover Properties	$N_{1,60b} = 4 \sim 27$, $N_{avg} = 13$; $N_{1,60a} = 3 \sim 53$	夯锤力 178 kN，落距为 18.3 m，加固深度目标为 1.5～10.7 m	场地和设备无破坏	未确定	可接受
Northridge 地震 002	Metrdink Shop Maintenance Facibes	—	夯点间距为 4.6 m，夯锤 12 t，落距 18.3 m	建筑内外无破坏	未确定	可接受
Nisqually 地震 001	Transformer Building, California State University	上部 5 m，$N_{1,60csb} = 9 \sim 121$, $N_{1,60csa} = 1 \sim 13$	深层动力击实法	无场地位移或明显液化	低潮时乱石和废渣滑入海湾	可接受

地震	地点	土体参数	处理措施	加固地基震害调查	周围未加固地基震害调查	加固地基性能
			加固方法：水泥搅拌桩、桩网、墙（DCM）			
Kobe 地震 009	Shimagami Pumping Station	$N_{1,60b}=3\sim23$, $N_{avg}=10$, $v_s=130\sim160$ m/s	水泥土搅拌墙宽 45 cm, 在桩基础外超出 2 m, 面积置换率粗略估计为 5%	建筑出现小的破坏, 墙顶倾斜 3%, 朝向海岸的水平位移为 0.24 m, 建筑和挡墙中间的地基沉降 1.1~1.5 m, 建筑朝向海岸发生 0.4 m 水平位移, 其中建筑距海岸 50 m	海滨向海大约滑移 1.4~3 m, 周围场地沉降达 1 m	可接受
Kobe 地震 028	Oriental Hotel on Merikan Wharf	$N_{1,60b}=3\sim54$, $N_{avg}=15$	DCM 连续墙围绕现浇桩, DCM格栅桩直径 1 m, 重合 0.2 m, 面积置换率大致为 20%	裸露的 DCM 挡墙完好无损, DCM 网格内无明显沉降, 壁顶和基础无破坏, 上部结构可能发生了破坏	美国公园出现砂滑和场地裂缝, 码头、内陆沿海箱类型墙沿西、南、东方向分别产生 0.5~1 m, 2 m 和 0.6 m, 沉降达 0.7 m	可接受
Kobe 地震 037	Misoelaneous Projects with Sol Cement Columns	未确定	桩直径 0.6~1.0 m, 桩长 1~5 m, 7 个场地只对墙基底和承重桩基础下布桩, 1 个场地对建筑物基底满堂布桩	无破坏	场地裂缝	可接受
Kobe 地震 051	Nishinomiya Conference Center	$N_{1,60b}=12\sim28$, $N_{avg}=18$	68 根桩, 桩间距为 1~1.3 m, 加固深度为 7 m	差异沉降不明显	周围场地出现小的砂沸, 场地沉降 50 cm, 邻近建筑被破坏	可接受
Kagoshimaken Hoku 地震 001	Building N, Kagoshima City	$N_{1,60b}=1\sim13$, $N_{avg}=7$	水泥土搅拌桩网布置于连续基础之下, 桩间距为 4.8~5.6 m, 加固深度 13.5 m	未确定	距地震断裂带 30 km 的填海地基发生液化	未知

续表

地震	地点	土体参数	处理措施	加固地基震害调查	周围未加固地基震害调查	加固地基性能
东日本大地震	15 栋房屋	表层 0~10 m 深度为砂土层，其下 10~40 m 为冲积砂黏土层	15 栋房屋，采用搅拌桩法	因地基液化，房屋破损	—	不可接受
加固方法：地下连续墙						
Kobe 地震 08	Seibu Sewage Treatment Plant	$N_{1,60b}=7\sim29$, $N_{avg}=18$	地下连续墙在桩基础外面，形成包围圆形式，长 18.7m，打入密实冲积砂土层	无结构破坏，无残余位移	南侧岸朝海移动 0.7~1.2 m，场地最大沉降 50 cm，卸料管发生破坏，周围箱体发生倾斜	可接受
Kobe 地震 10	11-Story Building on Marian Wharf	$N_{1,60b}=3.5\sim17$, $N_{avg}=10$	地下连续墙厚 60 cm，围绕桩基础，墙体位于 GL-0.4m 和 GL-28.75 m 之间，打入洪积砂层	建筑物无沉降或倾斜，但由于地震惯性力建筑物发生了破坏	出现砂沸，隔水墙外朝海岸发生向内滑移	未知
加固方法：砾石/砂排水井、排水带						
Kobe 地震 013	Port Island Building A	$N_{1,60b}=6\sim20$, $N_{avg}=12$; $N_{1,60a}=14\sim59$, $N_{avg}=30$	砂井深度达 33 m，加固区域由结构件外扩展约 10 m	建筑物严重受损，平均相对沉降为 8.3~20 cm，东西方向最大倾角为 1/680	人工岛港发生严重液化，场地附近道路出现砂沸	可接受
Kobe 地震 017	Port Island Building B	$N_b=7\sim15$	砂井深度达 33 m，加固区域由结构件外扩展约 10 m	建筑物严重受损，平均相对沉降，平均沉降为 4.7 cm，南北方向最大倾角为 1/511	人工岛港发生严重液化，场地附近道路出现砂沸	可接受
Kobe 地震 030-PI	Residential Areas on Port Island	$N<10$	砂井直径为 500 mm，间距为 2.8 m 或 3 m，深度达 30 m，可加速下卧冲积砂黏土层的固结排水	建筑物周围无明显液化，一些建筑物墙面出现剪切裂缝，周围场地出现沉降	人工岛港广泛出现液化和沉降，附近场地沉降 40 cm	可接受

续表

地震	地点	土体参数	处理措施	加固地基震害调查	周围未加固地基震害调查	加固地基性能
Kobe 地震 030-RI	Residential Areas on Rokko Island	$N<10$	砂井直径为 500 mm，间距为 2.8 m 或 3 m，深度达 30 m，可加速下卧冲积黏土层的固结排水	建筑物周围无明显液化，一些建筑物墙面出现剪切裂缝，周围场地出现裂沉降	Rokko 岛无明显液化，地基出现板小的沉降	可接受
Kobe 地震 038	Kobe Air Cargo Termina	顶部 7 m，N 深度 $=20$；$7\sim15$ m 深度，$N_b=15$；$15\sim23$ m 深度，$N_b=25$	砂井直径为 0.5 m，正方形布桩，桩间距为 2.5 m，深度为 41 m，桩体为摩擦桩	建筑物无任何破坏，最大倾斜为 1/680，墙体向海转动，场地沉降 60 cm，场地沉降 $15\sim25$ cm，地震中整个场地沉降 20 cm	场地北面出现砂沸，码头岸壁附近场地出现裂缝	可接受
Kobe 地震 057	World Co. Building	$N_b=10\sim30$, $N_{avg}=20$	砂井用于加速可压缩性黏土的固结	建筑物的准确位置不可知，人工岛遍布液化和震陷	液化和震陷遍布人工岛港	可接受
Hokkaido Toho Oki 地震 001	Fishery Pier, East Port of Kushiro	$N_{1,60b}=7\sim35$, $N_{avg}=21$	砂井直径为 0.4 m，按三角形式布置，砂井间距为 1.2 m，长度为 6 m	无破坏	板桩岸壁后未加固地基出现大的裂缝和沉降	可接受
Hokkaido Toho Oki 地震 003-1	Kushiro West Port No. 1 Pier（西侧）	$N_{1,60b}=2\sim38$, $N_{avg}=17$	砾石井直径为 0.4 m，砾石井间距为 1 m，长度为 $4\sim10$ m，沉箱后的砾石井长度为 $4\sim20$ m	码头无破坏	未压实填土液化，引起结构产生大的变形和沉降	可接受
Hokkaido Toho Oki 地震 003-2	Kushiro West Port No. 2 Pier（南侧）	$N_{1,60b}=0\sim13$, $N_{avg}=4$	砾石井直径为 0.4 m，砾石井间距为 1 m，沉箱后长度为 $12\sim24$ m	码头或停机坪无破坏	未压实填土液化，引起相似结构产生大的变形和沉降	可接受
Kushiro Oki 地震 001	Fishery Pier, East Port, Port of Kushiro	$N_{1,60b}=7\sim35$, $N_{avg}=21$	砂井直径为 0.4 m，按三角形式布置，砂井间距为 1.2 m，长度为 6 m	设施无场地变形或破坏	邻近公园产生砂沸和裂口	可接受

续表

地震	地点	土体参数	处理措施	加固地基震害调查	周围未加固地基震害调查	加固地基性能
Northridge 地震 005	San Fernando Valley Juvenile Hall	—	加固方法：注浆法 加固液化土层，深度在 7~10 m，整个挖了 10 m 厚度的土层	场地破坏模式与 1971 年 San Fernando 地震时一致，而此次地震中斜坡向侧向滑移量较小	扶壁外侧，停车场的大宽度出现了 10 m 裂缝，斜坡出现位移	不可接受
Turkey 地震 002	Ipekkagit Tissue Factory	贯入阻力无增加	加固方法：喷射灌浆法 喷射灌浆桩直径为 0.6 m，长度为 8~10 m	无结构或场地破坏，设施正常运转，无液化标志	老建筑出现最小结构破坏，无场地变形或液化	可接受
Chi-Chi 地震 001	Mal-Lau Industrial Park	$q_{cb} = 100 \sim 500$ kPa, $q_{ca} = 200 \sim 800$ kPa（预压），$q_{ca} = 500 \sim 1\,500$ kPa（碎石桩）	加固方法：多种方法联合 整个场地 10~13 m 采用 DDC 法，液化可能延伸至 13~20 m 的区域采用碎石桩，预加载以减小压缩量	无液化，基础处于稳定状态	沿台湾西海岸邻近填筑地区出现严重液化	可接受
Kobe 地震 032	Port Island Phase II Quay Wall	—	墙体下开挖和填土区域的 SCP 直径为 2 m，墙后及其往后 32 m 黏土层采用砂井	无破坏	人工岛港岸壁严重受损，产生侧向旋转和沉降	可接受
Kobe 地震 035	Rokko Island Sea Wall Crane Base	$N_a = 20 \sim 25$	填砂，起重机基底及其黏土位于砂井区域，采用砂井，砂井部位干黏土层	加固区域沉降主要源自海堤大的水平位移，起自海岸未加固和加固后土体的侧向位移，加固区域沉降较小	海堤朝海方向移动 50 cm~5 m，堤岸未加固区产生 2~3 m 沉降	不可接受

续表

地震	地点	土体参数	处理措施	加固地基震害调查	周围未加固地基震害调查	加固地基性能
Kobe 地震 036	Yodo River Super Dike Test Area and Public Housing	$N_{1,60b} = 4 \sim 14$, $N_{avg} = 9$; $N_{1,60a} = 16 \sim 30$, $N_{avg} = 22$	深层搅拌桩按矩形布置，1.25 m×1.5 m，桩间距为 2 m，填砂中打入砾石排水井和深层搅拌桩，黏土中布置砂井	无液化	路堤发生破坏，产生沉降，结构倾斜	可接受
Kobe 地震 047	Kansai International Airport	$N_b = 10$, $N_a = 20$	飞机跑道布置 DDC，夯锤重 25 t，下落高度为 25 m，正方形布点；机场建筑物区域采用 SCP 加固，直径为 0.7 m，长度为 15 m 或 20 m，桩间距为 2.8 m	机场跑道出现细微裂缝，但不影响正常使用	人行道产生沉降和破坏	可接受
Kobe 地震 055	Kobe City Sewage Disposal Plant	$N_{60b} = 9$	场地部分布置 SCP，地下连续墙围绕沉降池	系统 2 和行政办公楼几乎无变形，沉降池无破坏	周围场地发生严重砂沸现象，由于场地沉降和侧向滑移，海岸南侧发生滑移	可接受
Hokkaido Nansei Oki 地震 002	Hakodate Port Harbor Wall	未确定	compozer 桩直径 1.6 m，桩间距为 1.7 m，桩长为 20 m，砂井间距为 20 m，深度为 2 m	无破坏，震后港口正常使用	其他港口，如 Hakodats 存在液化，裂缝达 30 cm 宽、50 cm 深，产生侧向滑移沉降	可接受
Hokkaido Toho Oki 地震 002	Kushiro WestPort No. 1 Pier（南侧）	$N_{1,60b} = 10 \sim 60$, $N_{avg} = 23$, $N_{1,60a} = 25 \sim 60$, $N_{avg} = 43$	墙体后 13 ~ 20 m：SCP 桩直径为 0.7 m，桩间距为 1.7 m，桩长为 15 m；墙体后 5 ~ 12 m：砾石排水井直径为 0.4 m，砾石井距为 1.5 m，砾石井长度为 3 ~ 7.5 m，用于 SCP 施工期间保护墙体	设施无场地变形或破坏	Kushiro West 港口未加固路基出现砂沸现象	可接受

续表

地震	地点	土体参数	处理措施	加固地基震害调查	周围未加固地基震害调查	加固地基性能
Turkey 地震 001	Carrefour Shopping Center	—	附加填土、排水带、喷射灌浆；在独立基础和混凝土板下灌浆桩深度达 9 m	上部建筑物无破坏或破坏轻微，场地无明显沉降，排水带无满了水	沉降为 10~20 cm	可接受
Turkey 地震 003	Ford Plant	上部 5 m 深度土体松散	喷射灌浆和碎石桩	整个场地均匀沉降 2.5 m，与断裂带有关，加固地基无液化	一建筑发生显著结构破坏，差异沉降达 1 m，由于存在断裂带，场地遭受大的沉陷，出现小的砂沸现象	可接受
Kushiro Oki 地震 002	Kushiro West Port No. 1 Pier（南侧）	$N_{1,60b}=10 \sim 60$, $N_{avg}=23$, $N_{1,60a}=25 \sim 60$, $N_{avg}=43$	墙体后 13~20 m：SCP 的直径为 0.7 m，桩长为 15 m；墙体后 5~12 m：砾石排水井直径为 0.4 m，间距为 1.5 m，深度在 3~7.5 m，用于 SCP 施工期间保护墙体	设施无场地变形或破坏	液化引起墙体朝海侧移动 30 cm	可接受
Kushiro Oki 地震 003	Kushiro West Port No. 3 Pier（西侧）and No. 1 Pier	未确定	砾石井用于保护在 SCP 桩施工时已有墙体的安全	墙体朝海方向发生侧向运动 5~25 cm，停机坪沉降 10~15 cm，停机坪后沉降 5~40 cm，设施无破坏	相似结构下未压实填土液化，引起墙体朝海运动 5~75 cm，停机坪沉降 10~45 cm，停机坪后地基沉降 0~70 cm	不可接受
Kushiro Oki 地震 006	Kushiro East Port Sheet Pie Quay Walls	$N_{1,60b}=2 \sim 26$, $N_{avg}=14$	SCP 直径为 0.7 m，间距为 1.6 m×3 m，桩长为 11.5 m，钢管桩和板桩周围布置砾石井，砾石井直径为 0.4 m，间距为 1.6 m	小沉降	砂沸，以及停车场附近出现裂缝	可接受

续表

地震	地点	土体参数	处理措施	加固地基震害调查	周围未加固地基震害调查	加固地基性能
Sanriku Haruka Oki 地震 002	Tohoku Grain	未确定	机械工厂和 49 个贮仓下 SCP 直径为 700 mm，长度为 10.5 m；46 个贮仓下砾石砂井直径为 500 mm，桩长为 10.5 m	各物码头无破坏，加固地区无液化迹象	道路沉降，码头出现砂沸现象，端停车场出现砂化现象	可接受
			加固方法：预压法或预压法+砂井			
Kobe 地震 002	Kobe Port Island Sewage Treatment Plant	$N_{1,60b} = 6 \sim 31$，$N_{\text{avg}} = 13$，$N_{1,60a} = 12 \sim 59$，$N_{\text{avg}} = 23$	砂井长度为 34 m，直径为 500 mm	设施无破坏，工厂维持正常运转	人工港岛出现显著液化，其他工厂无法正常处理运转	可接受
Kobe 地震 016	Pori Island Building C	$N_{1,60b} = 6 \sim 20$，$N_{\text{avg}} = 12$	预压区域比结构所在区域超出约 1/3 填土厚度	建筑物损坏严重，平均相对沉降，最大倾斜量为 3.5 cm，EW1/629	整个人工港岛出现严重液化，场地边缘出现砂沸	可接受
Kobe 地震 018	Pori Island Building D	$N_b = 7 \sim 15$	预压区域比结构所在区域超出约 1/3 填土厚度	建筑物损坏严重，平均相对沉降，最大倾斜量为 7.2 cm，EW 1/109	整个人工港岛出现严重液化，砂沸超出场地边界	可接受
Kobe 地震 020	Pori Island Building E	$N_b = 7 \sim 15$	预压区域比结构所在区域超出约 1/3 填土厚度	建筑物损坏严重，平均相对沉降，最大倾斜量为 2.7 cm，NS 1/322	整个人工港岛出现严重液化，砂沸超出场地边界	可接受
Kobe 地震 054	Kobe City Hospital	$N_{1,60b} = 4 \sim 12$，$N_{\text{avg}} = 9$	在 1975 年 11 月—1978 年 3 月，分 3 次加载，共加载 360 000 m³ 体积土体，对地基进行预压	周围场地最大沉降值为 60 cm，基底出现有限损坏	人工港岛出现了液化和场地沉降	可接受

续表

地震	地点	土体参数	处理措施	加固地基震害调查	周围未加固地基震害调查	加固地基性能
东日本大地震	浦安市入船—住宅区	表层约 10 m 深度为砂土层，其下 10~40 m 为冲积黏土层	砂井排水固结法（直径 400 mm，间距 1.8 m）	几乎没有发生液化	液化沉陷明显	可接受
加固方法：压实法						
Turkey 地震 005	Detince Port	—	压实砂填土	压实地区沉降远小于未压实地区的，压实地区的沉降为 10 cm	填砂发生严重液化，液化引起沉降>1 m，产生侧向运动	可接受
Niigata 地震 002	Showa 08 Co, Niigata Refinery Oil Tanks	$N_b = 5\sim30$, $N_{avg}=10$	压实法	沉降为 20~30 cm	场地发生严重破坏，许多未加固地区的储存罐发生了不均匀沉降，甚至高达 50 cm	不可接受
东日本大地震	1 栋房屋	表层约 10 m 深度范围内为砂土层，其下 10~40 m 为冲积黏土层	浅层地基压实	固地基液化，房屋受损	—	可接受
加固方法：砂石压缩桩（SCP）						
Kobe 地震 006	Nishinomiya East High School	$N_{1,60b} = 12\sim29$, $N_{avg}=24$, $N_{1,60a}=42$ $33\sim57$, $N_{avg}=42$	SCP 按三角形布置，桩间距为 1.8 m	建筑物沉降约 25 cm，最大倾斜量 1/230，破坏不严重，建筑物经修复可正常使用	学校附近运动场出现砂沸现象	可接受
Kobe 地震 007	Nishinomiya Five Story Residential Buildings	$N_b = 1\sim15$, $N_a = 10\sim30$	SCP 按三角形布置，桩间距为 2 m，侧向扩展宽度为 1/4~1/2 倍加固深度	5 栋建筑物倾斜量超过 1/100，其中 3 栋建筑向南倾斜，2 栋向北倾斜，震后进行重建，采用压实注浆法	许多尾盘发生了较小的倾斜，道路、建筑物下、公园和庭院出现了砂沸现象	不可接受

续表

地震	地点	土体参数	处理措施	加固地基震害调查	周围未加固地基震害调查	加固地基性能
Kobe 地震 021	Rokko Island Building B	$N_{1,60b} = 2 \sim 40$, $N_{avg} = 9$	SCP 直径为 0.7 m，按正方形模式布桩，桩间距为 2 m，桩长为 19 m，加固区域侧向扩展约 1/4 加固深度	建筑物破坏严重，平均绝对沉降为 1.9 cm，最大倾斜方向南北方向倾斜 1/2 666	邻近位于未加固地基上的建筑对平均绝对沉降大于加固地基上的，无法判断是否发生了液化	可接受
Kobe 地震 022	Rokko Island Building C	$N_b = 10$	SCP 直径为 0.7 m，按正方形模式布桩，桩间距为 2 m，桩长为 17 m，加固区域侧向扩展约 1/2 加固深度	建筑破坏严重，平均绝对沉降为 4.5 cm，最大倾斜方向东西方向倾斜 1/760	邻近位于未加固地基上的建筑对沉降大于加固地基上的，但无法判断是否发生了液化	可接受
Kobe 地震 023	Rokko Island Building D	$N_{1,60b} = 5 \sim 22$, $N_{avg} = 14$; $N_{1,60a} = 13 \sim 32$, $N_{avg} = 20$	SCP 直径为 0.7 m，按正方形模式布桩，桩间距为 2.3 m，桩长为 18 m，加固区域侧向扩展约 1/4 加固深度	建筑破坏严重，平均绝对沉降为 4.2 cm，最大倾斜方向南北方向倾斜 1/1 701	邻近位于未加固地基上的建筑对沉降大于加固地基上的，并表现出一定的液化迹象	可接受
Kobe 地震 024	Rokko Island Building A	$N_b = 3 \sim 20$	SCP 直径为 0.7 m，按正方形模式布桩，桩间距为 1.8 m，桩长为 20 m，加固区域侧向扩展约 1/2 加固深度	建筑破坏严重，平均绝对沉降为 2 cm，最大倾斜方向东西方向倾斜 1/1 764	邻近位于未加固地基上的建筑对平均绝对沉降大于加固地基上的，无法判断是否发生了液化	可接受
Kobe 地震 025	Rokko Island Building E	$N_b = 3 \sim 20$	SCP 直径为 0.7 m，按正方形模式布桩，桩间距为 2.5 m，桩长为 11 m，加固区域侧向扩展约 1/2 加固深度	建筑破坏严重，平均绝对沉降为 12.6 cm，最大倾斜方向东西方向倾斜 1/1 003	邻近位于未加固地基上的建筑对平均绝对沉降大于加固地基上的，并表现出一定液化迹象	可接受

续表

地震	地点	土体参数	处理措施	加固地基震害调查	周围未加固地基震害调查	加固地基性能
Kobe 地震 027	Ashiyahama Seaside Town	$N_{1,60b} = 5\sim37$; $N_{avg} = 14$; $N_{1,60a} = 13\sim58$, $N_{avg} = 31$	SCP 和振冲法按三角形模式布桩，桩间距为 1.8 m，桩长为 5~15 m	无明显液化的发生、沉降、或倾斜的发生，但 3 桩建筑物下发生丁桩建筑物中桩体破坏，建筑物破坏，丁发生丁破坏	Miya 河岸南侧朝海方向运动 2 m，在建筑物和道路之间出现砂沸	不可接受
Kobe 地震 031	Rokko Island Tram Depot	建筑物之下：$N_a = 24.8$；建筑物周围：$N_a = 22.6$	SCP 以矩形模式布桩，建筑物之下桩间距为 2.25 m×2.0 m，平台之下桩间距为 2.6 m×3.0 m，基础之外桩间距 3.0 m×3.0 m，加固区域侧向扩展 9 m	基础无明显破坏，未发现差异沉降	Rokko 岛无明显液化，或仅有少许液化表现化，这少许液化表现为现场地沉陷	可接受
Kobe 地震 034	Nishinomiya Rubble Mound Breakwate	未确定	SCP 穿越砂土和黏土，桩间距为 2.1 m	防浪堤沉降 1~2 m，但在粗石堆堤坡脚发现砂沸现象	邻近 Nishinomiya-Osaka 桥部分开裂	不可接受
Hokkaido Nansei Oki 地震 001	Iwauchi Port Ferry Terminal	未确定	挤密桩直径为 0.7 m，按正方形模式布桩，桩间距为 1.5 m	无破坏	加固地区外产生沉降	可接受
Hokkaido Nansei Oki 地震 003	Hakodate Port 01 Suppler	$N_{1,60b} = 4\sim23$, $N_{avg} = 14$, $N_{1,60a} = 22\sim28$, $N_{avg} = 24$	挤密桩直径为 0.7 m，按正方形模式布桩，桩长 13 m，加固区域由基础往外扩展 9 m	加固区域无破坏	加固地区外地基可见砂沸和裂缝	可接受
Hokkaido Nansei Oki 地震 004	PowerPlant 01 Tanks	未确定	挤密桩直径为 0.7 m，按正方形模式布桩，桩长 18.5 m，加固区域由基础往外扩展 26 m	无破坏	未确定	可接受

续表

地震	地点	土体参数	处理措施	加固地基震害调查	周围未加固地基震害调查	加固地基性能
Hokkaido Toho Oki 地震 004	Kushiro West Port Oil Tanks	$N_b = 1\sim25$, $N_a = 9\sim39$	挤密桩直径为 0.7 m，按三角形模式布桩，桩间距为 1.8 m，桩长 8 m，加固区域由基础往外扩展 6 m	无破坏	大概距河岸 15 m 可见液化引起的砂沸	可接受
Hokkaido Toho Oki 地震 005	Kushiro Road/Seaside Embankment	未确定	挤密桩按正方形模式布桩，桩间距为 1.5 m，布置于路基下以及路基坡脚以外	无破坏	出现大裂缝	可接受
Hokkaido Toho Oki 地震 006	Kushiro River Embankments	$N_b = 3\sim4$, $N_a = 12\sim15$	SCP 直径为 0.7 m，桩间距为 1.5×1.7 m²，桩长为 7 m，加固区域超出路基坡脚以外 5 m	无破坏	出现裂缝	可接受
Kushiro Oki 地震 004	Kushiro West Port Oil Tanks	$N_b = 1\sim25$, $N_a = 9\sim39$	挤密桩直径为 0.7 m，按三角形模式布桩，桩间距为 1.8 m，桩长为 8 m，加固区域由基础往外扩展 6 m	无破坏	岸壁后未压实填土液化，且液化遍布港口区域	可接受
Kushiro Oki 地震 005	Kushiro Road/Seaside Embankment	未确定	挤密桩按照正方形模式布桩，桩间距为 1.5 m，桩长为 8 m，布置于堤坝下和堤脚外坡脚外	无破坏	出现大裂缝	可接受
Kushiro Oki 地震 007	Tokachl Port	未确定	SCP 直径为 0.7 m，按正方形模式布桩，桩间距为 1.6 m，桩长 11.8 m，墙体桩长 22 m	无破坏	出现液化	可接受
Loma Prieta 地震 002	Office Building No. 450	$N_{1,60b} = 3\sim54$, $N_{avg} = 19$; $N_{1,60a} = 6\sim57$, $N_{avg} = 24$	SCP 在基础下的桩间距为 1.2 m，楼板下的桩间距为 1.5 m，桩长为 9 m，加固区域由建筑物往外扩展 3 m	无明显破坏	加固区域外（建筑物附近）出现侧向扩展、砂沸、局部沉降	可接受

续表

地震	地点	土体参数	处理措施	加固地基震害调查	周围未加固地基震害调查	加固地基性能
Miyagiken Oki 地震 001-1	Ishkiomaki Fishery Port Oi Tanks	$N_{1,60b} = 1 \sim 20$, $N_{1,60a} = 7$, $N_{1,60a} = 21$, $N_{avg} = 8 \sim 40$, $N_{avg} = 21$	SCP 直径为 0.7 m，按三角形模式布桩，桩间距为 1.8 m，桩长 15.5 m，结构往外扩展 2.8 m 加固	震后经 9 个月产生 10 mm 的均匀沉降，主体结构无破坏	震后液化持续约 10 min，喷射出的水约 1 m 深，围油栏外发现裂缝	可接受
Miyagiken Oki 地震 001-2	Ishkiomaki Fishery Port Oi Tanks	$N_{1,60b} = 1 \sim 20$, $N_{1,60a} = 7$; $N_{1,60a} = 21$, $N_{avg} = 8 \sim 40$, $N_{avg} = 21$	SCP 直径为 0.7 m，按三角形模式布桩，桩间距为 15.5 m，桩长为 1.8m，基础外扩展 2.8 m 加固	主体结构无破坏	震后液化持续约 10 min，喷射出的水约 1 m 深，围油栏外发现裂缝	可接受
Miyagiken Oki 地震 001-3	Ishinomaki Fishery Port Oi Tanks	$N_{1,60b} = 1 \sim 20$, $N_{1,60a} = 7$; $N_{1,60a} = 21$, $N_{avg} = 8 \sim 40$, $N_{avg} = 21$	SCP 直径为 0.7 m，按三角形模式布桩，桩间距为 15.5 m，桩长为 1.8 m，基础外扩展 2.8 m 加固	主体结构无破坏	震后液化持续约 10 min，喷射出的水约 1 m 深，围油栏外发现裂缝	可接受
Nihonkai Chubu 地震 001-1	Tanks Near Aomori Station, 15001d	$N_{1,60b} = 10 \sim 30$, $N_{1,60a} = 18$; $N_{avg} = 17 \sim 35$, $N_{avg} = 27$	SCP 直径为 0.7 m，按三角形模式布桩，桩间距为 1.8 m，桩长为 11 m	无破坏	出现砂沸水，20 个储存罐均匀沉降为 20～30 cm，铁路和站台上浮，发生沉降	可接受
Nihonkai Chubu 地震 001-2	Tanks Near Aomori Station, 14001d	$N_{1,60b} = 13 \sim 28$, $N_{1,60a} = 18$; $N_{avg} = 4 \sim 51$, $N_{avg} = 25$	SCP 按三角形模式布桩，桩间距为 2.2 m，桩长 7 m	无破坏	出现砂沸水，20 个储存罐产生沉降，沉降值为 20～30 cm，储存罐上浮，铁路和站台发生沉降	可接受

地震	地点	土体参数	处理措施	加固地基震害调查	周围未加固地基震害调查	加固地基桩性能
Sanriku Haruka Oki 地震 001	Shinyado Oil Tank Site	$N_{1,60b}=4\sim29$，$N_{avg}=16$；$N_{1,60a}=23\sim35$，$N_{avg}=28$	SCP按三角形模式布桩，桩长5 m，基础往外扩展5 m加固	基础周围无液化迹象	在Yado港口1#号码头，沉箱墙向外移动50 cm，墙后场地出现裂缝；在2#号码头，路基出现砂沸和沉降	可接受
东日本大地震	浦安市入船一住宅区	表层约10 m深，其中表层为砂土层，下10～40 m为冲积黏土层	挤密砂桩法（桩径800 mm，桩长10 m，桩间距2 m）	几乎没有发生液化	液化沉陷明显	可接受
东日本大地震	浦安市今川一住宅区	表层约10 m深，其中表层为砂土层，下10～40 m为冲积黏土层	挤密砂桩法（桩长10 m，桩间距2 m）	仅在路基交接处有少量的喷砂冒水	喷砂冒水严重，最大喷积砂堆积厚度约10 cm	可接受
东日本大地震	千叶县花见川区一工地	表层约10 m深，其中表层为砂土层，下10～40 m为冲积黏土层	挤密砂桩法	完全没有液化	液化严重	可接受
			加固方法：碎石桩或砾石桩			
Turkey 地震 004	Gemlik Borcelik Steel Mill	未确定	碎石桩打入持力层，或式布桩，桩长为12 m，按三角形模式布桩，桩间距为1.5 m	无结构或场地破坏，楼板无裂缝或沉降，工厂正常运转	场地无裂缝、液化地区也无场地位移	可接受
Loma Prieta 地震 001	Medical/Dental Building	$N_{1,60b}=4\sim62$，$N_{avg}=27$	振冲置换碎石桩，桩长约6.5 m	55 m长结构最大差异沉降为2.2 cm，基础无破坏	场地出现砂沸和裂缝，未加固粉质砂土发生液化	可接受
Loma Prieta 地震 004	Approach Area Pier I	未确定	采用振冲置换碎石桩	地震后加固地区无位移	某几处地方出现了沉陷或砂沸	可接受

续表

地震	地点	土体参数	处理措施	加固地基震害调查	周围未加固地基震害调查	加固地基性能
Loma Prieta 地震006	Marina Bay Esplanade	$N_{1,60b}=11\sim22$, $N_{avg}=15$, $N_{1,60a}=22$, 平均 $q_{c1}=450$ kPa	碎石桩直径为1.1 m,桩端在液化层下0.3 m,桩体按照正方形模式布桩,桩间距为1.8 m,填土中含2.5 cm厚压碎石	扶壁下或扶壁后无明显液化迹象或侧向位移	出现了一些小的砂沸	可接受
Northridge 地震001	Ransformer Building, California State University	$N_{1,60b}=5\sim10$, $N_{avg}=14$, $N_{1,60a}=29\sim43$, $N_{avg}=35$	碎石桩直径为0.8 m,桩间距为2.0 m,桩长4.6 m,加固区域由建筑物往外扩展1.7 m宽度	建筑物周围场地无破坏或液化	未确定	可接受
Northridge 地震003	Commuter Rail- San Gabriel Flyover	$q_c=70\sim1850$ kPa	碎石桩直径为0.9 m,桩间距为2.7 m,桩长为3~5.5 m,平均桩长约4 m	无破坏	未确定	可接受
Northridge 地震004	Joseph Jensen Filiation Plant Parking Area	—	超过1100根桩置于停车场	建筑物附近最大侧向位移为30 cm,停车场未侧有裂缝,由于工厂被迫关闭几天	出现了大的位移,东侧和南侧填土发生了液化,场地表面出现破坏	不可接受
Nisqually 地震002	Ash Grove Cement Co. Storage Dome	$N_b=8\sim17$	振冲置换碎石桩长为7 m,加固区域由基础往外扩展3 m	场地无位移或液化,出现一些微小裂缝	填筑地区出现了液化	可接受
Nisqually 地震003	AT&T Wireless Services Tower	$N_b=1\sim10$, $N_a=4\sim28$,平均改变量为5	振冲置换碎石桩长10 m,加固区域由碎垫层往外扩展5 m	场地无位移或液化	无场地位移或液化迹象	可接受
Nisqually 地震004	1st Avenue Bridge	$N_b=2\sim17$	振冲置换碎石桩长度为12.2 m	场地无位移或液化,无结构破坏	无场地位移或液化迹象	可接受

续表

地震	地点	土体参数	处理措施	加固地基震害调查	周围未加固地基震害调查	加固地基性能
Nisqually 地震 005	Home Depot	$N_b = 5 \sim 15$，荷载锥 $q_{cb} = 3 \sim 5$ MPa，$N_a = 23 \sim 28$，桩体之间 $q_{ca} = 8 \sim 11$ MPa	振冲置换碎石桩桩长为 8 m	场地无位移或液化，无结构破坏	加固区域边缘出现裂缝，与加固区域相距 1 km 以内出现了液化，砌体结构出现了破坏	可接受
Nisqually 地震 006	Klickitat Avenue Overcrossing	—	振冲碎石桩桩长为 12.2 m	场地无位移或液化，墙体无破坏	出现了液化	可接受
Nisqually 地震 007	Lake Chaplain South Dam	$N_b = 5 \sim 12$，$v_{sb} = 202 \sim 228$ m/s	振冲碎石桩桩长 18 m，用于加固坝址 15 m × 52 m 区域	场地无位移，也无液化迹象	建筑物入口砌体结构出现了裂缝	可接受
Nisqually 地震 008	Novelty Bridge	$N_b = 1 \sim 9$，$N_a = 8 \sim 23$	振冲碎石桩桩长为 4 m	场地无位移或液化迹象	无液化迹象	可接受
Nisqually 地震 010	Site A, King County International Airport	—	基础和地基梁下的振冲碎石桩桩长为 12 m	场地无位移或液化，无结构破坏	附近跑道或场地发生了液化，邻近建筑物出现了裂缝	可接受
Christchurch 地震	Waterside 公寓楼	浅层为冲积土	碎石桩	位移量较小	出现了大体积的喷砂冒水，邻近结构的河口口出现砂沸。建筑物北侧的向滑移裂缝出现 2 条	可接受
Christchurch 地震	Paul Kelly 站台	浅层为冲积土	碎石桩	站台沉降高达 40 cm，差异沉降约 7 cm	不可接受	Christchurch 地震
Christchurch 地震	Deans 站台	浅层为冲积土	碎石桩	差异沉降高达 30 cm。Deans 站台北部之下无液化，然而，	不可接受	Christchurch 地震

续表

地震	地点	土体参数	处理措施	加固地基震害调查	周围未加固地基震害调查	加固地基性能
Loma Prieta 地震 005	Building No. 453	$N_{1,60b} = 3 \sim 46$, $N_{avg} = 14$	加固方法：木材置换桩 木材置换桩直径为 0.3 m，桩长为 5～7.5 m，按三角形模式布桩，桩间距为 1.3 m，加固区域向外扩展 3 m	该站台南部之下大片区域出现明显中度液化。该站台在地震中均发生了破坏，利用碎石桩加固的地基震害较轻 加固地区无液化，场地沉降小于 1 cm，结构无大的损坏	未确定	可接受
Kobe 地震 001-A	Kobe Port Island Container Pier, Building A	$N_{1,60b} = 4 \sim 31$, $N_{avg} = 14$; $N_{1,60a} = 6 \sim 84$, $N_{avg} = 27$	加固方法：振动密实/振冲法 振动棒钢锤和 H 形横截面，按正方形模式布置，桩间距为 2.6 m，桩长为 18 m，加固区域由建筑物基础往外扩展 10 m	最大差异沉降为 90 mm，最大倾斜量为 1/265，桩顶向北方向发生变形，建筑物发生了破坏	三面海岸壁均产生了朝海的位移，岸壁后出现了大的沉降，岸壁顶出现了裂缝，建筑物周边出现了大的沉陷	不可接受
Kobe 地震 001-B	Kobe Port Island Container Pier, Building B	$N_{1,60b} = 4 \sim 31$, $N_{avg} = 14$; $N_{1,60a} = 6$-84, $N_{avg} = 27$	振动棒钢锤和 H 形横截面，按正方形模式布置，桩间距为 2.6 m，桩长为 18 m，加固区域由建筑物基础往外扩展 10 m	建筑物沉降 30～100 mm，最大差异沉降为 164 mm，场地沉降 15 cm	三面岸壁均产生了朝海的位移，岸壁后出现了大的沉降，岸壁顶出现了裂缝，建筑物周边出现了大的沉陷	可接受
Kobe 地震 003-102	MikageHama LPG Storage Tank 102	$N_{1,60b} = 1 \sim 16$, $N_{avg} = 8$	采用振冲法，加固深度为 7 m，加固区域由储存罐往外扩展 5 m	无渗漏，基础沉降 62 cm，南北向倾斜 1/80，邻近基础最终沉降 30 cm	出现了大裂缝，侧向位移、岸壁最大量达 4 m，基础周围未加固区域沉降了 20～30 cm	不可接受

地震	地点	土体参数	处理措施	加固地基震害调查	周围未加固地基震害调查	加固地基性能
Kobe 地震 003-103	MikageHama LPG Storage Tank 103	$N_{1,60b}=1\sim16$, $N_{avg}=8$	采用振冲法，加固深度为 7 m，加固区域由储存罐往外扩展 5 m	无渗漏，基础沉降 44 cm，基本无倾斜，邻近基础沉降 50 cm	出现了大裂缝，侧向位移岸壁位移量达 4 m，基础周围未加固区域沉降了 10~30 cm	不可接受
Kobe 地震 004	Portopialand Amusement Park	$N_{1,60b}=6\sim24$, $N_{avg}=12$; $N_{1,60a}=15\sim36$, $N_{avg}=23$	振冲桩以三角形布桩式，桩间距为 2.4 m，桩长为 20 m	停车场西南角位置小片区域发生了液化，基础无差异沉降，公园内设施、结构无破坏	停车场四周出现了大规模液化，裂缝沿停车场南向抽裂，建筑和邻近人行道处，建筑和栅栏的差异沉降为 10~50 cm	可接受
Kobe 地震 005	Kobe Port Island Packing	$N_b=10\sim20$, $N_a=20\sim40$	振冲桩以三角形布桩式，桩间距为 2.4 m，桩长 20 m，加固区域往建筑物往外扩展 5 m	加固区域边缘混凝土承载板土发生了破坏，桩承建筑产生了差异沉降	场地沉降，裂缝和砂喷广泛分布于道路边界，差异沉降引起仓库严重破坏	不可接受
Kobe 地震 029	Kobe Port Shipping Cooperative	$N_{1,60b}=4\sim49$, $N_{avg}=17$, $N_{1,60a}=31\sim54$, $N_{avg}=39$	建筑物所在区域采用振冲法，按三角形布桩式，桩间距为 2.4 m，建筑物四周用两排碎石桩加固，按三角形布桩式，桩间距为 2.0 m	结构无破坏、无沉降或倾斜，地基无砂沸，侧向位移和沉降	加固区域外，尤其是加固道路上，砂沸现象是道路破坏严重	可接受
Loma Prieta 地震 003	Facilities 487,408,409	未确定	采用振动密实法，按三角形布桩式，桩间距为 2 m，桩长为 9 m	488 号和 489 号建筑物无破坏、487 号建筑在混凝土楼板出现了小的裂缝，但无须修复	未确定	可接受

续表

地震	地点	土体参数	处理措施	加固地基震害调查	周围未加固地基震害调查	加固地基性能
Loma Prieta 地震 007	East Bay Park Condominiums	$N_{60b}=18$	超出 1 000 根振动密实桩，桩间距为 2.4 m，以小卵石作为回填土，加固区域超出结构住外扩展 6 m	无场地沉降或结构破坏	未确定	可接受
Niigata 地震 001	Showa Oil Co. Niigata Refinery Medum Weight Equipment	—	振冲法，加固深度为 3 m	出现了不均匀地基沉降	火灾引起场地严重破坏，位于混凝土桩上的邻近结构产生了 50 cm 沉降，结构内有笨重机器设备	可接受
Niigata 地震 003-1	Nippon Oi Co. Ose Tank Yard-20,000ld	$N_{1,60b}=0\sim30$, $N_{avg}=13$; $N_{1,60a}=9\sim45$, $N_{avg}=26$	振冲法，按三角形模式布桩，桩间距为 1.5 m，桩长为 8 m，加固区域为基础以下并往外住扩展 5 m	不均匀沉降为 2~3 cm	基础产生大的沉降，发生严重破坏	可接受
Niigata 地震 003-2	Nippon Oi Co. Ose Tank Yard-20,000ld	$N_{1,60b}=0\sim30$; $N_{1,60a}=9\sim45$, $N_{avg}=26$	振冲法，按三角形模式布桩，桩间距为 1.5 m，桩长为 8 m，加固区域为基础以下并往外住扩展 5 m	无破坏	基础产生大的沉降，发生严重破坏	可接受
Niigata 地震 003-3	Nippon Oi Co. Ose Tank Yard-30,000ld	$N_{1,60b}=0\sim30$; $N_{avg}=13$; $N_{1,60a}=9\sim45$, $N_{avg}=26$	振冲法按三角形模式布置，桩长 1.4 m，桩间距 6 m，加固区域为基础住外扩展 5 m	无破坏	基础产生大的沉降，发生严重破坏	可接受
Niigata 地震 004	Nigata Taiwan. Divn, Building	$N_{1,60b}=0\sim15$, $N_{avg}=9$; $N_{1,60a}=20\sim30$, $N_{avg}=27$	振冲法，加固深度为 7 m	无差异沉降，刚性结构最大沉降为 50 cm，倾斜 1°，建筑物和周围场地的侧向位移约 1.65 m	建筑破坏较小	不可接受

续表

地震	地点	土体参数	处理措施	加固地基震害调查	周围未加固地基震害调查	加固地基性能
Nisqually 地震 009	Pier 86 Grain Terminal	$N_{1,60b} = 3\sim24$, CPT q_c 增加 $4\sim8$ MPa	振冲法, 加固深度为 8.5 m	无场地位移或液化	无场地位移或液化迹象	可接受
Tokachi Oki 地震 001-P	Paper Mfg. Plant (primary structures)	$N_{1,60b}=2\sim61$, $N_{avg}=15$; $N_{1,60a}=40$, $N_{avg}=28\sim60$	振冲法制作砂石桩, 三角形模式布桩, 桩间距为 1.55 m, 加固区域在整个建筑物之下, 加固深度为 $6\sim7$ m	无可见结构破坏, 除了基础板出现差异沉降, 平均差异沉降为 9.8 mm, 最大差异沉降为 14 mm	开挖和填土区域, 发生广泛液化, 包括场地裂缝, 隆起和砂沸, 未压实场地基础板沉降 40 cm	可接受
Tokachi Oki 地震 001-S	Paper Mlg. Plant (secondary structures)	$N_{1,60b}=2\sim61$, $N_{avg}=15$; $N_{1,60a}=40$, $N_{avg}=28\sim60$	在地基梁下采用振冲砾石桩加固, 加固深度为 7 m	结构出现些许破坏, 平均差异沉降为 15 mm, 最大差异沉降为 103 mm, 一个仓库水平向运动了 40 cm	开挖和填土区域, 发生广泛液化, 包括场地裂缝, 隆起和砂沸, 未压实场地基础板沉降 40 cm	可接受
			加固方法：微型桩			
东日本大地震	2 栋房屋	表层约 10 m 深度范围内为砂土层, 其下 $10\sim40$ m 为冲积粘土层	2 栋房屋均采用微型桩加固	因地基液化, 房屋破损	—	不可接受